Information

Security

Information

Security

Security

Information

Security

高等学校信息安全专业"十二五"规划教材

王丽娜 张焕国 叶登攀 胡东辉 编著

信息隐藏技术与应用

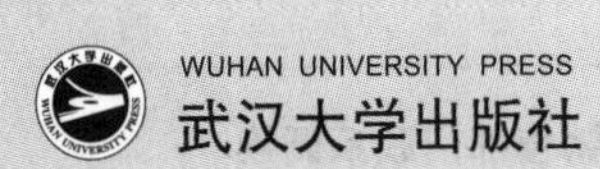

图书在版编目(CIP)数据

信息隐藏技术与应用/王丽娜,张焕国,叶登攀,胡东辉编著．—武汉:武汉大学出版社,2012. 5(2022.2 重印)
高等学校信息安全专业“十二五”规划教材
ISBN 978-7-307-09030-9

Ⅰ.信…　Ⅱ.①王…　②张…　③叶…　④胡…　Ⅲ. 信息系统—安全技术—高等学校—教材　Ⅳ.TP309

中国版本图书馆 CIP 数据核字(2011)第 153121 号

责任编辑:黎晓方　　责任校对:刘　欣　　版式设计:支　笛

出版发行:**武汉大学出版社**　(430072　武昌　珞珈山)
(电子邮箱:cbs22@ whu.edu.cn 网址:www.wdp.com.cn)
印刷:武汉图物印刷有限公司
开本:787×1092　1/16　印张:14.5　字数:365 千字
版次:2012 年 5 月第 1 版　2022 年 2 月第 6 次印刷
ISBN 978-7-307-09030-9/TP · 407　定价:35. 00 元

高等学校信息安全专业规划教材

编　委　会

序 言

人类社会在经历了机械化、电气化之后，进入了一个崭新的信息化时代。

在信息化社会中，人们都工作和生活在信息空间（Cyberspace）中。社会的信息化使得计算机和网络在军事、政治、金融、工业、商业、人们的生活和工作等方面的应用越来越广泛，社会对计算机和网络的依赖越来越大，如果计算机和网络系统的信息安全受到破坏将导致社会的混乱并造成巨大损失。当前，由于敌对势力的破坏、恶意软件的侵扰、黑客攻击、利用计算机犯罪等对信息安全构成了极大威胁，信息安全的形势是严重的。

我们应当清楚，人类社会中的安全可信与信息空间中的安全可信是休戚相关的。对于人类生存来说，只有同时解决了人类社会和信息空间的安全可信，才能保证人类社会的安全、和谐、繁荣和进步。

综上可知，信息成为一种重要的战略资源，信息的获取、存储、传输、处理和安全保障能力成为一个国家综合国力的重要组成部分，信息安全已成为影响国家安全、社会稳定和经济发展的决定性因素之一。

当前，我国正处在建设有中国特色社会主义现代化强国的关键时期，必须采取措施确保我国的信息安全。

发展信息安全技术与产业，人才是关键。人才培养，教育是关键。2001 年经教育部批准，武汉大学创建了全国第一个信息安全本科专业。2003 年，武汉大学又建立了信息安全硕士点、博士点和博士后流动站，形成了信息安全人才培养的完整体系。现在，设立信息安全专业的高校已经增加到 80 多所。2007 年，“教育部高等学校信息安全类专业教学指导委员会”正式成立。在信息安全类专业教指委的指导下，“中国信息安全学科建设与人才培养研究会”和“全国大学生信息安全竞赛”等活动，开展得蓬蓬勃勃，水平一年比一年高，为我国信息安全专业建设和人才培养作出了积极贡献。

特别值得指出的是，在教育部的组织和领导下，在信息安全类专业教指委的指导下，武汉大学等 13 所高校联合制定出我国第一个《信息安全专业指导性专业规范》。专业规范给出了信息安全学科结构、信息安全专业培养目标与规格、信息安全专业知识体系和信息安全专业实践能力体系。信息安全专业规范成为我国信息安全专业建设和人才培养的重要指导性文件。贯彻实施专业规范，成为今后一个时期内我国信息安全专业建设和人才培养的重要任务。

为了增进信息安全领域的学术交流，并为信息安全专业的大学生提供一套适用的教材，2003 年武汉大学出版社组织编写出版了一套《信息安全技术与教材系列丛书》。这套丛书涵盖了信息安全的主要专业领域，既可用做本科生的教材，又可用做工程技术人员的技术参考书。这套丛书出版后得到了广泛的应用，深受广大读者的厚爱，为传播信息安全知识发挥了重要作用。2008 年，为了反映信息安全技术的新进展，更加适合信息安全专业的教学使用，武汉大学出版社对原有丛书进行了升版。2011 年，为了贯彻实施信息安全专业规范，给广大信息安全专业学生提供一套符合信息安全专业规范的适用教材，武汉大学出版社对以前的教材进行了根本性的调整，推出了《高等学校信息安全专业规划教材》。这套新教材的最大特点首先是符合信息安全专业规范。其次，教材内容全面、理论联系实际、努力反映信息安全领域的新成果和新技术，特别是反映我国在信息安全领域的新成果和新技术，也是其突出特点。我认为，在我国信息安全专业建设和人才培养蓬勃发展的今天，这套新教材的出版是非常及时的和有益的。

我代表编委会向这套新教材的作者和广大读者表示感谢。欢迎广大读者提出宝贵意见，以便能够进一步修改完善。

编委会主任，中国工程院院士，武汉大学兼职教授

沈昌祥

2012年1月8日

前 言

随着多媒体信息的广泛应用,多媒体信息的交流日渐蓬勃,由于数字信息的可复制性,随之出现了版权争端问题。例如,一幅精致的数字图片如何来确认其创作者的身份呢?传统的加密算法只能保证信息未被授权时的安全,一旦授权,信息将被解密,之后的信息可以被任意复制,再也不受任何约束,这是多媒体信息版权争端的根源。令人惊喜的是信息安全研究领域出现了一个新的研究方向——信息隐藏技术研究。该技术的出现无疑将会给网络化多媒体信息的安全传送开辟了一条全新的途径。

信息隐藏实用化研究正在进行之中,其主要驱动力在于对版权保护的关注。信息隐藏技术包括隐蔽书写和数字水印两种技术。数字水印技术可以很好地实现多媒体信息的版权保护。数字水印技术以信息隐藏学为基础。数字水印技术的实质是要在被保护信号(如数字化的音乐、电影、书籍和软件)中加入一个不被察觉的信息,在需要的时候可以通过特定的算法判定水印的存在与否。

感谢丈夫冯夏庭教授的支持与帮助。感谢硕士杨景辉、陈志亮、杨帆及玄剑辉博士参与了部分章节内容的整理和算法实现,感谢戴跃伟博士对音频水印一章的工作。

由于水平有限,不足之处恳请广大读者批评指正。

作 者

2011 年 12 月

目　录

第 1 章　信息隐藏技术概论 …… 1
1.1　信息隐藏的概念、分类及特点 …… 1
1.1.1　什么是信息隐藏 …… 1
1.1.2　信息隐藏的分类 …… 2
1.1.3　信息隐藏技术特点 …… 3
1.2　信息隐藏模型 …… 4
1.3　信息隐藏的算法 …… 5
1.4　信息隐藏技术的发展 …… 7
1.5　信息隐藏技术的应用领域 …… 10

第 2 章　隐秘技术 …… 12
2.1　空域隐秘技术 …… 12
2.1.1　最不重要位替换 …… 12
2.1.2　伪随机置换 …… 14
2.1.3　图像降级和隐蔽信道 …… 15
2.1.4　二进制图像中的信息隐藏 …… 15
2.2　变换域隐秘技术 …… 17

第 3 章　数字水印技术 …… 22
3.1　数字水印概述 …… 22
3.2　基本原理、分类及模型 …… 22
3.3　常用实现方法 …… 24
3.4　数字水印研究现状、发展趋势及应用 …… 25
3.4.1　数字水印研究领域现状 …… 25
3.4.2　发展趋势 …… 26
3.4.3　数字水印的应用 …… 26
3.5　DCT 域图像水印技术 …… 27
3.5.1　DCT 域图像水印技术 …… 27
3.5.2　水印嵌入过程 …… 29
3.5.3　知觉分析 …… 30
3.5.4　DCT 系数的统计模型 …… 31
3.5.5　水印验证过程 …… 31
3.5.6　水印检测 …… 31

第 4 章　基于混沌特性的小波数字水印算法 C-SVD …… 34
4.1　小波 …… 34
4.1.1　小波分析 …… 34
4.1.2　小波分析对信号的处理 …… 35
4.2　基于混沌特性的小波数字水印算法 C-SVD …… 37
4.2.1　小波 SVD 数字水印算法 …… 37
4.2.2　基于混沌特性的小波数字水印算法 C-SVD …… 37
4.3　图像的数字水印嵌入及图像的类型解析 …… 40
4.4　声音的数字水印嵌入 …… 43
4.5　数字水印的检测 …… 44
4.6　数字水印检测结果的评测 …… 45
4.7　小结 …… 49

第 5 章　基于混沌与细胞自动机的数字水印结构 …… 51
5.1　概述 …… 51
5.2　细胞自动机 …… 51
5.2.1　细胞自动机基本概念 …… 52
5.2.2　基于投票规则的细胞自动机 …… 53
5.3　信号分析和图像处理 …… 54
5.4　各种数字水印结构形式 …… 55
5.5　基于混沌与细胞自动机数字转化为灰度图像 …… 55
5.5.1　混沌产生随机序列 …… 55
5.5.2　细胞自动机 …… 56
5.5.3　灰度图像产生过程 …… 56
5.5.4　水印算法 …… 57
5.5.5　实验测试方法及结果 …… 57
5.6　小结 …… 62

第 6 章　数字指纹 …… 63
6.1　概论 …… 63
6.1.1　定义和术语 …… 63
6.1.2　数字指纹的要求与特性 …… 64
6.1.3　数字指纹的发展历史 …… 65
6.2　指纹的分类 …… 65
6.2.1　数字指纹系统模型 …… 65
6.2.2　指纹的分类 …… 66
6.3　数字指纹的攻击 …… 67
6.4　指纹方案 …… 68
6.4.1　叛逆者追踪 …… 68

6.4.2 统计指纹 …… 69
6.4.3 非对称指纹 …… 70
6.4.4 匿名指纹 …… 71
6.5 小结 …… 72

第7章 数字水印的攻击方法和对抗策略 …… 73
7.1 水印攻击 …… 73
7.1.1 攻击方法分类 …… 73
7.1.2 应用中的典型攻击方式 …… 73
7.2 解释攻击及其解决方案 …… 74
7.2.1 解释攻击 …… 74
7.2.2 抗解释攻击 …… 75
7.3 一种抗解释攻击的非对称数字水印实施框架 …… 77

第8章 数字水印的评价理论和测试基准 …… 81
8.1 性能评价理论和表示 …… 81
8.1.1 评测的对象 …… 81
8.1.2 视觉质量度量 …… 82
8.1.3 感知质量度量 …… 82
8.1.4 可靠性评价与表示 …… 83
8.1.5 水印容量 …… 86
8.1.6 速度 …… 86
8.1.7 统计不可检测性 …… 86
8.1.8 非对称 …… 86
8.1.9 面向应用的评测 …… 86
8.2 水印测试基准程序 …… 88
8.2.1 Stirmark …… 88
8.2.2 Checkmark …… 88
8.2.3 Optimark …… 89
8.2.4 测试图像 …… 90

第9章 网络环境下安全数字水印协议 …… 92
9.1 各大水印应用项目介绍 …… 92
9.2 DHWM 的优点和缺陷 …… 94
9.2.1 DHWM 协议 …… 94
9.2.2 DHWM 协议的优缺点 …… 95
9.3 一种新的安全水印协议 …… 96
9.3.1 一种安全水印协议 …… 96
9.3.2 该协议的分析和评价 …… 97
9.4 水印应用一般性框架 …… 98

9.4.1 媒体安全分发事物模型 …… 99
9.4.2 水印应用一般性框架 …… 99
9.5 小结 …… 100

第10章 软件水印 …… 102
10.1 各种攻击 …… 102
10.1.1 水印系统的攻击 …… 102
10.1.2 指纹系统的攻击 …… 103
10.2 软件水印 …… 103
10.2.1 静态软件水印 …… 103
10.2.2 动态软件水印 …… 104
10.2.3 动态图水印 …… 104
10.3 对Java程序的软件水印技术 …… 105
10.4 小结 …… 105

第11章 数字权益管理 …… 106
11.1 DRM概述 …… 106
11.1.1 DRM的概念 …… 106
11.1.2 DRM的功能 …… 107
11.1.3 端到端的DRM过程 …… 107
11.1.4 DRM系统的体系结构 …… 107
11.2 DRM技术 …… 109
11.2.1 资源标定 …… 109
11.2.2 资源元数据 …… 110
11.2.3 权益说明语言 …… 110
11.2.4 资源的安全和保护 …… 110
11.2.5 权益监督执行 …… 111
11.2.6 信任管理 …… 112
11.2.7 可信计算 …… 112
11.3 DRM应用 …… 112
11.4 小结 …… 113

第12章 视频水印 …… 114
12.1 概论 …… 114
12.2 数字视频特点 …… 116
12.2.1 视频信息的编码标准 …… 116
12.2.2 视频信息的时空掩蔽效应 …… 118
12.3 数字视频水印要求 …… 119
12.4 视频水印的分类 …… 122
12.5 国内外视频水印介绍 …… 124

12.5.1　面向原始视频水印 …… 124
12.5.2　面向压缩域视频水印 …… 127
12.6　DEW 视频水印算法实例 …… 131
12.6.1　DEW 算法原理 …… 131
12.6.2　参数选择及流程描述 …… 134
12.7　小结 …… 138

第 13 章　音频水印 …… 140
13.1　音频水印特点 …… 140
13.1.1　人类听觉系统 …… 140
13.1.2　音频文件格式 …… 142
13.1.3　声音传送环境 …… 143
13.2　音频水印算法评价标准 …… 144
13.2.1　感知质量评测标准 …… 144
13.2.2　鲁棒性评测标准 …… 145
13.2.3　虚警率 …… 145
13.3　音频水印分类及比较 …… 145
13.3.1　经典的音频信息隐藏技术 …… 145
13.3.2　变换域的音频信息隐藏技术 …… 147
13.3.3　MP3 压缩域的音频信息隐藏技术 …… 148
13.4　DCT 域分段自适应音频水印算法实例 …… 150
13.4.1　声音段分类方法 …… 150
13.4.2　水印嵌入 …… 150
13.4.3　水印检测 …… 152
13.4.4　仿真结果 …… 153
13.5　小结 …… 155

第 14 章　隐秘分析技术 …… 156
14.1　隐秘分析概述 …… 156
14.1.1　隐秘分析技术原理和模型 …… 156
14.1.2　隐秘分析分类 …… 157
14.1.3　隐秘分析性能评估 …… 159
14.2　隐秘分析算法介绍 …… 160
14.2.1　专用隐秘分析算法 …… 160
14.2.2　通用隐秘分析算法 …… 161
14.2.3　隐秘分析算法实例 …… 162
14.3　小结 …… 165

第 15 章　感知 hash 介绍 …… 167
15.1　概述 …… 167

15.1.1 感知 hash 及其特性 …… 167
15.1.2 感知 hash 研究现状与分类 …… 168
15.2 感知 hash 应用模式 …… 169
15.3 基于 Gabor 滤波特征的数字图像感知 hash …… 170
15.3.1 Gabor 滤波特征介绍 …… 170
15.3.2 感知 hash 算法设计 …… 171
15.3.3 实验与结果分析 …… 175
15.4 基于知网语义特征的文本 hash 信息可信性检测 …… 181
15.4.1 知网语义特征选择 …… 181
15.4.2 文本 hash 值的产生 …… 182
15.4.3 基于认知 hash 的文本来源可信性检测 …… 182
15.4.4 实验及结果分析 …… 182
15.5 小结 …… 186

第 16 章 被动盲数字图像可信性度量模型研究 …… 187
16.1 概述 …… 187
16.1.1 数字图像信任危机 …… 187
16.1.2 数字图像可信性研究的非盲环境和盲环境 …… 187
16.1.3 数字图像的生存环境、生命期和生命烙印 …… 187
16.2 相关工作 …… 188
16.2.1 数字图像被动盲取证研究现状 …… 188
16.2.2 数字图像可信性度量与数字图像取证技术比较 …… 191
16.3 可信性度量模型 …… 192
16.3.1 问题描述 …… 192
16.3.2 可信性判断模型 …… 193
16.3.3 数字图像可信性度量模型体系 …… 194
16.4 基于 AHP 的可信性综合度量模型 …… 195
16.4.1 模型算法描述 …… 195
16.4.2 实验与结果分析 …… 197
16.5 基于 HMM 的可信性历史度量模型 …… 200
16.6 小结 …… 202

参考文献 …… 203

国外部分网址 …… 215
国内部分网址 …… 217

第1章 信息隐藏技术概论

1.1 信息隐藏的概念、分类及特点

1.1.1 什么是信息隐藏

多媒体数据的数字化为多媒体信息的存取提供了极大的便利,同时也极大地提高了信息表达的效率和准确性。随着 Internet 的日益普及,多媒体信息的交流已达到了前所未有的深度和广度,其发布形式也愈加丰富。人们如今也可以通过 Internet 发布自己的作品、重要信息和进行网上贸易等,但是随之而出现的问题也十分严重:如作品侵权更加容易,篡改也更加方便。因此如何既充分利用 Internet 的便利,又能有效地保护知识产权,已受到人们的高度重视。一门新兴的交叉学科——信息隐藏(Information Hiding)学诞生了。如今信息隐藏学作为隐蔽通信和知识产权保护等的主要手段,正得到广泛的研究与应用。所谓信息隐藏就是将秘密信息隐藏到一般的非秘密的数字媒体文件(如图像、声音、文档文件)中,从而不让对手发觉的一种方法。

信息隐藏是把一个有意义的信息隐藏在另一个称为载体 C(Cover)的信息中得到隐蔽载体(Stego Cover)S,如图 1.1 所示,非法者不知道这个普通信息中是否隐藏了其他的信息,而且即使知道也难以提取或去除隐藏的信息。所用的载体可以是文字、图像、声音及视频等。为增加攻击的难度,也可以把加密与信息隐藏技术结合起来,即先对消息 M 加密得到密文消息 M',再把 M' 隐藏到载体 C 中。这样攻击者要想获得消息,就首先要检测到消息的存在,并知道如何从隐蔽的载体 S 中提取 M' 及如何对 M' 解密以恢复消息 M。

信息隐藏不同于传统的密码学技术。密码技术主要是研究如何将机密信息进行特殊的编码,以形成不可识别的密文进行传递;而信息隐藏则主要研究如何将某一机密信息秘密隐藏于另一公开的信息中,然后通过公开信息的传输来传递机密信息。对加密通信而言,监测者或非法拦截者可通过截取密文,并对其进行破译,或将密文进行破坏后再发送,从而影响机密信息的安全;但对信息隐藏而言,监测者或非法拦截者则难以从公开信息中判断机密信息是否存在,难以截获机密信息,从而能保证机密信息的安全。多媒体技术的广泛应用,为信息隐藏技术的发展提供了更加广阔的领域。

信息之所以能够隐藏在多媒体数据中是因为:

(1) 多媒体信息本身存在很大的冗余性,从信息论的角度看,未压缩的多媒体信息的编码效率是很低的,所以将某些信息嵌入到多媒体信息中进行秘密传送是完全可行的,并不会影响多媒体本身的传送和使用。

(2) 人眼或人耳本身对某些信息都有一定的掩蔽效应,比如人眼对灰度的分辨率只有几十个灰度级;对边沿附近的信息不敏感等。利用人的这些特点,可以很好地将信息隐藏而不被

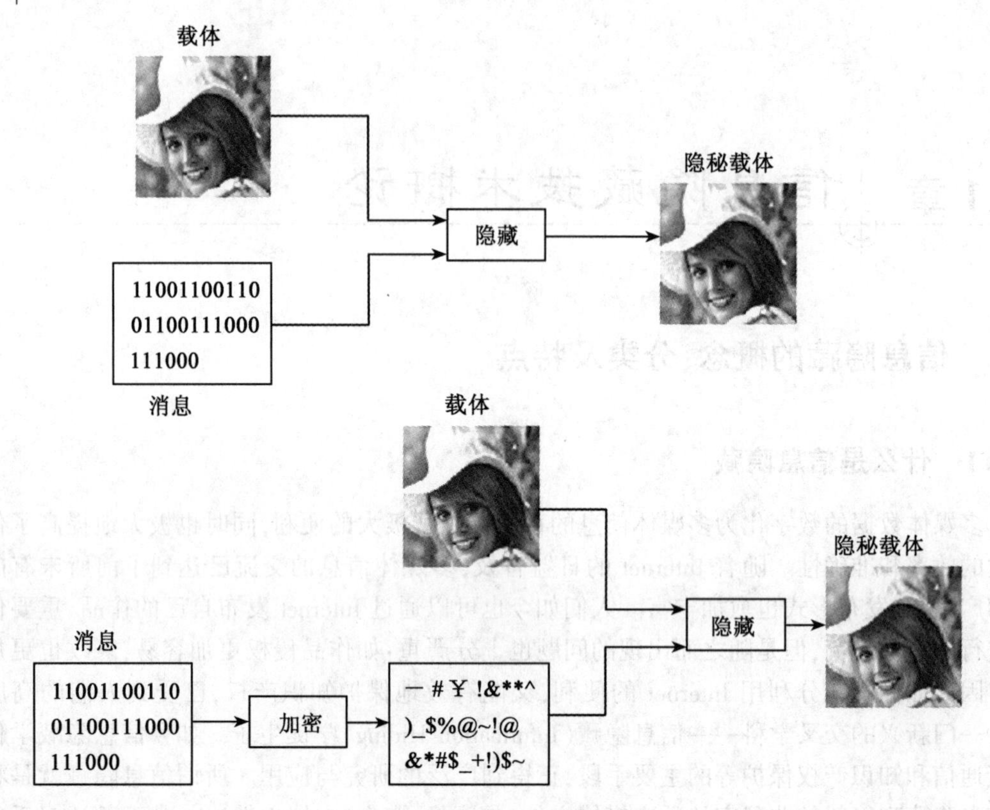

图 1.1　信息加密与隐藏的比较

察觉。

1.1.2　信息隐藏的分类

对信息隐藏技术可作如下分类：

1. 按载体类型分类

包括基于文本、图像、声音和视频的信息隐藏技术。

2. 按密钥分类

若嵌入和提取采用相同密钥，则称其为对称隐藏算法，否则称为公钥隐藏算法。

3. 按嵌入域分类

主要可分为空域（或时域）方法及变换域方法。空域替换方法是用待隐藏的信息替换载体信息中的冗余部分。一种简单的替换方法就是用隐藏信息位替换载体中的一些最不重要位（Least Significant Bit, LSB），只有知道隐藏信息嵌入的位置才能提取信息。比如说，若把一个灰度图像的某个像点的灰度值由 180 变成 182，人的肉眼是看不出来的。这种方法较为简单，但其鲁棒性较差。对载体的较小的扰动，如有损压缩，都有可能导致整个信息的丢失。因此，目前的多数信息隐藏方法都采用了变换域技术，即把待隐藏的信息嵌入到载体的一个变换空间（如频域）中。与空域方法相比，变换域方法的优点如下：

- 在变换域中嵌入的信号能量可以分布到空域的所有像素上。
- 在变换域中，人的感知系统的某些掩蔽特性可以更方便地结合到编码过程中。
- 变换域方法可与数据压缩标准，如 JPEG 等兼容，常用的变换包括离散余弦变换和小

波变换,一般来说,变换域方法对诸如压缩、修剪和某些图像处理等的攻击的鲁棒性更强。

4. 按提取的要求分类

若在提取隐藏信息时不需要利用原始载体 C,则称为盲隐藏;否则称为非盲隐藏。显然,使用原始的载体数据更便于检测和提取信息。但是,在数据监控和跟踪等场合,我们并不能获得原始的载体。对于其他的一些应用,如视频水印,即使可获得原始载体,但由于数据量巨大,要使用原始载体也是不现实的。

因此目前主要采用的是盲隐藏技术。

5. 按保护对象分类

主要可分为隐写术和水印技术。

(1) 隐写术的目的是在不引起任何怀疑的情况下秘密传送消息,因此它的主要要求是不被检测到和大容量等。例如在利用数字图像实现秘密消息隐藏时,就是在合成器中利用人的视觉冗余把待隐藏的消息加密后嵌入到数字图像中,使人无法从图像的外观上发现有什么变化。加密操作是把嵌入到图像中的内容变为伪随机序列,使数字图像的各种统计值不发生明显的变化,从而增加监测的难度,当然还可以采用校验码和纠错码等方法提高抗干扰的能力,而通过公开信道接收到隐写文档的一方则用分离器把隐蔽的消息分离出来。在这个过程中必须充分考虑到在公开信道中被检测和干扰的可能性。相对来说隐写术已经是比较成熟的信息隐藏技术了。

(2) 数字水印是指嵌在数字产品中的数字信号,可以是图像、文字、符号、数字等一切可以作为标识和标记的信息,其目的是进行版权保护、所有权证明、指纹(追踪发布多份拷贝)和完整性保护等,因此它的要求是鲁棒性和不可感知性等。数字水印还可以根据应用领域不同而划分为许多具体的分类,例如用于版权保护的鲁棒水印,用于保护数据完整性的易损水印等,其中用于版权保护的鲁棒水印是目前研究的热点。

(3) 数据隐藏和数据嵌入:数据隐藏和数据嵌入通常用在不同的上下文环境中,它们一般指隐写术,或者指介于隐写术和水印之间的应用。在这些应用中嵌入数据的存在是公开的,但不必要保护它们。例如:嵌入的数据是辅助的信息和服务,它们可以是公开得到的,与版权保护和控制存取等功能无关。

(4) 指纹和标签:这里指水印的特定用途。有关数字产品的创作者和购买者的信息作为水印而嵌入。每个水印都是一系列编码中唯一的一个编码,即水印中的信息可以惟一地确定每一个数字产品的拷贝,因此,称它们为指纹或者标签。

需要指出的是,对信息隐藏技术的不同应用,各自有着不同的具体要求,并非都满足上述要求。信息隐藏技术包含的内容范围十分广泛,可以作如图 1.2 所示的分类。

1.1.3 信息隐藏技术特点

信息隐藏技术必须考虑正常的信息操作所造成的威胁,即要使机密资料对正常的数据操作技术具有免疫力。这种免疫力的关键是要使隐藏信息部分不易被正常的数据操作(如通常的信号变换操作或数据压缩)所破坏。根据信息隐藏的目的和技术要求,该技术存在以下特性:

1. 透明性

透明性(invisibility)也叫隐蔽性。这是信息伪装的基本要求。利用人类视觉系统或人类听觉系统属性,经过一系列隐藏处理,使目标数据没有明显的降质现象,而隐藏的数据却无法

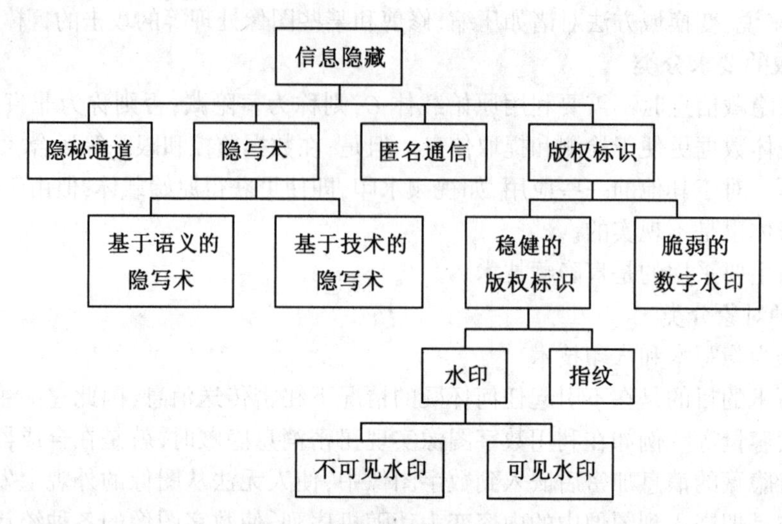

图 1.2　信息隐藏技术的分类

人为地看见或听见。

2. 鲁棒性

鲁棒性（robustness）指不因图像文件的某种改动而导致隐藏信息丢失的能力。这里所谓"改动"包括传输过程中的信道噪声、滤波操作、重采样、有损编码压缩、D/A或A/D转换等。

3. 不可检测性

不可检测性（undetectability）指隐蔽载体与原始载体具有一致的特性。如具有一致的统计噪声分布等，以便使非法拦截者无法判断是否有隐蔽信息。

4. 安全性

安全性（security）指隐藏算法有较强的抗攻击能力，即它必须能够承受一定程度的人为攻击，而使隐藏信息不会被破坏。隐藏的信息内容应是安全的，应经过某种加密后再隐藏，同时隐藏的具体位置也应是安全的，至少不会因格式变换而遭到破坏。

5. 自恢复性

由于经过一些操作或变换后，可能会使原图产生较大的破坏，如果只从留下的片段数据仍能恢复隐藏信号，而且恢复过程不需要宿主信号，则为所谓的自恢复性。

6. 对称性

通常信息的隐藏和提取过程具有对称性，包括编码、加密方式，以减少存取难度。

7. 可纠错性

为了保证隐藏信息的完整性，使其在经过各种操作和变换后仍能很好地恢复，通常采取纠错编码方法。

1.2　信息隐藏模型

我们称待隐藏的信息为秘密信息（secret message），它可以是版权信息或秘密数据，也可以是一个序列号；而公开信息则称为载体信息（cover message），如视频、音频片段。这种信息隐藏过程一般由密钥（key）来控制，即通过嵌入算法（embedding algorithm）将秘密信息隐藏于公开信息中,而隐蔽载体(隐藏有秘密信息的公开信息)则通过信道(communication channel)传递,然后检测器(detector)利用密钥从隐蔽载体中恢复或检测出秘密信息。信息的隐藏和提取系统模型如图1.3所示。

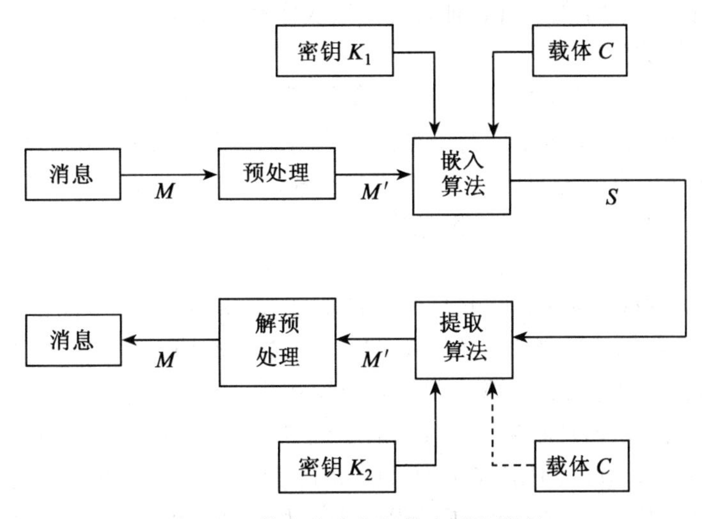

图1.3 信息的隐藏和提取系统模型

隐藏过程是这样一个过程:首先对消息 M 可以做预处理,这样形成消息 M',为加强整个系统的安全性,在预处理过程中也可以使用密钥来控制,然后用一个隐藏嵌入算法和密钥 K_1 把预处理后的消息 M' 隐藏到载体 C 中,从而得到隐蔽载体 S。

提取过程可以这样描述:使用提取算法和密钥 K_2 从隐秘载体 S 中提取消息 M',然后使用相应的解密或扩频解调等解预处理方法由 M' 恢复出真正的消息 M。

如果 $K_1=K_2$,那么可以说这个隐藏嵌入算法是对称隐藏算法,否则称这个算法为非对称隐藏算法。载体 C 可以是文本、声音、图像和视频,隐藏嵌入算法可以是空域方法及变换域方法。

1.3 信息隐藏的算法

信息隐藏及数字水印技术是近几年来国际学术界兴起的一个前沿研究领域。虽然其载体可以是文字、图像、语音等不同格式的文件,但是使用的方法没有本质的区别。因此,下面将以信息隐藏技术在图像中的应用即遮掩消息选用数字图像的情况为例进行说明。

在图像中应用的信息隐藏技术基本上可以分为两大类:空域法和频域法。空域法就是直接改变图像元素的值,一般是在图像元素的亮度和色带中加入隐藏的内容。频域法是利用某种数学变换,将图像用频域表示,通过更改图像的某些频域系数加入待隐消息,然后再利用反变换来生成隐藏有其他信息的图像。各种不同的数学变换都可以被使用,目前已有的方法,主要集中在小波变换、频率变换、DCT变换等。

1. 空域算法

该类算法中典型的算法是将信息嵌入到随机选择的图像点中最不重要的像素位(LSB)上,这可保证嵌入的信息是不可见的。LSB算法的主要优点是可以实现高容量和较好的不可见性,但是该算法的鲁棒性差,容易被第三方发现和提取信息,对图像的各种操作如压缩、剪切等都会使算法的可靠性受到影响。为了增强算法的性能,提出了各种改进的方法,如利用伪随机序列,以随机的顺序修改图像的 LSB,在使用密钥的情况下,才能得到正确的嵌入序列。另外一个常用方法是利用像素的统计特征将信息嵌入像素的亮度值中。

2. Patchwork 算法

该算法是随机选择 N 对像素点 (a_i,b_i),然后将每个 a_i 点的亮度值加 1,每个 b_i 点的亮度值减 1,这样整个图像的平均亮度保持不变。适当地调整参数,Patchwork 方法对 JPEG 压缩、FIR 滤波以及图像裁剪有一定的抵抗力,但该方法嵌入的信息量有限。为了嵌入更多的水印信息,可以将图像分块,然后对每一个图像块进行嵌入操作。

3. 频域算法

该类算法中,大部分算法采用了扩展频谱通信(spread spectrum communication)技术。算法实现过程为:先计算图像的离散余弦变换(DCT),然后将水印叠加到 DCT 域中幅值最大的前 k 系数上(不包括直流分量),通常为图像的低频分量。若 DCT 系数的前 k 个最大分量表示为 $D=\{d_i\}, i=1,\cdots,k$,水印是服从高斯分布的随机实数序列 $W=\{w_i\}, i=1,\cdots,k$,那么水印的嵌入算法为 $d_i=d_i(1+\alpha w_i)$,其中常数 α 为尺度因子,控制水印添加的强度。然后用新的系数做反变换得到水印图像 I^*。解码函数则分别计算原始图像 I 和水印图像 I^* 的离散余弦变换,并提取嵌入的水印 W^*,再做相关检验以确定水印的存在与否。该方法即使当水印图像经过一些通用的几何变形和信号处理操作而产生比较明显的变形后仍然能够提取出一个可信赖的水印拷贝。一个简单改进是不将水印嵌入到 DCT 域的低频分量上,而是嵌入到中频分量上以调节水印的健壮性与不可见性之间的矛盾。

另外,还可以将数字图像的空间域数据通过离散傅里叶变换(DFT)或离散小波变换(DWT)转化为相应的频域系数;根据待隐藏的信息类型,对其进行适当编码或变形;根据隐藏信息量的大小和其相应的安全目标,选择某些类型的频域系数序列(如高频或中频或低频);确定某种规则或算法,用待隐藏的信息的相应数据去修改前面选定的频域系数序列;将数字图像的频域系数经相应的反变换转化为空间域数据。该类算法的隐藏和提取信息操作复杂,隐藏信息量不可能很大,但抗攻击能力强,很适合于用做数字作品版权保护的数字水印技术中。

4. 压缩域算法

基于 JPEG,MPEG 标准的压缩域数字水印系统不仅节省了大量的完全解码和重新编码过程,而且在数字电视广播及 VOD(Video on Demand)中有很大的实用价值。相应地,水印检测与提取也可直接在压缩域数据中进行。下面介绍一种针对 MPEG-2 压缩视频数据流的数字水印方案。虽然 MPEG-2 数据流语法允许把用户数据加到数据流中,但是这种方案并不适合数字水印技术,因为用户数据可以简单地从数据流中去掉,同时,在 MPEG-2 编码视频数据流中增加用户数据会加大位率,使之不适于固定带宽的应用,所以关键是如何把水印信号加到数据信号中,即加入到表示视频帧的数据流中。对于输入的 MPEG-2 数据流而言,它可分为数据头信息、运动向量(用于运动补偿)和 DCT 编码信号块 3 部分,在方案中只有 MPEG-2 数据流最后一部分数据被改变。其原理是,首先对 DCT 编码数据块中每一输入的 Huffman 码进行解码和逆量化,以得到当前数据块的一个 DCT 系数;其次,把相应水印信号块的变换系数与之相加,从而得到水印叠加的 DCT 系数,再重新进行量化和 Huffman 编码,最后对新的 Huffman 码字的位数 n_1 与原来的无水印系数的码字 n_0 进行比较,只在 n_1 不大于 n_0 的时候,才能传输水印码字,否则传输原码字,这就保证了不增加视频数据流位率。该方法有一个问题值得考虑,即水印信号的引入是一种引起降质的误差信号，而基于运动补偿的编码方案会将一个误差扩散和累积起来，为解决此问题，该算法采取了漂移补偿的方案来抵消因水印信号的引入所引起的视觉变形。

5. NEC 算法

该算法由 NEC 实验室的 Cox 等人提出，该算法在数字水印算法中占有重要地位，其实现方法是，首先以密钥为种子来产生伪随机序列，该序列具有高斯 $N(0,1)$ 分布，密钥一般由作者的标识码和图像的哈希值组成，其次对图像做 DCT 变换，最后用伪随机高斯序列来调制（叠加）该图像除直流（DC）分量外的1 000个最大的 DCT 系数。该算法具有较强的鲁棒性、安全性、透明性等。由于采用特殊的密钥，因此可防止 IBM 攻击，而且该算法还提出了增强水印鲁棒性和抗攻击算法的重要原则，即水印信号应该嵌入原数据中对人感觉最重要的部分，这种水印信号由独立同分布随机实数序列构成，且该实数序列应该具有高斯分布 $N(0,1)$ 的特征。

6. 生理模型算法

人的生理模型包括人类视觉系统 HVS（Human Visual System）和人类听觉系统 HAS。该模型不仅被多媒体数据压缩系统利用，同样可以供数字水印系统利用。利用视觉模型的基本思想均是利用从视觉模型导出的 JND（Just Noticeable Difference）描述来确定在图像的各个部分所能容忍的数字水印信号的最大强度，从而能避免破坏视觉质量。也就是说，利用视觉模型来确定与图像相关的调制掩模，然后再利用其来插入水印。这一方法同时具有好的透明性和强健性。

1.4　信息隐藏技术的发展

1. 传统的信息隐藏技术

数字化的信息隐藏技术的确是一门全新的技术，但是它的思想其实来自于古老的隐写术。大约在公元前 440 年，隐写术就已经被应用了。当时，一位剃头匠将一条机密消息写在一位奴隶的光头上，然后等到奴隶的头发长起来之后，将奴隶送到另一个部落，从而实现了这两个部落之间的秘密通信。类似的方法，在 20 世纪初期仍然被德国间谍所使用。实际上，隐写术自古以来就一直被人们广泛地使用。隐写术的经典手法实在太多，此处仅列举一些例子：

- 使用不可见墨水给报纸上的某些字母作上标记来向一个间谍发送消息。
- 在一个录音带的某些位置上加一些不易察觉的回声等。
- 将消息写在木板上然后用石灰水把它刷白。
- 将信函隐藏在信使的鞋底里或妇女的耳饰中。
- 由信鸽携带便条传送消息。
- 通过改变字母笔画的高度或在掩蔽文体的字母上面或下面挖出非常小的小孔（或用无形的墨水印制作非常小的斑点）来隐藏正文。
- 在纸上打印各种小像素点组成的块来对诸如日期、打印机标识符、用户标识符等信息进行编码。
- 将秘密消息隐藏“在大小不超过一个句号或小墨水点的空间里”（1857 年）。
- 将消息隐藏在微缩胶片中（1870 年）。
- 把在显微镜下可见的图像隐藏在耳朵、鼻孔以及手指甲里；或者先将间谍之间要传送的消息经过若干照相缩影步骤后缩小到微粒状，然后粘在无关紧要的杂志等文字材料中的句号或逗号上(第一次世界大战期间)。

- 在印刷旅行支票时使用特殊紫外线荧光墨水。
- 制作特殊的雕塑或绘画作品,使得从不同角度看会显出不同的印像。
- 用藏头诗,或者歧义性的对联、文章等文学作品。
- 在乐谱中隐藏信息(简单地将字母表中的字母映射到音符)。
- 古代,我国还有一种很有趣的信息隐藏方法,即消息的发送者和接收者各有一张完全相同的带有许多小孔的掩蔽纸张,而这些小孔的位置是被随机选择并戳穿的。发送者将掩蔽纸张放在一张纸上,将秘密消息写在小孔位置上,移去掩蔽纸张,然后根据纸张上留下的字和空格编写一段掩饰性的文章。接收者只要把掩蔽纸张覆盖在该纸张上就可立即读出秘密消息。直到16世纪早期,意大利数学家Cardan又重新发展了这种方法,该方法现在被称为卡登格子隐藏法。
- 利用掩蔽材料的预定位置上某些误差和风格特性来隐藏消息。比如,利用字的标准体和斜体来进行编码,从而实现信息隐藏;将版权信息和序列号隐藏在行间距和文档的其他格式特性之中;通过对文档的各行提升或降低三百分之一英寸来表示0或1等。

2. 数字信息隐藏技术的发展

第一篇关于图像数字水印的文章发表于1994年,1995年以后,数字水印技术获得广泛的关注并且得到了较快的发展,仅1998年就发表了100篇左右有关数字水印技术的文章。与此同时,也出现了一些研究隐秘术的文章。据Anderson和Petitcolas的统计,到1999年8月止,国际上关于信息隐藏技术的文章已达400篇左右。在过去几年中,从事信息隐藏技术的研究人员和组织不断增加,国际上已于1996年在英国、1998年在波兰、1999年在德国、2001年在美国、2002年在荷兰先后5次召开了信息隐藏学术会议。一些信息处理领域的国际会议上也都有关于信息隐藏技术的专题。Proceeding of IEEE于1999年7月出版了关于多媒体信息隐藏的专辑。我国也先后于1999年12月、2000年6月和2001年9月举办了3次信息隐藏技术研讨会,国家863计划智能计算机专家组会同中国科学院自动化研究所模式识别国家重点实验室和北京邮电大学信息安全中心还召开了专门的"数字水印学术研讨会"。

随着理论研究的进行,相关的软件也不断推出,并在短短几年中涌现了数以十计的从事水印技术应用的公司。日本电器公司、日立制作所、先锋、索尼和美国商用机器公司等正联合开发统一标准的基于数字水印技术的DVD影碟防盗版技术。DVD影碟在理论上可以无限制地复制高质量的画面和声音,因此迫切需要有效地防DVD盗版技术。新的防盗版技术在构成动态图像的每一个静态画面数据中,组合进可防止数据复制的数字水印。这样,消费者可在自用的范围内复制和欣赏高质量动态图像节目,但以赢利为目的的大批量非法复制则无法进行。

德国最近在数字水印保护和防止伪造电子照片的技术方面取得突破。以制作个人身份证为例,一般要经过扫描照片和签名、输入制证机、打印和塑封等过程。上述新技术是在打印证件前,在照片上附加一个暗藏的数字水印。具体做法是在照片上对某些不为人注意的部分进行改动。处理后的照片用肉眼看与原来完全一样,只有专用的扫描器才能发现水印,从而可以迅速无误地确定证件的真伪。该系统既可在照片上加上牢固的水印,也可以经改动使水印消失,使任何伪造企图都无法得逞。

1998年,美国版权保护技术组织(CPTWG)成立了专门的数据隐藏小组(DHSG),考虑制定版权保护水印的技术标准,并提出了一些基本的要求:

- 隐藏于数字作品中的水印是不可感知的；
- 可被专用数字电路识别；
- 水印的检测不必获取完整的数据；
- 可标记“未曾复制”、“只可复制一次”和“不能再复制”等信息；
- 漏检概率低；
- 对常用信号处理过程具有鲁棒性；
- 使用成熟的技术嵌入或检测水印。

为研究网络时代音乐版权保护技术而由 RIAA 及大唱片公司于 1999 年 2 月成立了业界团体 SDMI(Secure Digital Music Initiative),SDMI 于 1999 年 9 月在作为临时版权保护技术的“Phase1”中采用了 Verance 公司的数字水印技术以保护在 Internet 上发布的数字音频文件。Verance 公司是由 ARIS 和 Solana 两家公司于 1999 年 6 月合并组建的,它在音频水印技术开发及应用方面处于世界领先水平。SDMI 现已开始制定被称为“Phase2”的防止非法复制的技术标准。在 Phase2 中,将考虑采用两种水印,一种为难以消除的鲁棒性强的水印;另一种为利用音频数据压缩等手段容易消除的“易损水印”。当使用者想通过再压缩或模拟复制等方式改变部分原有数据而使之流通时,鲁棒性强的数字水印将留下,而易损水印将会丢失。放音设备一旦检测出这种状态,便可拒绝播放。

由欧盟委员会资助的几个国际研究项目也正致力于实用的水印技术研究。TALISMAN 的目标是为欧盟成员国的服务提供者提供一个标准版权保护机制,以保护数字化产品,防止大规模商业盗版和非法拷贝。TALISMAN 的预期产品是通过标记和水印方法得到一个视频序列保护系统。OCTALIS 的主要目标是建立一个全球范围的解决方法,通过它能够公平地进行数据存取控制和进行有效的版权保护,并能在大规模实验系统(如 Internet 和 EBU(欧洲广播联盟)网络)上证明其有效性。欧盟期望能使其成员国在数字作品电子交易方面达成协议。其中的数字水印系统可以提供对复制品的探测追踪,在数字作品转让之前,作品创作者可以嵌入创作标志水印;作品转让后,媒体发行者对存储在服务器中的作品加入发行者标志;在出售作品拷贝时,还要加入销售标志如图 1.4 所示。

经过多年的努力,信息隐藏技术的研究已经取得了很大进展,国际上先进的信息隐藏技术现已能做到:使隐藏有其他信息的信息不但能经受人的感觉检测和仪器设备的检测,而且还能抵抗各种人为的蓄意攻击。但总的来说,信息隐藏技术尚未发展到完善的可实用的阶段,仍有不少技术性的问题需要解决。水印验证体系的建立、法律的保护等因素也是信息隐藏技术在迈向实用化中不可缺少的应用环境。另外,信息隐藏技术发展到今天,还没有找到自己的理论依据,没有形成理论体系,许多人还是在用香农的信息论作解释。目前,随着技术的不断提高,对理论指导的期待已经越来越迫切,特别是在一些关键问题难以解决的时候,比如如何计算一个数字媒体所能隐藏的最大安全信息量等。目前,使用密码加密仍是网络上主要的信息安全传输手段,信息隐藏技术在理论研究、技术成熟度和实用性方面都无法与之相比,但它潜在的价值是无法估量的,特别是在迫切需要解决的版权保护等方面,可以说是根本无法被取代的,相信其必将在未来的信息安全体系中发挥重要作用。

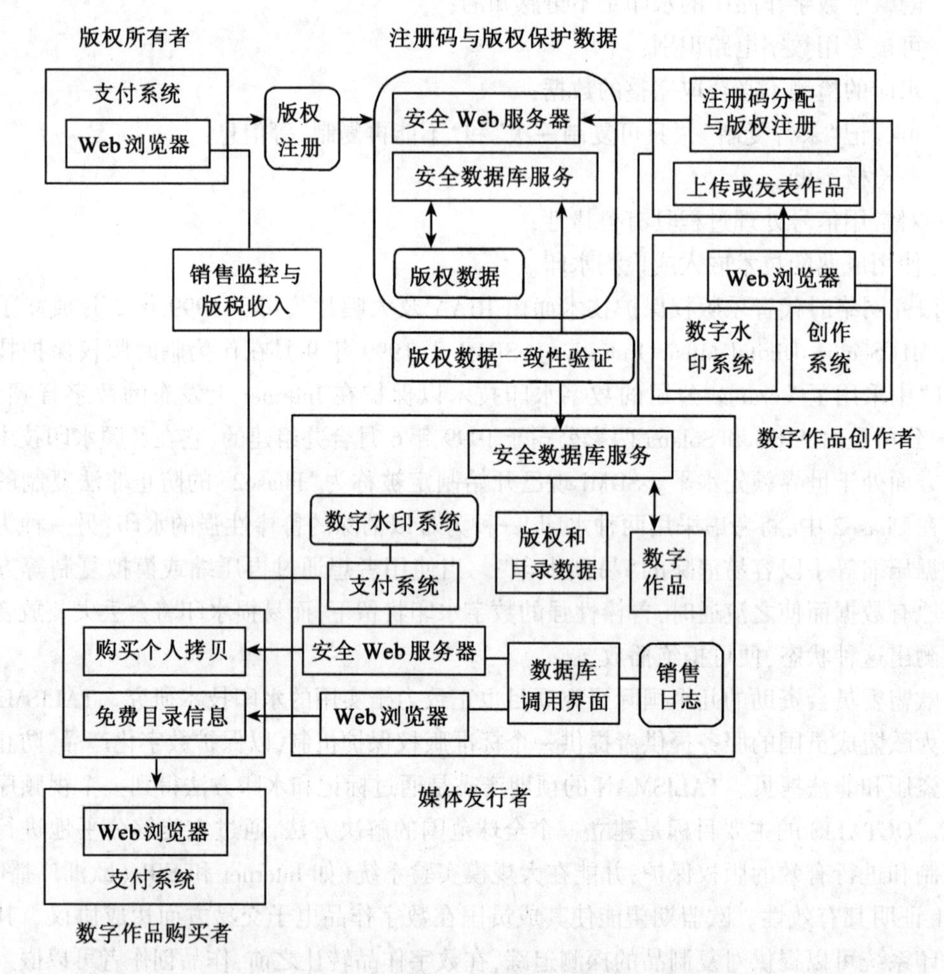

图 1.4　欧盟提出的一个数字作品电子交易框架

1.5　信息隐藏技术的应用领域

上面实际上已经涉及了信息隐藏技术的应用领域，但是为了能够深刻地理解开展信息隐藏技术研究的意义，下面将目前信息隐藏技术在信息安全的各个领域中发挥的作用系统地总结为五个方面：

1. 数据保密

在 Internet 上传输一些秘密数据要防止非授权用户截取并使用，这是网络安全的一个重要内容。随着经济的全球化，这一点不仅将涉及政治、军事，还将涉及商业、金融和个人隐私等。而我们可以通过使用信息隐藏技术来保护必须在网上交流的信息，如电子商务中的敏感数据、谈判双方的秘密协议及合同、网上银行交易中的敏感信息、重要文件的数字签名和个人隐私等，这样就不会引起好事者的兴趣，从而保护了这些数据。另外，还可以对一些不愿意为别人所知的内容使用信息隐藏的方式进行隐藏存储，使得只有掌握识别软件的人才能读出这些内容。

2. 数据的不可抵赖性

在网上交易中,交易双方的任何一方不能抵赖自己曾经作出的行为,也不能否认曾经接收到对方的信息,这是交易系统中的一个重要环节。这可以使用信息隐藏技术中的水印技术,在交易体系中的任何一方发送或接收信息时,将各自的特征标记以水印的形式加入到传递的信息中,这种水印应是不能被去除的,以此达到确认其行为的目的。

3. 数字作品的版权保护

版权保护是信息隐藏技术中的水印技术所试图解决的一个重要问题。随着数字服务越来越多,如数字图书馆、数字图书出版、数字电视、数字新闻等,这些服务提供的都是数字作品,数字作品具有易修改、易复制的特点,在今天已经成为迫切需要解决的实际问题。不解决好这个问题,将极大地损害服务提供商的利益,阻碍先进技术的推广和发展。数字水印技术可以成为解决此难题的一种方案:服务提供商在向用户发放作品的同时,将双方的信息代码以水印的形式隐藏在作品中,这种水印从理论上讲应该是不能被破坏的。当发现数字作品在非法传播时,可以通过提取出的水印代码追查非法传播者。

4. 防伪

商务活动中的各种票据的防伪也使信息隐藏技术有用武之地。在数字票据中隐藏的水印经过打印后仍然存在,可以通过再扫描回数字形式,提取防伪水印,以证实票据的真实性。

5. 数据的完整性

对于数据完整性的验证是要确认在网上传输或存储过程中并没有被篡改。通过使用脆弱水印技术保护的媒体一旦被篡改就会破坏水印,从而使数据的完整性很容易被识别。

思 考 题

1. 请解释下列名词:

隐秘信道　　隐写术　　数字水印　　数字指纹　　RGB 图像
脆弱水印　　可见水印　嵌入域　　　盲隐藏　　　索引图像

2. 信息隐藏按照保护对象分为哪几类?它们各自的侧重点是什么?

3. 鲁棒性、透明性、嵌入量、安全性等是常见的用来评价信息隐藏系统的属性,请解释它们的含义。

4. 请说明信息隐藏技术与密码学的区别与联系。

5. 结合实际,谈谈信息隐藏技术的应用领域。

第2章 隐秘技术

对信息伪装系统进行分类有许多种方法,可以根据用于秘密通信的伪装载体类型进行分类,也可以根据嵌入过程中对伪装载体的修改方式进行分类。尽管在某些情况下,不可能进行准确的分类,但我们仍采用第二种办法,把信息伪装方法分为如下六类:

- 替换系统:用秘密信息替代伪装载体的冗余部分;
- 变换域技术:在信号的变换域嵌入秘密信息(例如,在频域);
- 扩展频谱技术:采用了扩频通信的思想;
- 统计方法:通过更改伪装载体的若干统计特性对信息进行编码,并在提取过程中采用假设检验方法;
- 失真技术:通过信号失真来保存信息,在解码时测量与原始载体的偏差;
- 载体生成方法:对信息进行编码以生成用于秘密通信的伪装载体。

2.1 空域隐秘技术

在各种媒介中有很多方法可以用于隐藏信息,这些方法包括使用 LSB 编码(也常称为位平面或噪音插入工具)、用图像处理或压缩算法对图像的属性(如亮度)进行修改。基本的替换系统,就是试图用秘密信息比特替换掉伪装载体中不重要的部分,以达到对秘密信息进行编码的目的。如果接收者知道秘密信息嵌入的位置,他就能提取出秘密信息。由于在嵌入过程中仅对不重要的部分进行修改,发送者可以假定这种修改不会引起攻击者的注意。

2.1.1 最不重要位替换

位平面工具包括应用 LSB 插入和噪音处理之类的方法,这些方法在信息伪装中很常见,而且很容易用于图像和声音。伪装载体中能隐藏数量惊人的信息,即使对载体有影响,也几乎察觉不到。

有些典型的工具如软件程序 StegoDos, S-Tools, Mandelsteg, EzStepo, Hide and Seek, Hide4PGP, White Noise Storm 和 Steganos 等都使用了位平面工具。在这些伪装方法中主要使用无损图像格式,并且数据能直接处理和恢复。这些程序中,一部分除应用伪装手段外,还采用了压缩和加密技术,以提供更好的隐藏数据的安全性。尽管如此,位平面方法对伪装载体稍微更改的抵抗力仍是相当脆弱的。LSB 方法简单、常用且有效。

嵌入过程包括选择一个载体元素的子集 $\{c_{j_1},\cdots,c_{j_{l(m)}}\}$,然后在子集上执行替换操作 $c_{j_i}\leftrightarrow m_i$,即把 c_{j_i} 的 LSB 与 m_i 进行交换(m_i 可以是 1 或 0)。一个替换系统也可以修改载体的多个比特,例如,在一个载体元素的两个最低比特位隐藏两比特信息。在提取过程中,抽出被选择载体元素的 LSB,然后排列起来重构秘密信息。基本方法在算法 2.1 和 2.2 中描述。在这里有一个问题需要解决,即采用什么方法选择 c_{j_i}。

算法 2.1 最不重要位替换的嵌入过程

for $i=1,\cdots,l(c)$ do

$s_i \leftarrow c_i$

end for

for $i=1,\cdots,l(m)$ do

计算存放第 i 个消息位的指针 j_i

$s_{j_i} \leftarrow c_{j_i} \leftrightarrow m_i$

end for

算法 2.2 最不重要位的提取过程

for $i=1,\cdots,l(m)$ do

计算存放第 i 个消息位的指针 j_i

$m_i \leftarrow \mathrm{LSB}(c_{j_i})$

end for

为了能解出秘密信息,接收者必须能获得嵌入过程中使用的索引序列。在最简单的情况下,发送者从第一个元素开始,使用所有的伪装载体元素进行信息传送。通常由于秘密信息比特数比 $l(c)$ 小,嵌入处理在载体末尾很长一段之前就结束了。在这种情况下,剩下的载体元素保持不变。但是这导致了严重的安全问题,载体的第一部分与第二部分,也就是修改的部分和没有修改的部分,具有不同的统计特性。为了解决这个问题,比如共享程序 PGMStealth 中使用了随机序列来扩大秘密信息的容量,使得 $l(c)=l(m)$,因而对载体的整体做了一致的随机修改。结果是,嵌入过程更改了比传送秘密信息所需要的更多的元素,从而增大了攻击者对秘密通信的怀疑的可能性。

LSB 的具体应用可描述为病毒隐藏与攻击,在某一具体应用上采用 LSB 信息隐藏的方法可以将病毒隐藏于图像中。隐藏了病毒的图像和原图像看上去没有什么区别。设计一个小兵探测器,探测检查,有些机器浏览这个图片对安全没有影响,但有些机器浏览这个图片会触发病毒,并使病毒发作进行攻击。把该思想和“生产计算机病毒并创建计算机病毒武器库”思想结合,将具有杀伤力的病毒隐藏于图像中,因此破坏性更强。通过分析现有浏览器的实现原理找出一种可以触发信息提取程序的方案,或是利用浏览器本身的缺陷或是利用合法的手段。

较复杂的方法是,使用伪随机数发生器以相当随机的方式来扩展秘密信息,一个流行的方法是随机间隔法。如果通信双方使用同一个伪装密钥 k 作随机数发生器的种子,那么他们能生成一个随机序列 $k_1,\cdots,k_{l(m)}$,并且把它们和索引一起按下列方式生成隐藏信息位置来进行信息传送:

$$\begin{aligned} j_1 &= k_1 \\ j_i &= j_{i-1} + k_i, i \geqslant 2 \end{aligned} \tag{2.1}$$

从而,可以伪随机地决定两个嵌入位的距离。由于接收者能获得种子 k 和随机数发生器的信息,因此他能重构 k_i,进一步获得整个元素的索引序列 j_i。这种技术在流载体中尤其有效。见算法 2.3 和 2.4,它们是算法 2.1 和 2.2 的特殊情况。

算法 2.3 随机间隔方法的嵌入过程

for $i=1,\cdots,l(c)$ do

$s_i \leftarrow c_i$

end for

使用种子 k 随机生成序列 k_i

$n \leftarrow k_1$

for $i=1,\cdots,l(m)$ do

$s_n \leftarrow c_n \longleftrightarrow m_i$

$n \leftarrow n+k_i$

end for

算法 2.4 随机间隔方法的提取过程

使用种子 k 随机生成序列 k_i

$n \leftarrow k_1$

for $i=1,\cdots,l(m)$ do

$m_i \leftarrow \mathrm{LSB}(c_n)$

$n \leftarrow n+k_i$

end for

使用一般的伪随机数发生器也可以。如果利用混沌序列的特性使用其伪随机性,效果会更好。

2.1.2 伪随机置换

如果在嵌入过程中能获得所有的伪装载体比特(即,如果 c 是一个可以任意访问的伪装载体),那么就能把秘密信息比特随机地分散在整个载体中。由于不能确定随后的消息位按某种顺序嵌入,这种技术进一步增加了攻击的复杂度。

Alice 首先尝试(使用一个伪随机数发生器)创建一个索引序列 $j_1,\cdots,j_{l(m)}$,并将第 k 个消息比特隐藏在索引为 j_k 的载体元素中。注意,由于我们对伪随机数发生器的输出不加任何限制,一个索引值在序列中可能出现多次,我们称这种情况为碰撞。如果一个碰撞发生,Alice 将可能在一个载体元素中插入多个消息比特,因而破坏了这些信息。如果与载体元素的个数相比,消息比特较少的话,她可以希望发生碰撞的概率能够忽略,并且被破坏的比特能使用纠错编码进行重构。然而这仅仅适合很短的秘密信息。至少发生一次碰撞的概率 p 能通过下面公式进行估计(假定 $l(m) \ll l(c)$):

$$p \approx 1 - \exp\left(\frac{l(m)[l(m)-1]}{2l(c)}\right)$$

因为 $l(c)$ 是常数,当 $l(m)$ 增加时,p 会很快地趋近于 1。例如,如果载体是一个 600×600 像素的图像并且在嵌入过程中选择 200 个像素,p 大约是 5%。另一方面,如果进行信息传输时使用了 600 个像素,p 则增加到 40%左右。我们可以断言只有对非常短的消息,才能忽略碰撞的概率。如果消息长度增加,碰撞必须加以考虑。

这里必须解决碰撞问题,Alice 可以在一个集合 B 中记录所有已经使用过的载体元素。如果在嵌入过程中,一个载体元素以前没有使用过,把它的索引加入集合 B,并且使用这个元素。然而,如果载体元素索引已经包含在集合 B 中,那么她就放弃这个元素并伪随机地选择另一个元素。在接收方,Bob 采用相似的技巧。

Aura 提出了另一种方法,他使用算法 2.1 和 2.2 的基本替换方案,并且通过使用集合 $\{1,\cdots,l(c)\}$ 的伪随机置换来计算索引 j_i。假设 $l(c)$ 能表示成两个数字 X 和 Y 的乘积(在数字图像中总是属于这种情况),并且 h_k 是一个任意的依赖于密钥 k 的安全哈希函数。令 k_1,k_2

和 k_3 是三个密钥。算法 2.5 对每一个输入 $i(1\leqslant i\leqslant XY)$，都输出一个不同的数 j_i(即，若以 $i=1,\cdots,l(c)$ 为输入对算法求值，它等同于产生集合 $\{1,\cdots,l(c)\}$ 的一个伪随机置换)。

Alice 首先把伪装密钥 k 分成三个子密钥 k_1，k_2 和 k_3。在嵌入过程中，她用算法 2.5 计算出的索引 j_i 保存第 i 个消息比特。由于算法 2.5 不生成重复的元素索引，故不会发生碰撞。如果 Bob 已经获得了 k_1，k_2 和 k_3，他能重构 Alice 嵌入秘密消息比特的位置。然而 Aura 的方法需要相当可观的计算时间，因为哈希函数必须计算 $3l(m)$ 次。

算法 2.5 使用伪随机置换计算索引 j_i

$v\leftarrow i \text{ div } X$

$u\leftarrow i \bmod X$

$v\leftarrow(v+h_{k_1}(u)) \bmod Y$

$u\leftarrow(u+h_{k_2}(v)) \bmod X$

$v\leftarrow(v+h_{k_3}(u)) \bmod Y$

$j_i\leftarrow vX+u$

2.1.3 图像降级和隐蔽信道

1992 年，Kurak 和 McHugh 讨论了在高安全级操作系统中的一个安全威胁。这个威胁属于信息伪装范畴，它能用于秘密地交换图像，可以称之为图像降级。图像降级是替换系统中的特殊情况，其中图像既是秘密信息又是载体。给定一个同样尺寸的伪装载体和秘密图像，发送者把伪装载体图像灰度(或彩色)值的 4 个最低比特替换成秘密图像的 4 个最高比特。接收者从隐藏后的图像中把 4 个最低比特提取出来，从而获得秘密图像的 4 个最高比特位。在许多情况下载体的降质视觉上是不易察觉的，并且对传送一个秘密图像的粗略近似而言，4 比特足够了。

在多级安全操作系统中，主体(进程、用户)和客体(文件、数据库等)都被分配一个特定的安全级别，如著名的 Bel-LaPadula 模型。主体通常仅允许读取较低安全级别的客体而“不能向上读”，同时只能向较高安全级别的客体进行写操作而“不能向下写”。第一个限制的理由是明显的，而第二个限制的理由则是试图阻止用户将重要信息变为主体可访问的低安全级别信息。信息降级就是通过将机密信息嵌入较低安全级别的客体中，使得机密信息不再机密(信息降级因此得名)，从而破坏了“不能向下写”的法则。

利用计算机系统中的未使用或保留的空间，利用计算机系统中的隐通道，利用密码协议中的阈下信道，都可以进行信息隐藏。

2.1.4 二进制图像中的信息隐藏

二值图像，如数字化的传真图像，以黑白像素分布方式包含冗余。尽管可以实现一个简单的替代系统，例如某些像素根据某个具体的信息位设置成黑或白，但这些系统很容易受传输错误影响，因而不具有鲁棒性。

Zhao 和 Koch 提出了一个信息隐藏方案，他们使用一个特定图像区域中黑像素的个数来编码秘密信息。把一个二值图像分成矩形图像区域 B_i，分别令 $P_0(B_i)$ 和 $P_1(B_i)$ 为黑白像素在图像块 B_i 中所占的百分比。基本做法是，若某块 $P_1(B_i)>50\%$，则嵌入一个 1，若 $P_0(B_i)>50\%$，则嵌入一个 0。在嵌入过程中，为达到希望的像素关系，需要修改一些像素的颜色。修改是在那些邻近像素有相反的颜色的像素中进行的；在具有鲜明对比性的二值图像中，应该对黑白像素的边界进行修改。所有的这些规则都是为了确保不引起察觉。

为了使整个系统对传输错误和图像修改具有鲁棒性,必须调整嵌入处理过程。如果在传输过程中一些像素改变了颜色,例如 $P_1(B_i)$ 由 50.6% 下降到 49.5% 时,这种情况就会发生,从而破坏了嵌入信息。因此要引入两个阈值 $R_1>50\%$ 和 $R_0<50\%$ 以及一个健壮参数 λ,λ 是传输过程中能改变颜色的像素百分比。发送者在嵌入处理中确保 $P_1(B_i)\in[R_1, R_1+\lambda]$ 或 $P_0(B_i)\in[R_0-\lambda, R_0]$。如果为达到目标必须修改太多的像素,就把这块标识成无效,修正$P_1(B_i)$满足下面两个条件之一:

$$P_1(B_i) < R_0(B_i) - 3\lambda$$
$$P_1(B_i) > R_1(B_i) + 3\lambda$$

然后以比特 i 伪随机地选择另一个图像块。在解码过程中,无效的块被跳过,有效的块根据 $P_1(B_i)$进行解码。嵌入和提取算法见算法 2.6 和 2.7。

算法 2.6 (Zhao 和 Koch 算法)在二进制图像中的数据嵌入过程

```
for i=1,⋯,l(M) do
  do forever
    随机选取一图像块 B_j
    /* 检查 B_j 是否有效 */
    if P_1(B_j)>R_1+3λ   or P_1(B_j)<R_0-3λ 则继续
    if(c_i=1 and P_1(B_j)<R_0)  or (c_i=0 and P_1(B_j)>R_1) then
    将图像块 B_j 标记为不可用,即修改该图像块以使得:
      P_1(B_j)<R_0-3λ  or P_1(B_j)>R_1+3λ
      continue
    end if
    break
  end do
  /* 在 B_j 中嵌入秘密消息位 */
  if c_i=1 then
    修改 B_j以使得 P_1(B_j)≥R_1且 P_1(B_j)≤R_1+λ
  else
    修改 B_j以使得 P_0(B_j)≤R_0且 P_0(B_j)≥R_0-λ
  end if
end for
```

算法 2.7 (Zhao 和 Koch)在二进制图像中的数据提取过程

```
for i=1,⋯,l (M) do
  do forever
    随机选取一图像块 B_j
    if P_1(B_j)>R_1+3λ   or P_1(B_j)<R_0-3λ 则继续
      break
  end do
  if P_1(B_j)>50% then
    m_i←1
```

```
    else
      mᵢ←0
    endif
endfor
```

Matsui 和 Tanaka 提出了一个不同的嵌入方案，它在传真图像中使用无损压缩系统来对信息编码。根据以前的 CCITT(现在的国际电信联盟 ITU)建议，传真图像能用游程(RL)编码和哈夫曼编码进行混合编码。RL 技术利用这样一个事实：在二值图像中，连续像素具有同种颜色的概率很高。图 2.1 显示了传真文档中的一个扫描行，我们用 a_i 指出改变颜色的位置。RL 方法不再显式地对第一个像素颜色进行编码，而是对颜色变化(a_i)的位置和从 a_i 开始的持续同种颜色的像素个数 RL(a_i,a_{i+1})进行编码。我们假定的扫描行如图 2.1 所示，可编码为〈a_0,3〉,〈a_1,5〉,〈a_2,4〉,〈a_3,2〉,〈a_4,1〉。从而我们能用一个 RL 元素序列〈a_i,RL(a_i,a_{i+1})〉来描述一个二值图像。

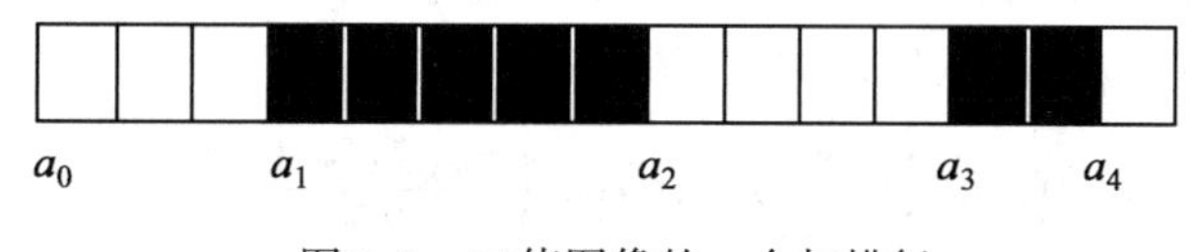

图 2.1　二值图像的一个扫描行

通过修改 RL(a_i,a_{i+1})的最低比特位，可以在一个二值的游程编码图像中嵌入信息。在编码处理中我们修改二值图像的游程长度，若第 i 个秘密消息位 m_i 是 0，我们令 RL(a_i,a_{i+1})为偶数；否则 RL(a_i,a_{i+1})为奇数，就表示 m_i 是 1。例如，可通过下面的方式进行：如果 m_i 是 0，而 RL(a_i,a_{i+1})是奇数，我们就把 a_{i+1} 向左移动一个像素。另一方面，如果 $m_i=1$ 并且 RL(a_i,a_{i+1})是偶数，我们就把 a_{i+1} 向右移动一个像素。然而如果游程长度 RL(a_i,a_{i+1})是 1，这种嵌入方法就会出现问题，如果修改游程长度，就可能丢失数据。因此我们必须保证这种情况不发生，所以，所有游程长度为 1 的 RL 元素在嵌入处理前被废弃。

2.2　变换域隐秘技术

我们已经看到，通过修改 LSB 嵌入信息的方法是比较容易的，但它们对极小的伪装载体修改都具有极大的脆弱性。一个攻击者想完全破坏秘密信息，只需简单地应用信号处理技术。在许多情况下，即使由于有损压缩的很小变化也能使整个信息丢失。

前面已经提到，在伪装系统的发展中，在信号频域嵌入信息比在时域嵌入信息更具有健壮性。现在所了解的比较健壮的伪装系统实际上都是运作在某种频域上。

变换域方法是在载体图像的显著区域隐藏信息，比 LSB 方法能够更好地抵抗攻击，例如压缩、裁剪和一些图像处理。它们不仅能更好地抵抗各种信号处理，而且还保持了对人类感官的不可觉察性。目前有许多变换域的隐藏方法。一种方法是使用离散余弦变换(DCT)在图像中嵌入信息；还有一种使用小波变换。变换可以在整个图像上进行，也可以对整个图像进行分块操作，或者是其他的变种。然而，图像中能够隐藏的信息数量和可获得的健壮性之间存在着矛盾。许多变换域方法是与图像格式不相关的，并且能承受有损和无损格式转换。

在描述变换域伪装方法前,我们简短地回顾一下能把信号映射到频域中去的傅立叶变换和余弦变换。长 N 序列的离散傅立叶变换定义为

$$S(k)=F\{s\}=\sum_{n=0}^{N-1}s(n)\exp\left(-\frac{2\mathrm{i}n\pi k}{N}\right) \tag{2.2}$$

这里 $\mathrm{i}=\sqrt{-1}$ 是虚数单位。傅立叶逆变换为

$$s(k)=F^{-1}\{S\}=\frac{1}{N}\sum_{n=0}^{N-1}S(n)\exp\left(\frac{2\mathrm{i}n\pi k}{N}\right) \tag{2.3}$$

另一个有用的变换是 DCT 变换,公式表示为

$$\begin{aligned}S(k)=D\{s\}&=\frac{C(k)}{2}\sum_{j=0}^{N}s(j)\cos\left(\frac{(2j+1)k\pi}{2N}\right)\\ s(k)=D^{-1}\{S\}&=\sum_{j=0}^{N}\frac{C(j)}{2}S(j)\cos\left(\frac{(2j+1)k\pi}{2N}\right)\end{aligned} \tag{2.4}$$

这里如果 $u=0$,则 $C(u)=1/2$;否则 $C(u)=1$。DCT 变换最主要的好处是若序列 s 是实数,则 $D\{s\}$ 也是实数序列。在数字图像处理中,二维 DCT 变换为

$$S(u,v)=\frac{2}{N}C(u)C(v)\sum_{x=0}^{N-1}\sum_{y=0}^{N-1}s(x,y)\cos\left(\frac{\pi u(2x+1)}{2N}\right)\cos\left(\frac{\pi v(2y+1)}{2N}\right)$$

$$s(x,y)=\frac{2}{N}\sum_{u=0}^{N-1}\sum_{v=0}^{N-1}C(u)C(v)S(u,v)\cos\left(\frac{\pi u(2x+1)}{2N}\right)\cos\left(\frac{\pi v(2y+1)}{2N}\right)$$

二维 DCT 变换是目前使用的最著名的有损数字图像压缩系统 JPEG 系统（参见图 2.2）的核心。JPEG 系统首先将要压缩的图像转换为 YCbCr 颜色空间，并把每一个颜色平面分成 8×8 的像素块。然后，对所有的块进行 DCT 变换。在量化阶段，对所有的 DCT 系数除以一些预定义的量化值（见表2.1），并取整到最接近的整数（根据质量因子，量化值能通过一个常数进行缩放）。这个处理的目的是调整图像中不同频谱成分的影响，尤其是减小了最高频的 DCT 系数，它们主要是噪声并且不含有图像的细节。最终获得的 DCT 系数通过熵编码器进行压缩（例如，哈夫曼编码或算术编码）。在 JPEG 译码时，逆量化所有的 DCT 系数（也就是乘以在编码阶段中使用的量化值），然后执行逆 DCT 变换重构数据。恢复后的图像很接近（但不等同）于原始图像。但是如果适当地设置量化值，得到的图像光凭人眼是觉察不到差异的。

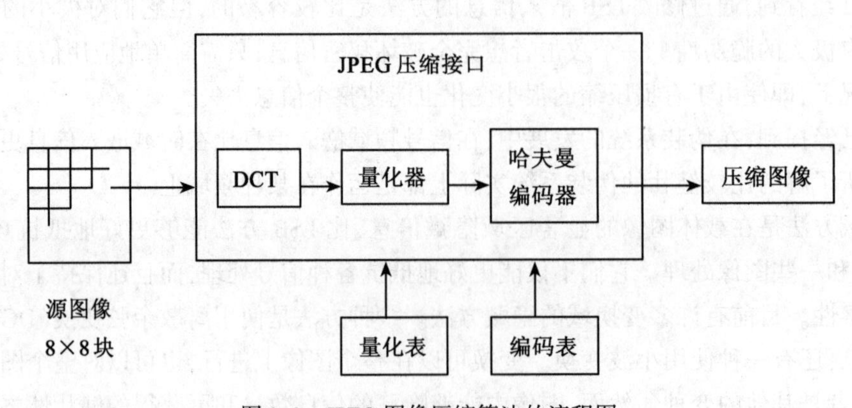

图 2.2　JPEG 图像压缩算法的流程图

表 2.1　　**在 JPEG 压缩方案中使用的量化值(亮度成分)**

(u,v)	0	1	2	3	4	5	6	7
0	16	11	10	16	24	40	51	61
1	12	12	14	19	26	58	60	55
2	14	13	16	24	40	57	69	56
3	14	17	22	29	51	87	80	62
4	18	22	37	56	68	109	103	77
5	24	35	55	64	81	104	113	92
6	49	64	78	87	103	121	120	101
7	72	92	95	98	112	100	103	99

下面以 DCT 域中的信息隐秘技术为例作一介绍。

一种在频域中流行的对秘密信息进行编码的方法是在一个图像块中调整两个(或多个)DCT 系数的相对大小。我们将描述一个使用数字图像作为载体的系统。

在编码处理过程中,发送者将载体图像分成 8×8 的像素块,每一块只精确地编码一个秘密信息位。嵌入过程开始时,首先伪随机地选择一个图像块 b_i,用它对第 i 个消息比特进行编码。令 $B_i=D\{b_i\}$ 为 DCT 变换后的图像块。

在通信开始前,发送者和接收者必须对嵌入过程中使用的两个 DCT 系数的位置达成一致,用(u_1,v_1)和(u_2,v_2)来表示这两个索引。这两个系数应该相应于余弦变换的中频,确保信息保存在信号的重要部位(从而使嵌入信息不容易因 JPEG 压缩而完全丢失)。进一步而言,人们普遍认为中频 DCT 系数有相似的数量级,我们可以假定嵌入过程不会使载体产生严重降质。因为构造的系统要在抵抗 JPEG 压缩方面是健壮的。我们就选择在 JPEG 压缩算法中它们的量化值一样的那些 DCT 系数。根据表2.1可知,系数(4,1)和(3,2),或者系数(1,2)和(3,0)是比较好的。

如果块 $B_i(u_1,v_1)>B_i(u_2,v_2)$就编码为"1",否则编码为"0"。在编码阶段,如果相对大小与要编码的比特不匹配,就相互交换两个系数。由于 JPEG 压缩(在量化阶段)能影响系数的相对大小,算法应通过在两个系数中加随机值,以确保对某个 $x>0$,使得 $|B_i(u_1,v_1)-B_i(u_2,v_2)|>x$。$x$ 值越大,算法抵抗 JPEG 压缩的能力就越健壮,然而图像的质量就越差。最后,发送者执行逆 DCT 变换把系数变换回空间域。为了从图像中提取信息,必须对所有图像块进行 DCT 变换。通过比较每一块中的两个系数,就可以得到隐藏的信息。嵌入和提取算法如算法 2.8 和 2.9 所示。

算法 2.8　DCT 隐秘载体编码过程

for $i=1,\cdots,l(M)$ do
　选取一隐蔽数据块 b_i
　$B_i=D\{b_i\}$
　if $m_i=0$ then
　　if $B_i(u_1,v_1)>B_i(u_2,v_2)$ then

```
        交换 B_i(u_1,v_1) 和 B_i(u_2,v_2)
      end if
    else
      if B_i(u_1,v_1) < B_i(u_2,v_2) then
        交换 B_i(u_1,v_1) 和 B_i(u_2,v_2)
      end if
    end if
    调整两个数据块的值以使得 |B_i(u_1,v_1) - B_i(u_2,v_2)| > x
    b'_i = D^{-1}{B_i}
  end for
  由所有的 b'_i 来创立隐蔽图像
```

算法 2.9　DCT 隐秘载体解码过程

```
  for i=1,…,l(M) do
    获取与第 i 位相关的隐蔽数据块 b_i
    B_i = D{b_i}
    if B_i(u_1,v_1) ≤ B_i(u_2,v_2) then
    m_i = 0
    else
    m_i = 1
    end if
  end for
```

如果所使用的 DCT 系数的位置和常数 x 选择合适的话，嵌入处理不会对载体产生视觉上的降质。由于在量化处理中两个系数被除以相等的量化值，我们能预见这种方法对 JPEG 压缩是健壮的。因此，它们的相对大小仅受取整的影响。

上面提到的系统最大的缺点可能是算法 2.8 不能废弃某些图像块，在那些图像块里若让 DCT 系数满足所需要的关系，会严重地破坏图像数据。

Zhao 和 Koch 提出了一个相似的系统，它没有这种缺点。他们是对量化后的 DCT 系数进行操作，并使用块中三个 DCT 系数之间的关系来保存信息。发送者对图像块 b_i 进行 DCT 变换，并对其量化得到 B_i^Q。若一个块对比特 1 进行编码时，让$B_i^Q(u_1,v_1)>B_i^Q(u_3,v_3)+D$ 和 $B_i^Q(u_2,v_2)>B_i^Q(u_3,v_3)+D$。另一方面，如对 0 进行编码，让 $B_i^Q(u_1,v_1)+D<B_i^Q(u_3,v_3)$ 和 $B_i^Q(u_2,v_2)+D<B_i^Q(u_3,v_3)$。参数 D 是描述一个嵌入位所需两个系数的最小距离，通常 $D=1$。D 越大，方法相对于图像处理技术就越健壮。再一次强调，应该在中频选择这三个系数。

在编码时，改变这三个系数的关系使得它们能代表一个秘密信息位。如果在编码一个秘密信息位时，所需要的修改太大，那么将这块标识为"无效"，不用于信息传输。如果最大和最小的系数差大于某一常数 MD，就属这种情况。MD 越大，就有更多的块可用于通信。考虑到正确译码，需修改无效块的量化 DCT 系数，让它们满足下面条件之一

$$B_i^Q(u_1,v_1) \leqslant B_i^Q(u_3,v_3) \leqslant B_i^Q(u_2,v_2) \tag{2.5}$$

或

$$B_i^Q(u_2,v_2) \leqslant B_i^Q(u_3,v_3) \leqslant B_i^Q(u_1,v_1) \tag{2.6}$$

然后对块进行反量化，再进行逆 DCT 变换。

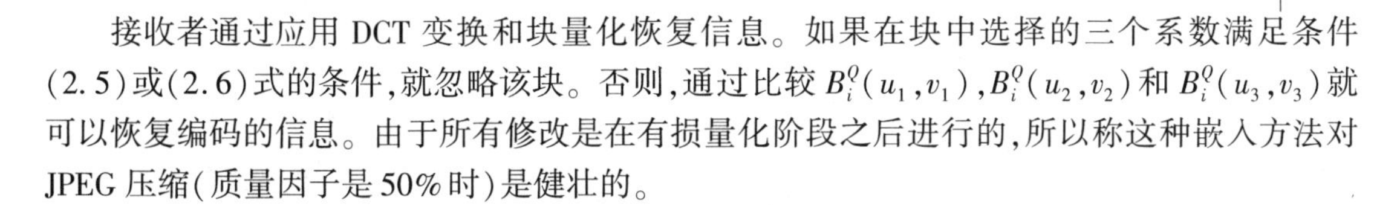

接收者通过应用 DCT 变换和块量化恢复信息。如果在块中选择的三个系数满足条件(2.5)或(2.6)式的条件,就忽略该块。否则,通过比较 $B_i^Q(u_1,v_1)$,$B_i^Q(u_2,v_2)$和 $B_i^Q(u_3,v_3)$就可以恢复编码的信息。由于所有修改是在有损量化阶段之后进行的,所以称这种嵌入方法对 JPEG 压缩(质量因子是 50%时)是健壮的。

思 考 题

1. 什么是数字图像像素的 LSB?

2. 请简述 LSB 隐写算法的原理,并用 Matlab 或 C 语言实现一个简单的图像 LSB 隐写系统。

3. 信息隐藏算法与密码算法一样,应在算法公开的情况下保证安全性。根据信息安全中的 Kerchhoffs 原则,算法的安全性依赖于密钥。请结合这一思想考虑有哪些方法可以用来增强 LSB 算法的安全性。

4. 当载体为二值图像时,能否采用 LSB 算法进行信息隐藏?需要注意哪些问题?

5. 在给定的以下两幅二值图像中,哪一幅用来实施 Zhao 和 Koch 的隐藏算法更为合适,为什么?

6. 数字图像经过 DCT 变化后,其频率系数的分布有什么特点?结合信息隐藏的鲁棒性和不可见性两方面考虑,在修改图像的频率系数时应注意什么问题?

7. 对以下两个 8×8 矩阵 A 和 B,分别实施 2 维 DCT 变换,分析变换后的频率系数矩阵与一般图像 DCT 变换后的结果有何不同?并解释原因。

$$A=\begin{bmatrix} 0 & 255 & 0 & 255 & \cdots & 0 & 255 & 0 \\ 255 & 0 & 255 & 0 & \cdots & 255 & 0 & 255 \\ 0 & 255 & 0 & 255 & \cdots & 0 & 255 & 0 \\ \cdots & & & & & & & \\ 255 & 0 & & & & & & \end{bmatrix} \qquad B=\begin{bmatrix} 128 & 128 & \cdots & 128 \\ 128 & \cdots & & \\ & & \cdots & \\ \cdots & & & \cdots \\ 128 & 128 & \cdots & 128 \end{bmatrix}$$

8. 在教材算法 2.8 的基础上编写一个随机选取图像块的程序,实现密钥控制下的随机选块。

第3章 数字水印技术

3.1 数字水印概述

随着数字技术的发展，Internet应用日益广泛，由于数字媒体具有极易被复制、篡改、非法传播以及蓄意攻击的数字特征，因而其版权保护已日益引起人们的关注。近年来国际上提出了一种新型的版权保护技术——数字水印（digital watermark）技术。利用人类的听觉、视觉系统的特点，在图像、音频、视频中加入一定的信息，使人们很难分辨出加水印后的资料与原始资料的区别，而通过专门的检验步骤又能提取出所加信息，以此证明原创者对数字媒体的版权。

数字水印技术通过将数字、序列号、文字、图像标志等信息嵌入到媒体中，在嵌入的过程中对载体进行尽量小的修改，以达到最强的鲁棒性，当嵌入水印后的媒体受到攻击后仍然可以恢复水印或者检测出水印的存在。数字水印技术出现得比较晚，Van Schyndel在ICIP'94会议上发表了题为"*A digital watermarking*"的论文标志这一领域的开始，而隐写术已经有很深的理论基础，因此在研究数字水印的过程中借鉴了很多隐写术方面取得的成果，下面比较全面地介绍数字水印技术。

数字水印技术，是指在数字化的数据内容中嵌入不明显的记号。被嵌入的记号通常是不可见或不可察觉的，但是通过一些计算操作可以被检测或被提取。水印与原数据（如图像、音频、视频数据）紧密结合并隐藏其中，成为不可分离的一部分。

隐形数字水印主要应用领域包括：原始数据的真伪鉴别、数据侦测与跟踪、数字产品版权保护。数字水印不仅要实现有效的版权保护，而且加入水印后的图像必须与原始图像具有同样的应用价值。因此，数字图像的内嵌水印有下列特点：

① 透明性：水印后图像不能有视觉质量的下降，与原始图像对比，很难发现二者的差别；

② 鲁棒性：加入图像中的水印必须能够承受施加于图像的变换操作（如：加入噪声、滤波、有损压缩、重采样、D/A或A/D转换等），不会因变换处理而丢失，水印信息经检验提取后应清晰可辨；

③ 安全性：数字水印应能抵抗各种蓄意的攻击，必须能够唯一地标志原始图像的相关信息，任何第三方都不能伪造他人的水印图像。

3.2 基本原理、分类及模型

1. 水印嵌入系统和水印恢复系统

所有嵌入水印的方法都包含两个基本的构造模块：水印嵌入系统和水印恢复系统。

（1）水印嵌入系统的输入是：水印、载体数据和一个可选的公钥或私钥。水印可以是任何形式的数据，比如数值、文本、图像等。密钥可用来加强安全性，以避免未授权方恢复和修改水

印。当水印与私钥或公钥结合时,嵌入水印的技术通常分别称为秘密水印技术和公开水印技术。水印系统的输出称为加入了水印的数据。如图3.1所示。

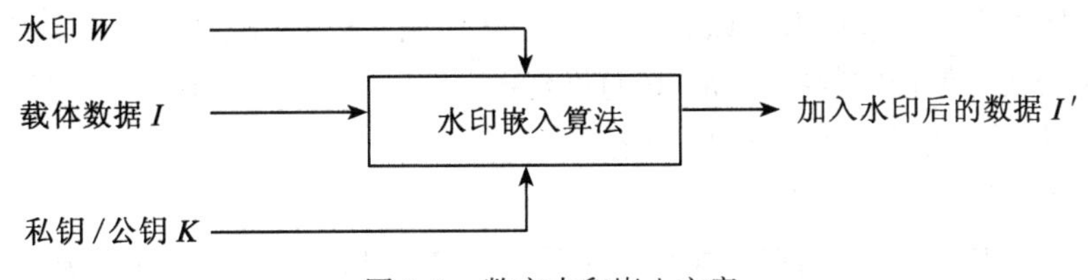

图3.1 数字水印嵌入方案

(2)水印恢复系统的输入是:已经嵌入水印的数据、私钥或公钥、原始数据或原始水印(取决于添加水印的方法),输出的是水印 W,或者是某种可信度的值,它表明了所考察数据中存在给定水印的可能性。如图3.2所示。

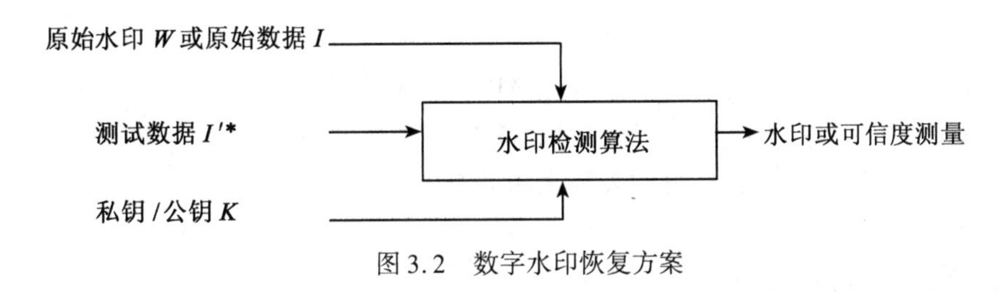

图3.2 数字水印恢复方案

2. 分类

水印系统根据输入输出的种类及其组合可分为三种:

(1)秘密水印(非盲化水印)。该类系统至少需要原始的数据。I型系统从可能失真的输出数据中提取水印 W,并使用原始数据作为线索来确定水印在输出数据中的位置。II型系统也需要所嵌入水印的一个拷贝,得到输出数据中是否含有水印 W 这个问题的"是"或"不是"的答案。由于该系统传输的信息很少,并且需要使用密钥之类的信息,因此它的健壮性比其他方案更好。

(2)半秘密水印(半盲化水印)。该类系统并不使用原始数据来检测,但是需要水印的拷贝。

(3)公开水印(盲化或健忘水印)。该类系统是目前最具挑战性的问题,因为它既不需要原始的秘密信息,也不需要水印。实际上,这种系统是从已嵌入水印的数据中提取信息(水印)。

从另一角度分类,数字水印基本可分为如下几类:

- 按水印的载体分类:可分为文本水印、图像水印、音频水印和视频水印。
- 按水印的用途分类:可分为版权保护可见水印、隐藏标识水印等。
- 按健壮性分类:可分为鲁棒水印和易损水印。
- 按嵌入位置分类:可分为空域/时域水印和变换域水印。
- 按检测分类:可分为盲水印和非盲水印。

通常所见到的各种形式的数字水印信号,可以定义为如下信号 W

$$W = \{w(k) \mid w(k) \in B, k \in \hat{W}^d\}$$

这里 $\hat{W}^d$ 表示维数为 d 的水印信号域，$d=1,2,3$ 分别表示声音、静止图像和视频图像。水印信号可以是二值形式 $B=\{0,1\}$，或 $B=\{-1,1\}$，或者是高斯噪声形式。

数字水印处理系统基本模型可以定义为六元组(XS,WS,KS,G,E,D)。

- XS 代表所要保护的数字产品 XP 的集合；
- WS 代表所有可能水印信号 W 的集合；
- KS 是水印密钥 K 的集合；
- G 表示利用密钥 K 和待嵌入水印的数字产品 XP 共同生成水印的算法

$$G: \text{XS} \times \text{KS} \rightarrow \text{WS}, W = G(\text{XP}, K)$$

- E 表示将水印 W 嵌入数字产品 XP_0 中的嵌入算法，即

$$E: \text{XS} \times \text{WS} \rightarrow \text{XS}, \text{XP}_w = E(\text{XP}_0, W)$$

其中，XP_0 代表原始的数字产品，XP_w 代表嵌入水印后得到的数字产品。

- D 表示水印检测算法，即

$$D: \quad \text{XS} \times \text{KS} \rightarrow \{0,1\}$$

$$D(\text{XP}, K) = \begin{cases} 1, \text{如果 XP 中存在 } W(H_1) \\ 0, \text{如果 XP 中不存在 } W(H_0) \end{cases}$$

这里，H_1 和 H_0 代表二值假设，分别表示水印的有无。

3.3 常用实现方法

目前提出的数字水印嵌入方法基本分为两类：基于空间域和基于变换域的方法。

(1)空间域数字水印是直接在声音、图像或视频等信号空间上叠加水印信息。常用的技术有最低有效位算法(LSB)和扩展频谱方法。

LSB 算法是最早提出的一种典型的空间域信息隐藏算法。它使用特定的密钥通过伪随机序列发生器产生随机信号，然后按一定的规则排列成二维水印信号，并逐一插到原始图像相应像素值的最低几位。由于水印信号隐藏在最低位，相当于叠加了一个能量微弱的信号，因此在视觉和听觉上很难察觉。该算法虽然可以隐藏较多的信息，但隐藏的信息可以被轻易移去，很容易受到有损压缩、量化、有噪信道传输的影响而丢失，因而无法满足数字水印的鲁棒性要求。不过，作为大数据量的信息隐藏方法，LSB 在隐藏通信中仍占据相当重要的地位。

直接序列扩频水印算法是扩频通信技术在数字水印中的应用。扩频通信将待传递的信息通过扩频码调制后散布于非常宽的频带中，使其具有伪随机特性。收信方通过相应的扩频码进行解扩，获得真正的传输信息。扩频通信具有抗干扰性强、高度保密的特性。扩频水印方法与扩频通信类似，是将水印信息经扩频调制后叠加在原始数据上。从频域上看，水印信息散布于整个频谱，无法通过一般的滤波手段恢复。

(2)变换域数字水印是指在 DCT 变换域、时/频变换域(DFT)或小波变换域(DWT)上隐藏水印。在图像从时域到频域的变换过程中，对水印信息进行一定的频域调制，使其很好地隐藏在图像重要的能量部分，同时又不引起图像质量的明显下降。由于它较好地满足了数字水印技术透明性和鲁棒性的要求而成为当前最重要的水印算法。其中，DCT 变换域数字水印算法是在图像的 DCT 变换域上选择中低频系数叠加水印信息，因为人眼的感觉主要集中在这一频段。由于 JPEG、MPEG 等压缩算法的核心是在 DCT 变换域上进行数据量化，所以通过巧妙

的融合水印过程和量化过程，就可以使水印抵御有损压缩。

在数字水印技术中，水印的数据量和鲁棒性构成了一对基本矛盾。从主观上讲，理想的水印算法应该既能隐藏大量数据，又可以抗各种信道噪声和信号变形。然而在实际中，这两个指标往往不能同时实现，不过这并不会影响数字水印技术的应用，因为实际应用一般只偏重其中的一个方面。如果是为了隐蔽通信，数据量显然是最重要的，由于通信方式极为隐蔽，遭遇敌方篡改攻击的可能性很小，因而对鲁棒性要求不高。但对保证数据安全来说，情况恰恰相反，各种保密的数据随时面临着被盗取和篡改的危险，所以鲁棒性是十分重要的，此时，隐藏数据量的要求居于次要地位。

近年来，多媒体技术与 Internet 技术发展迅速，多媒体制作领域逐渐繁荣，各种形式的多媒体作品包括音频、视频、动画、图像等纷纷以网络形式发布。国际互联网逐渐普及的副作用也十分明显：任何人都可以通过互联网轻易取得他人的原创作品，尤其是数字化的图像、音乐、电影等，甚至不经作者同意而任意复制、修改，从而损害了创作者的权益。因此，多媒体的版权保护问题成了一项紧迫的研究课题，数字水印技术为实现有效的信息版权保护手段提供了一条崭新的思路，成为多媒体信息安全研究领域的一个热点问题，逐渐得到重视。

3.4 数字水印研究现状、发展趋势及应用

3.4.1 数字水印研究领域现状

Van Schyndel 在 ICIP'94 会议上发表了题为“*A digital watermarking*”的论文标志这一领域的开始，与数字水印相关的国际学术会议——信息隐藏学术研讨会分别于 1996 年、1998 年、1999 年、2001 年和 2002 年连续举行了 5 届，发表了一系列高质量的论文，IEEE 和 SPIE 也出版了关于数字水印的专题，受到国际各大学术机构的广泛关注，同时，投入到这个领域中的研究人员也越来越多。在欧洲，启动了一系列网络版权管理项目，这其中有非常有名的 IMPRIMATUR 项目，还包括 WEDELMUSIC，Octalis，Talisman，AQUAMAR，OKAPI，ACCOPI，COPYSMAR 等项目，并且开始了实用化的工作，这些项目的开展无疑给网络多媒体作品版权的保护提供了最坚实的基础，同时也是值得我们借鉴的。目前国际上关于数字水印的研究主要集中在以下几个方面：

(1) 良好健壮性水印算法的研究，这方面的研究主要集中在频域嵌入水印，包括在 DCT 域和小波域下加入水印，使得加入水印以后能抵抗各种攻击，包括几何变换、信号处理、压缩攻击等各种攻击；

(2) 水印信息的编码及加入到宿主信号的策略，如何确保水印的容错和确保在遭到攻击以后水印的恢复，如何选择加入到宿主信号的策略，确保原媒体在加入水印以后不可感知；

(3) 水印检测器的优化，优化水印检测过程，获得最小的漏检率和最小的虚检率；

(4) 水印系统评价理论和测试基准，建立一套水印系统评价理论，有利于测试所设计的水印系统，促进这一领域健康发展；

(5) 水印攻击建模，对各种水印攻击进行建模，为提高水印算法的健壮性和抗攻击能力提供理论依据；

(6) 非对称水印、公钥水印；

(7) 水印应用研究，这方面的研究主要集中在水印应用系统，包括在网络环境下保护数字

媒体的版权,防止非法复制以及对合法用户进行跟踪等。

目前,国内也有不少研究机构及大学在从事数字水印这方面的研究。1999 年底,第一届全国信息隐藏学术研讨会(CIHW)在北京电子技术应用研究所召开,至今已连续举办了三届,我国的一些重要项目,包括国家自然科学基金和"863 计划","973 项目"都有对这方面研究的资金支持。我国科学工作者已在相关学术期刊发表了一些论文,提出了一些水印算法。但由于我们国家起步相对比较晚,现在基本上是处于起步阶段,很多工作还有待我们去进一步完善,我们在这一领域投入的资源仍然很少,我们在这个领域几乎还没有用数字水印保护网络多媒体版权的实际应用。因此,投入大量的人力和物力进行这方面的研究,应用这种有效的技术手段,在网络环境下保护多媒体版权,使之与实际应用相结合已刻不容缓了。

从以上论述可以看到,数字水印技术是一门交叉学科,要用到的知识很广,包括密码学、图像处理、信号处理、认知科学和信息论。目前,数字水印这一领域还处于起步阶段,没有建立一套理论基础,也没有一套评价理论和测试标准,因此,在数字水印这个领域还有很多工作要做。

3.4.2 发展趋势

数字水印技术将结合在加密、密码协议、认证和数字媒体网络分发等方面所取得的成果,重点研究具有强健壮性的实用的水印算法,使之适用于不同的媒体中,同时也将发展一种网络水印版权鉴别机制,设计实用的安全水印协议,更好地与应用相结合。今后用于版权保护的数字水印技术包括以下几个方面的内容:

(1) 研究分别适合图像、流媒体和电子文档各种文件格式的实用版权保护机制;

(2) 建立公开水印系统,发展复制保护机制,建立真正的网络应用系统;

(3) 提出可以把水印作为法律证据的水印系统,解决版权纠纷;

(4) 与密码技术相结合,构造综合的数据安全系统;

(5) 建立水印认证中心,提供各种网上服务;

(6) 版权保护标准化工作,提出满足数字版权保护要求的标准;

(7) 开发网上数字媒体交易商务系统,提供数据服务器端的完整性保护和客户端的数据认证;

(8) 结合 Agent 技术,开发具有自动追踪版权功能的 Agent,开发具有盗版跟踪功能的 Agent,并且应用于水印系统中;

(9) 开发网络付费点播服务。

所有这些都是我们今后要研究的问题。

3.4.3 数字水印的应用

水印系统要满足的条件总是建立在应用的基础上。因此,在我们回顾这些条件和最终设计水印系统之前,有必要先介绍水印的应用。

1. 用于版权保护的水印

数字作品(如电脑美术、扫描图像、数字音乐、视频、三维动画)的版权保护是当前的热点问题。由于数字作品的拷贝、修改非常容易,而且可以做到与原作品完全相同,所以原创者不得不采用一些严重损害作品质量的办法来加上版权标志,而这种明显可见的标志很容易被篡改。"数字水印"利用数据隐藏原理使版权标志不可见或不可听,既不损害原作品,又达到了版权保护的目的。这样的应用要求具有非常高的健壮性。

2. 用于盗版跟踪的数字指纹

发行的每个拷贝中嵌入不同的水印,称为数字指纹,其目的是通过授权用户的信息来识别数据的发行拷贝,监控和跟踪使用过程中的非法拷贝,这很像软件产品的序列号,对监控和跟踪流通数据的非法拷贝非常有用。同样,对于某些数字指纹应用来说,要求水印易于提取,且有低的复杂度,例如对于 WWW 应用,有专门的 Web 搜索者寻找嵌入水印的盗版图像。

3. 用于图像认证的水印

在鉴定应用中,使用水印的目标是对数据的修改进行检测。这就是所谓的“脆弱性水印”,它对于特定的修改(如压缩)有弱的健壮性,而对其他的修改则是破坏性的。用这种水印可以鉴定原来的载体有没有修改过。

4. 商务交易中的票据防伪

随着高质量图像输入输出设备的发展,特别是精度超过1200dpi的彩色喷墨、激光打印机和高精度彩色复印机的出现,使得货币、支票以及其他票据的伪造变得更加容易。目前,美国、日本以及荷兰都已开始研究用于票据防伪的数字水印技术。其中麻省理工学院媒体实验室受美国财政部委托,已经开始研究在彩色打印机、复印机输出的每幅图像中加入唯一的、不可见的数字水印,在需要时可以实时地从扫描票据中判断水印的有无,快速辨识真伪。另一方面,在从传统商务向电子商务转化的过程中,会出现大量过渡性的电子文件,如各种纸质票据的扫描图像等。即使在网络安全技术成熟以后,各种电子票据也还需要一些非密码的认证方式。数字水印技术可以为各种票据提供不可见的认证标志,从而大大增加了伪造的难度。数字水印技术为商务交易中票据防伪提供了新的思路。

5. 隐蔽标识

如在遥感图像等信息中隐藏日期、经纬度,在医学影像中加入隐蔽标识,能达到不影响原图像内容,不增加带宽和不易擦除的目的。

6. 隐蔽通信及其对抗

数字水印所依赖的信息隐藏技术不仅提供了非密码的安全途径,更引发了信息战尤其是网络情报战的革命,产生了一系列新颖的作战方式,引起了许多国家的重视。网络情报战是信息战的重要组成部分,其核心内容是利用公用网络进行保密数据传送。迄今为止,学术界在这方面的研究思路一直未能突破“文件加密”的思维模式,然而,经过加密的文件往往是混乱无序的,容易引起攻击者的注意。网络多媒体技术的广泛应用使得利用公用网络进行保密通信有了新的思路,利用数字化声像信号相对于人的视觉、听觉冗余,可以进行各种时(空)域和变换域的信息隐藏,从而实现隐蔽通信。

7. 数字广播电视分级控制

在数字广播和数字影视中,利用数字水印技术,对各级用户分发不同的内容。另外,数字水印还能应用于拷贝保护等。随着证件、商标、包装等印刷品防伪的需求增加,数字水印技术正在不断拓展新的应用领域。

3.5 DCT 域图像水印技术

3.5.1 DCT 域图像水印技术

与空域图像水印相比,DCT 域图像水印鲁棒性更强且与常用的图像压缩标准 JPEG 兼容

(如图3.3所示),因而得到了广泛的重视。Koch等人较早研究了DCT域图像水印方法。在Bors和Pitas提出的方法中,首先将图像分为8×8的块(如图3.4所示)。根据高斯网络分类器决策选出特定的块。然后利用一个线性DCT约束或环形DCT检测域对中频段DCT系数进行变换,以传输水印信息。第一种方法中线性约束定义为

$$\boldsymbol{Y}=\boldsymbol{F}\boldsymbol{Q}$$

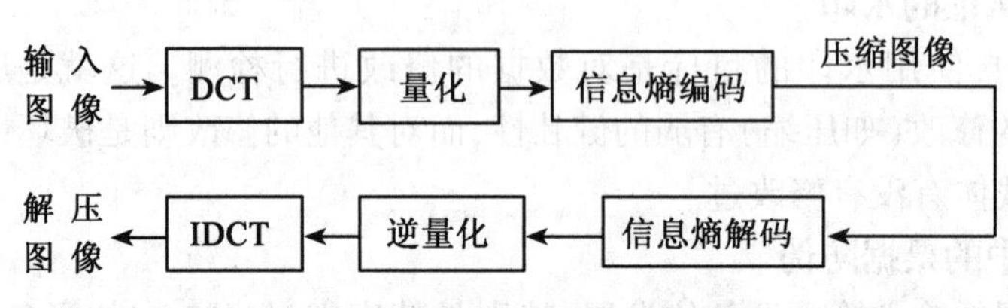

图3.3 JPEG格式图像压缩系统

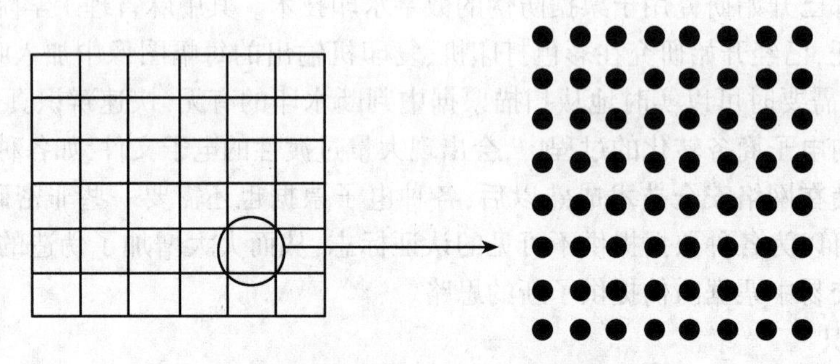

图3.4 整个图像被分为8×8的像素块

$\boldsymbol{F}$是经过修改的DCT系数向量,$\boldsymbol{Q}$是由水印提供的权重向量。根据最小二乘算法改变DCT系数。第二种方法中定义了一些包含DCT频率系数的圆域,然后根据下式对选定的频率进行量化:

$$\| \boldsymbol{F}-\boldsymbol{Q}_k \|^2=\min_{i=1}^{H} \| \boldsymbol{F}-\boldsymbol{Q}_i \|^2$$

这里$\boldsymbol{Q}_i, i=1,2,\cdots,H$是由水印提供的系数向量集合。在水印的恢复过程中,要对所有的块验证其DCT系数约束和位置约束。

通过对DCT块进行频率掩蔽,Swanson等人也提出了一种DCT域的水印技术。输入图像被分为若干方块,对这些方块进行计算,由于掩蔽栅格可提高掩蔽频率附近的信号栅格的可视阈值,对每一个DCT块计算它的频率掩蔽。通过对最大长度的伪随机信号进行DCT变换,对可见的掩蔽进行放缩和处理,然后将这一水印加入到相应的DCT块中,并通过空间掩蔽来验证水印是否不可见,并控制缩放因子。在这种技术中,水印的测试需要原始水印和原始图像,并利用假设检验。

在给定敏感指数的局部感知分类器基础上,Tao和Dickinson提出了一种自适应的DCT域水印技术。将水印嵌入到交流DCT系数中,根据默认的JPEG格式压缩表,选择合适的系数,使量化的单位最小,并按下式对选定的系数作修改

$$\hat{x}_i=x_i+\max\left[x_i\alpha_m, \operatorname{sign}(x_i)\frac{D_i}{k}\right]$$

其中，α_m 表示当前块的噪声敏感指数，D_i 表示 x_i 的量化单位，$5 \leqslant k \leqslant 6$。需要注意的是，水印信号不是随机产生的。通过利用 HVS 的掩蔽效应，我们可用不同的方法来确定噪声的灵敏度。汪小帆等人提出一种局部分类算法，它可将每个块归到 6 个可感知类中去。分类算法利用了 HVS 的亮度掩蔽、边缘掩蔽和纹理掩蔽效应。按对噪声的灵敏度高低，6 个可感知块类型依次为：边缘的、均匀的、低灵敏度的、较忙的、忙的和非常忙的。相应的每个可察觉类有一个噪声灵敏度指数。水印的恢复同样是利用假设检验，并需要原始图像和水印。

Podilchuk 提出了可感知水印的方法。他用可感知偏差的极值(JND)来决定与图像相关的水印调制掩蔽。在 DCT 或小波变换域将水印调制到变换域系数的过程如下：

$$I_{u,v}^{*} = \begin{cases} I_{u,v} + \mathrm{JND}_{u,v} \times w_{u,v} & I_{u,v} > \mathrm{JND}_{u,v} \\ I_{u,v} & \text{其他} \end{cases}$$

其中，$I_{u,v}$表示原始图像的变换系数，$w_{u,v}$表示水印的值，$\mathrm{JND}_{u,v}$是根据视觉模型计算得到的可感知偏差极值(JND)。对于 DCT 系数，可以使用 Waston 定义的感知模型。该模型利用频率的亮度敏感性和局部对比度掩蔽，对每个 8×8 DCT 块提供了与图像相关的掩蔽阈值。根据原始图像与待测图像间的偏差和水印序列的相关性，可进行水印检测。即将最大的相关值与给定阈值相比较，以确定图像中是否包含水印。实验证明上述水印方案对 JPEG 格式压缩、剪切、放缩、附加噪声及打印/复印-扫描操作都有非常好的鲁棒性。而对含有几何变换的攻击，则需在水印检测前对图像进行相应的逆操作。

Piva 等人提出了另一种利用 HVS 掩蔽特性的基于 DCT 的水印方法。该水印由 M 个符合正态分布的实数随机序列组成 $\boldsymbol{X}=\{x_1,\cdots,x_M\}$。原始图像 I 的 $N\times N$ 个 DCT 系数按 Z 字形扫描重新排列为一维向量。从该向量的起始位置 $L+1$ 处，选择 M 个系数组成的向量 $\boldsymbol{T}=\{t_1,\cdots,t_M\}$，并根据下式将水印嵌入到 T 中：

$$t_i' = t_i + \alpha|t_i|x_i, T^* = \{t_1', t_2', \cdots, t_M'\}$$

其中 α 确定了水印的强度。为增强水印的鲁棒性，可用下式做可视掩蔽：

$$y_{ij}'' = y_{ij}(1-\beta_{ij}) + \beta_{ij}y_{ij}' = y_{ij} + \beta_{ij}(y_{ij}' - y_{ij}), y_{ij}' = y_{ij} \pm 8$$

其中 β_{ij}是考虑到 HVS 特性而引入的加权因子，可简单的取为像素 y_{ij}处的归一化采样方差，即以 y_{ij}为中心的一方块的采样方差与所有块方差最大值的比率。对大多数水印方案，水印检测是通过比较水印和可能变化的 DCT 系数间的相关性 Z 和阈值 δz 进行的。Z 定义为

$$Z = \frac{XT^*}{M} = \frac{1}{M}\sum_{i=1}^{M} x_i t_i$$

自适应阈值定义为

$$\delta_z = \frac{\alpha}{3M}\sum_{i=1}^{M} |t_i'|$$

实验结果证明该水印对一些图像处理技术，如 JPEG 格式压缩、中值滤波、多重水印等有较强的鲁棒性。

3.5.2　水印嵌入过程

给定一 $N_1 \times N_2$ 的图像，其亮度为 $x[n]=x[n_1,n_2]$，$0 \leqslant n_1 < N_1$，$0 \leqslant n_2 < N_2$。DCT 域的水印信号 $W[k]$是利用类似于直接扩频调制的方式产生的，为与 JPEG 标准相一致，DCT 是作用于 8×8 像素块上的。水印的整个嵌入过程如图 3.5 所示。我们用一个编码器把隐藏的消息 M 映射为一 N 维的码字向量 $b=(b_1,\cdots,b_N)$，再由扩张过程得到 2-D 序列 $b[k]$。这两步可以由加密

或扩频过程来完成。该扩张过程在 DCT 域离散格点集 S_i 中重复码字的每一个元素 $b_i, i\in\{1,\cdots,N\}$，以使其覆盖整个变换后的图像 $X[k]$。用一具有密钥 K 的伪随机序列发生器产生伪随机信号 $s[k]$。把 $b[k]$ 与 $s[k]$ 按逐个像素的方式相乘，扩频后的信号再与一知觉掩蔽信号 $\alpha[k]$ 相乘，其基本目的是为了在保持对图像修改的不可见性的前提下，使水印能量尽可能大。基于考虑到人类视觉系统（HVS）的频率掩蔽特性的知觉模型，通过对原始图像的知觉分析得到 $\alpha[k]$。$W[k]=s[k]\times b[k]\times\alpha[k]$。原始图像 $x[n]$ 经 DCT 变换后形成 $x[k]$。把水印信号 $W[k]$ 加入原始图像 $X[k]$，就得到嵌入水印的图像 $Y[k]=X[k]+W[k]$，$Y[k]$ 经过逆 DCT 变换，即 IDCT 变换后形成嵌入水印的图像。

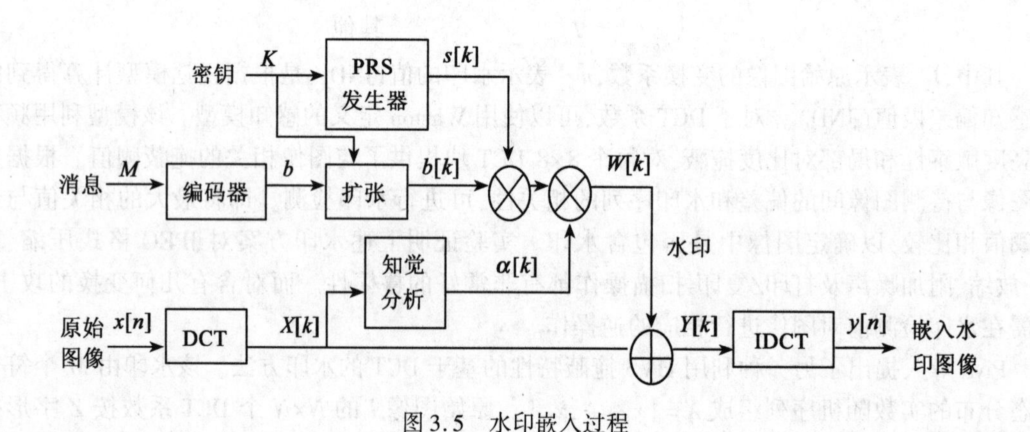

图 3.5　水印嵌入过程

3.5.3　知觉分析

在图 3.5 中应用了知觉分析，在这一节我们来讨论 $\alpha[k]$ 的形成。

知觉掩蔽信号 $\alpha[k]$ 反映对 DCT 系数 $X[k]$ 允许作的最大的改变也可以说 $\alpha[k]$ 是一个强度因子。为得到 $\alpha[k]$，需要使用 DCT 域的心理视觉模型，这里采用的是 Ahumada 等人提出的模型的简化。不可见性阈值 $T(i,j), i,j\in\{0,\cdots,7\}$，决定对第 (i,j) 个 DCT 系数的不可见修改的最大允许幅值，其对数形式为

$$\log T(i,j)=\log\left(\frac{T_{\min}(f_{i,0}^2+f_{0,j}^2)^2}{(f_{i,0}^2+f_{0,j}^2)^2-4(1-r)f_{i,0}^2f_{0,j}^2}\right)+K(\log\sqrt{f_{i,0}^2+f_{0,j}^2}-\log f_{\min})^2$$

其中 $f_{i,0}$ 和 $f_{0,j}$ 分别为 DCT 基函数的垂直和水平空间频率，$T_{\min}$ 是关于空间频率 $f_{\min}$ 的 $T(i,j)$ 的最小值，$r=0.7$。这一数学模型不适用于直流（DC）系数，因为 i 和 j 不能同时为零。考虑直流系数 $X_{0,0}$ 和屏幕平均亮度 $\overline{X}_{0,0}$，可对每块的阈值 $T(i,j)$ 作如下修正：

$$T'(i,j)=T(i,j)\left(\frac{X_{0,0}}{\overline{X}_{0,0}}\right)^{\alpha_T}$$

其中 $f_{\min}=3.68\text{cycles/degree}$，$T_{\min}=1.1548$，$K=1.728$。一旦得到 $T'(i,j)$，就可按下式计算知觉掩蔽信号：

$$\alpha[k_1,k_2]=4(1+(\sqrt{2}-1)\delta(l_1))(1+(\sqrt{2}-1)\delta(l_2))\gamma T'(l_1,l_2)$$

其中 $l_1=k_1 \bmod 8$，$l_2=k_2 \bmod 8$，$\delta(\cdot)$ 是 Kronecker 函数，标度因子 $\gamma>1$ 使得我们可在水印中引入某种程度的保守性以考虑到那些被忽视的效应。上式中的其他因子使得我们可用 DCT 系

数而不是亮度表示修正后的阈值。

3.5.4 DCT 系数的统计模型

传统的相关检测器结构只有当原始图像(即加性通道噪声)可用 Gauss 随机过程建模时才是最优的。现在我们介绍一种能更好地刻画普通图像的 DCT 系数的统计模型。设对原始图像 $x[k]$ 作 DCT 变换后得到二维序列 $X[k]$,记为

$$C_{i,j}[k_1,k_2] = X[8k_1+i,8k_2+j],\quad i,j\in\{0,\cdots,7\}$$

直流系数无法精确地用任何封闭形式概率密度函数(pdf)表示,这是因为其直方图的不规则性和高度的图像依赖特征。而交流系数可用零均值广义 Gauss 概率密度函数表示:

$$f_x(\mathrm{X}) = A\mathrm{e}^{-|\beta x|^c}$$

其中 A 和 β 都可表示为 c 和标准方差 σ 的函数

$$\beta = \frac{1}{\sigma}\left(\frac{\Gamma(3/c)}{\Gamma(1/c)}\right)^{1/2},\ A = \frac{\beta c}{2\Gamma(1/c)} \tag{3.1}$$

因而这一分布由参数 c 和 σ 完全确定。若在上述 pdf 中分别取 $c=1$ 和 $c=2$,则分别得到 Gauss 和 Laplace 分布,低频 DCT 系数不能很好地用 Gauss 或 Laplace 分布表示。为下面叙述方便起见定义为

$$c[k] = c(k_1 \bmod 8, k_2 \bmod 8)$$
$$\sigma[k] = \sigma(k_1 \bmod 8, k_2 \bmod 8)$$

3.5.5 水印验证过程

水印验证一般包括水印检测和水印提取两部分内容,如图 3.6 所示。给定图像 $z[n]$,对其作每个像素块大小为 8×8 的 DCT 变换得到 $Z[k]$。首先用一个水印检测器判定 $Z[k]$ 中是否含有水印;如果有的话,再用水印解码器估计消息 M。对每个过程,由 $Z[k]$ 计算一组充分统计。在验证过程不利用原始图像,我们把原始图像看做加性噪声。事实上,我们是利用普通图像的 DCT 系数的统计模型解析得到合适的充分性统计。这些模型的参数值事先给定或由 $Z[k]$ 自适应估计。为了能计算充分统计,还必须知道水印嵌入过程所使用的伪随机信号 $s[k]$ 和知觉掩蔽信号 $\alpha[k]$。由于没有原始图像可利用,在验证过程中是无法精确知道知觉掩蔽信号的,但如果水印引入的知觉失真足够低,那么仍可采用与水印嵌入过程完全相同的知觉分析从 $Z[k]$ 得到知觉掩蔽信号的好的估计。

一旦计算出充分统计,水印检测器比较二值假设检验的对数似然函数值和阈值 η 后作出判定。水印解码的充分统计经过一解码器,得到消息 M 的估计 $\hat{M}$。

水印检测或提取过程通常不需要原始图像,这种情况的水印称为公开水印。这是目前最具挑战性的水印,因为它既不需要原始图像,也不需要水印。多数应用先是检测水印,这通常需要计算一个相关系数。

3.5.6 水印检测

需要的时候,比如说发生版权纠纷时,要进行水印检测,那么如何进行水印检测呢?

数学上,水印检测问题可看做为二值假设检验:

$$H_1: Y[k] = X[k] + W[k]$$
$$H_0: Y[k] = X[k]$$

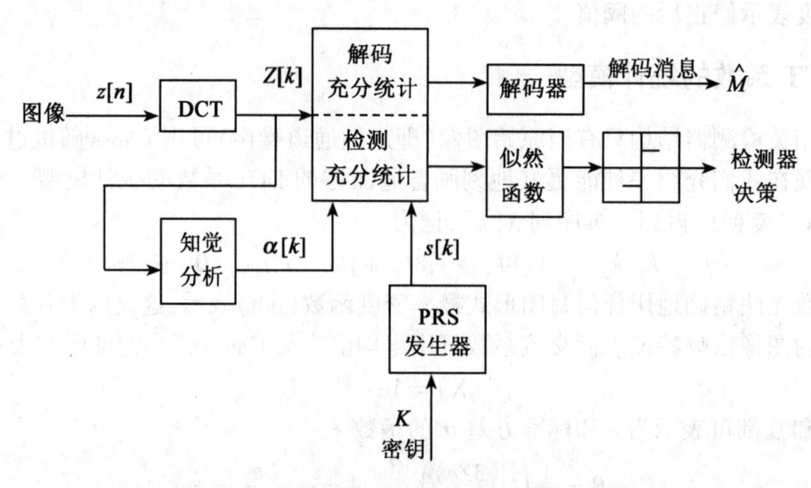

图 3.6　水印验证过程

其中 $X[k]$ 为原始图像，$W[k]$ 是由密钥 K 产生的水印。假设 H_1 意指 $Y[k]$ 中包含由密钥 K 产生的水印，H_0 意指 $Y[k]$ 中不包含由密钥 K 产生的水印（但也许包含由其他密钥产生的水印）。在设计检测器时必须考虑码字向量 b 的值的不确定性。最优 ML 判定规则为

$$\Lambda(Y) \overset{H_1}{>} \eta, \quad \Lambda(Y) \overset{H_0}{<} \eta$$

其中 η 为判定阈值，$\Lambda(Y)$ 是似然函数

$$\Lambda(Y) = \frac{1}{L}\sum_{l=1}^{L}\frac{f(Y|H_1, b_l)}{f(Y|H_0)}$$

若假定原始图像 $X[k]$ 的系数满足广义 Gauss 模型，则对数似然函数具有如下形式：

$$l(Y) = -\ln L + \sum_k \beta[k]^{c[k]}|Y[k]|^{c[k]}$$
$$+ \ln\Big(\sum_{l=1}^{L}\prod_{i=1}^{N}\exp\{-\sum_{k\in S_i}\beta[k]^{c[k]}|Y[k] - b_{l,i}\alpha[k]s[k]|^{c[k]}\}\Big)$$

其中 $\beta[k]$ 是系数 $X[k]$ 的广义 Gauss pdf 的参数 β，可根据式（3.1）由 $c[k]$ 和 $\sigma[k]$ 求得。特别地，若水印中没有隐藏信息，换言之，只有一个脉冲（$N=1$）且由一个已知值 $b_1=1$ 调制，则似然函数为

$$l(Y) = \sum_k \beta[k]^{c[k]}(|Y[k]|^{c[k]} - |Y[k] - \alpha[k]s[k]|^{c[k]})$$

我们用虚警概率 P_F 和检测概率 P_D 测量水印检测性能。在假设 H_1 和 H_0 下 $l(Y)$ 的 pdf 近似满足 Gauss 分布，且具有相同方差 σ_1^2，均值分别为 m_1 及 $-m_1$，这里

$$m_1 = \frac{1}{2}\sum_k \beta[k]^{c[k]}(|X[k] + \alpha[k]|^{c[k]} + |X[k] - \alpha[k]|^{c[k]})$$
$$- \sum_k \beta[k]^{c[k]}|X[k]|^{c[k]}$$

$$\sigma_1^2 = \frac{1}{4}\sum_k \beta[k]^{2c[k]}(|X[k] + \alpha[k]|^{c[k]} - |X[k] - \alpha[k]|^{c[k]})^2$$

如果在检测试验中当 $l(Y)>\eta$ 时决定 H_1，说明水印存在。

思　考　题

1. 请分别从感知特性、载体类型、检测器工作模式、嵌入位置等角度阐述数字水印的分类及每种类别的特点。

2. 请简述数字水印系统工作的一般步骤是什么。

3. 请从应用领域及技术特点两方面分析数字水印与信息隐写的区别和联系。

4. 在一般鲁棒水印体制中，都会引入水印鲁棒性因子。请分析该因子的作用。在具体应用中，一般有哪些方法来确定该因子的取值大小？

第4章 基于混沌特性的小波数字水印算法 C-SVD

本章基于混沌序列的优良性能和图像信号多分辨率小波表示的特点,提出一种改进的小波数字水印算法 C-SVD,实现图像和声音的混沌水印隐藏及其水印的多分辨检测。该算法采用混沌模型来生成混沌随机序列,作为水印信息。将图像原创作者本身掌握的一个保密参数当做 x_0。混沌序列$\{X_n\}$对初值 x_0 极为敏感。初值 x_0 的任意小的改变如 1.0×10^{-6},都会引起完全不同的序列。以此序列作为水印信息,因而会导致生成的水印不同,这样一来保证了水印信号的惟一性,所以攻击者伪造水印是不可能的,假冒、抵赖也是不可能的。首先利用小波变换对图像和声音进行分解,其次将混沌数字水印嵌入低频分量中,最后进行逆小波变换生成水印图像。其特点是混沌水印安全性高,难伪造,不易被破译,可以进行多分辨检测。实验表明,对于常见的图像压缩、剪切和噪声干扰,多分辨率检测方法仍能识别隐藏的水印,具有很好的鲁棒性。叠加了水印的图像能进行抗压缩及抗噪音等处理。在本章中采用混沌算法来生成随机序列,健壮性更好,实现了对多媒体信息的版权保护。

从另一个角度讲,改进的混沌小波数字水印算法 C-SVD 也适合于对图像进行数字签名。

4.1 小波

4.1.1 小波分析

本章中通过使用小波变换实现数字水印的嵌入和检测技术,因此首先介绍一些小波方面的知识。

小波变换是一种信号的时间-尺度(时间-频率)分析方法,它具有多分辨率分析(Multiresolution Analysis)的特点。小波分析方法是一种窗口大小(即窗口面积)固定但其形状可改变,时间窗和频率窗都可以改变的时频局部化分析方法。在低频部分具有较高的频率分辨率和较低的时间分辨率,在高频部分具有较高的时间分辨率和较低的频率分辨率,所以它被誉为数学显微镜。正是这种特性使小波变换具有对信号的自适应性。原则上讲,传统上使用傅里叶分析的地方,都可以用小波分析取代。小波分析优于傅里叶变换的地方是,它在时域和频域同时具有良好的局部化性质,在时频两域都具有表征信号局部特征的能力,很适合于探测正常信号中夹带的瞬态反常现象并展示其成分。

设 $\Psi(t)\in L^2(R)$ ($L^2(R)$)表示平方可积的实数空间,即能量有限的信号空间,其傅里叶变换为 $\hat{\Psi}(\omega)$。当 $\hat{\Psi}(\omega)$满足允许条件(Admissible Condition):

$$C_\Psi = \int_R \frac{|\hat{\Psi}(\omega)|^2}{|\omega|}\mathrm{d}\omega < \infty$$

时,可以称 $\Psi(t)$ 为一个基本小波或母小波(Mother Wavelet)。将母函数 $\Psi(t)$ 经伸缩和平移后,就可以得到一个小波序列。

对于连续的情况,小波序列为:

$$\Psi_{a,b}(t)=\frac{1}{\sqrt{|a|}}\Psi\left(\frac{t-b}{a}\right)\quad a,b\in R;\ a\neq 0$$

其中,a 为伸缩因子,b 为平移因子。

对于任意的函数 $f(t)\in L^2(R)$ 的连续小波变换为:

$$W_f(a,b)=\langle f,\Psi_{a,b}\rangle=|a|^{-1/2}\int_R f(t)\overline{\Psi\left(\frac{t-b}{a}\right)}\,\mathrm{d}t$$

其逆变换为:

$$f(t)=\frac{1}{C_\Psi}\int_{R^+}\int_R\frac{1}{a^2}W_f(a,b)\Psi\left(\frac{t-b}{a}\right)\mathrm{d}a\mathrm{d}b$$

对于离散的情况,小波序列为:

$$\Psi_{j,k}(t)=2^{-j/2}\Psi(2^{-j}t-k)\quad j,k\in Z$$

如果 $f(t)=\sum_{j=-\infty}^{\infty}\sum_{k=-\infty}^{\infty}a_{j,k}\Psi_{j,k}(t)$,则可以称系数 $\{a_{j,k}\}_{j,k\in Z}$ 的集合为函数 f 的离散小波变换。

4.1.2　小波分析对信号的处理

1. 一维小波变换

图 4.1 为一个一维连续信号,对它进行一维小波变换可以将原信号分解为两个部分,如图 4.2 所示。

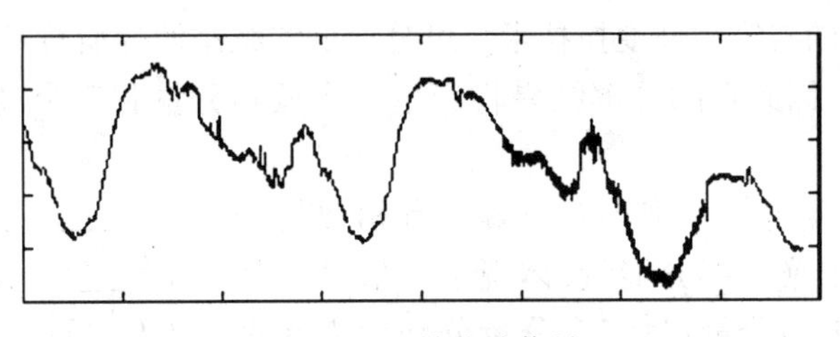

图 4.1　一维连续信号

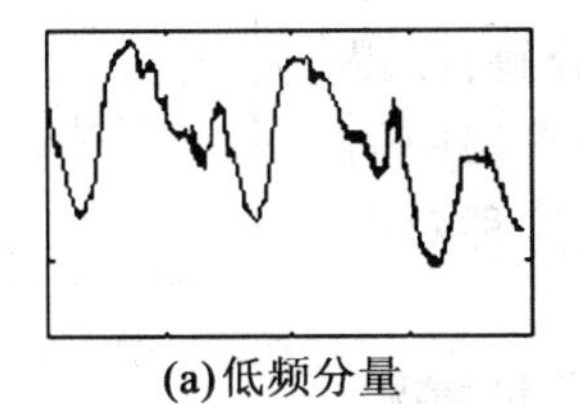

(a)低频分量　　(b)高频分量

图 4.2　一维连续信号的小波分解

从变换结果可以看出,原信号被分解为两个分量:一个低频分量,一个高频分量。低频分量中拥有原信号的绝大部分能量,是原信号的主体部分;高频分量具有较小的能量,是原信号的细节信息。从两组图中可以看出低频分量基本保持了原信号的信息,因此低频分量又被称为原信号的近似分量，高频分量又被称为原信号的细节分量。

反之，分解后的两个信号可以重新组合成原信号，这一过程称为重构。一个信号可以进行多次小波分解，最终获得的是一个低频分量和若干个高频分量。通过多次小波分解可以将信号的主要信息提炼出来，同时，可以通过分析不同层次的细节分量，得到信号中的噪声情况。因此，对一维信号的小波分解及重构可以实现消除噪声的效果。

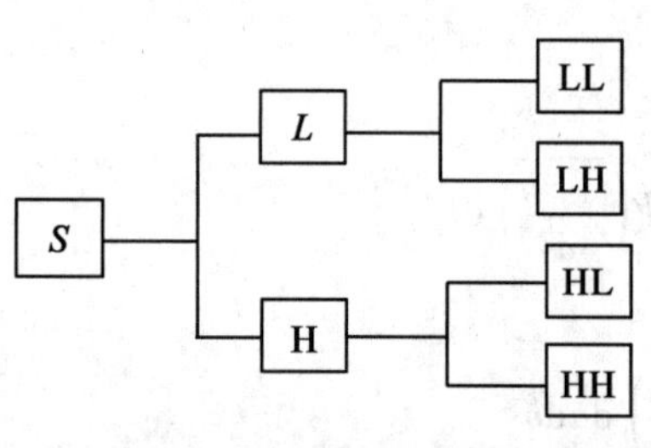

图 4.3　可分离的二维小波分解

2. 二维小波变换

图像信号属于典型的二维信号。实际的图像信号像素点间一般都具有相关性，相邻行之间、相邻列之间的相关性最强，其相关系数呈指数规律衰减。通过小波变换可以将信号从一个正交矢量空间变换到另一个正交矢量空间（即从空间域变换到频率域），使变换后的各信号分量之间相关性很小或不相关。

将离散信号 $x(n)$，$n=0,1,\cdots,N-1$，用 N 维矢量 $x=(x_0,x_1,x_2,\cdots,x_{N-1})$ 来代表，其中 $x_i=x(i)$，$i=0,1,\cdots,N-1$，则 x 的能量定义为：

$$E_x = x^{\mathrm{T}}x = \sum_{i=0}^{N-1} x_i^2$$

若 x 经线性正交变换后得到矢量 y，即 $y=Ax$，其中 A 为正交矩阵，满足 $A^{\mathrm{T}}A=I$（I 为单位矩阵），则 y 的能量为：

$$E_y = y^{\mathrm{T}}y = (Ax)^{\mathrm{T}}Ax = x^{\mathrm{T}}x$$

可见变换前后信号的能量并没有发生变化。

二维小波变换分为不可分离的和可分离的。不可分离的小波变换还不够成熟，因而目前采用最多的是可分离的二维小波变换技术。可分离的二维小波变换技术相当于将信号在水平和垂直方向进行分解，因此它的分解结果将产生一个低频分量和三个高频分量，如图 4.3 所示。

二维信号的小波分解与一维小波分解具有相似的特征，其低频分量包含了绝大部分能量，体现了原信号的基本特征，因此被称为近似分量；另三个分量分别代表水平高频分量、垂直高频分量和对角线高频分量，它们具有较少的能量，体现了原信号的细节特征，因此也称为细节分量。根据具体需要，可以对信号进行多重小波分解，以得到合适的分量。多重小波分解可以得到不同频率层中的信息，图 4.4 显示了一个三重小波分解结构图，这种对多种频率的分析即为多分辨率分析。

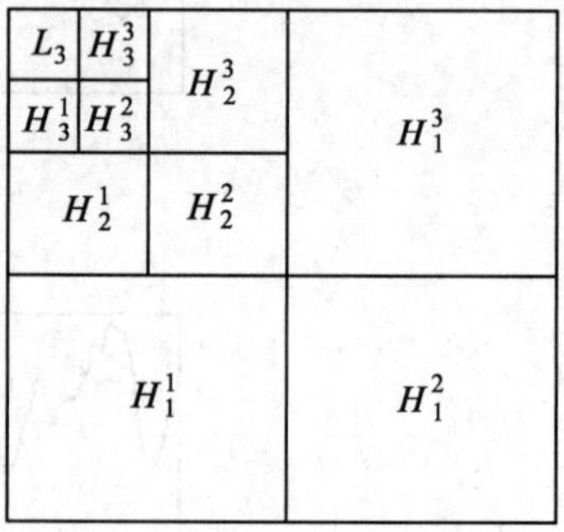

L_3 H_3^3 H_3^1 H_3^2 H_2^3 H_2^1 H_2^2 H_1^3 H_1^1 H_1^2

图 4.4　三重小波分解

图 4.5 显示了对图像进行小波分解后的各分量情况，图中不难看出左上角的低频部分与原信号非常相像，而三个高频分量表现的信息不多，从高频分量部分只能看到原图像中轮廓与背景差距比较大的部分。由此我们可以知道，图像经过小波变换，其能量分布变得更加集中。

图 4.5　图像的一重小波分解

4.2　基于混沌特性的小波数字水印算法 C-SVD

4.2.1　小波 SVD 数字水印算法

定义 4.1　E 为小波 SVD 系数水印转换，设 $\mathrm{CA}=\mathrm{CA}(M,l)$ 是图像 M 在 l 层的相近系数的 $n\times n$ 矩阵，考虑到 CA 的单值分解：$\mathrm{CA}=U\Sigma V^{\mathrm{T}}$

其中，$U=(u_1,\cdots,u_n)^{\mathrm{T}}$，　$V=(v_1,\cdots,v_n)^{\mathrm{T}}$，　$\Sigma=\begin{pmatrix}\delta_1 & & \\ & \ddots & \\ & & \delta_n\end{pmatrix}$，$U$ 和 V 是正交矩阵：$U^{\mathrm{T}}U=I$，$V^{\mathrm{T}}V=I$

设 $\overline{U}=(\bar{u}_1,\cdots,\bar{u}_n)^{\mathrm{T}}$，　$\overline{V}=(\bar{v}_1,\cdots,\bar{v}_n)^{\mathrm{T}}$ 是两个随机生成的正交矩阵（密钥相关），并且

$\overline{\Sigma}=\delta\begin{pmatrix}\bar{\delta}_1 & & \\ & \ddots & \\ & & \bar{\delta}_{n1}\end{pmatrix}$　是随机生成的对角矩阵（密钥相关）。

从 $\overline{U}$ 和 $\overline{V}$ 中取后 d 行来代替 U 和 V 的对应的 d 行，形成如下两个矩阵 $\widetilde{U}$ 和 $\widetilde{V}$：

$$\widetilde{U}=(u_1,\cdots,u_{n-d},\bar{u}_{n-d+1},\cdots,\bar{u}_n)^{\mathrm{T}},\quad \widetilde{V}=(v_1,\cdots,v_{n-d},\bar{v}_{n-d+1},\cdots,\bar{v}_n)^{\mathrm{T}}$$

进而构成

$$W(\mathrm{CA})=\widetilde{U}\overline{\Sigma}\widetilde{V}^{\mathrm{T}}$$

小波 SVD 系数水印转换 E 表示如下：$\mathrm{CA}_w=E(\mathrm{CA})=\mathrm{CA}+W(\mathrm{CA})$，并进行小波逆变换（重构）即得到嵌入水印的图像。

在该算法中嵌入个人信息时都是以个人信息做种子采用一般的随机数生成方法来生成随机数。这不具备随机序列对初值敏感这一特性，因此有可能产生伪造图像原创作者个人信息来伪造水印现象。为此本章提出了一种改进的算法，简称 C-SVD。它基于混沌随机序列对初值敏感的特性，使用混沌模型生成混沌随机序列，来代替一般的随机数生成。

4.2.2　基于混沌特性的小波数字水印算法 C-SVD

混沌是发生在一个确定系统中的伪随机运动。系统在某个参数和给定的初始条件下，其运动是确定性的，但是该运动的长期状态对初始条件极其敏感。混沌函数具有伸大拉长和折回重叠的性质,所以有不可预测性。

混沌序列$\{X_n\}$是一个伪随机序列,$\{X_n\}$对初值非常敏感。初始条件的任意小的改变如1.0×10^{-6},都会引起完全不同的行为。其迭代轨迹就会大相径庭,加上迭代方程本身的特点,初始值成为得到迭代序列的最关键因素。因而$\{X_n\}$可以用做作品原创者的身份指纹。

对于一维映射:$X_{n+1}=f(X_n,\mu_i)$

由初始条件敏感性可知,当初始条件x_0稍微出现一些偏差δx_0,则经过n次迭代后,结果就会呈指数分离,故n次迭代后的误差为:

$$\delta X_n = |f^n(x_0+\delta x_0) - f^n(x_0)| = \frac{\mathrm{d}f^n(x_0)}{\mathrm{d}X}\delta x_0 = \mathrm{e}^{\mathrm{LE}\cdot n}\delta x_0$$

其中,$\mathrm{LE}=\frac{1}{n}\ln\frac{\delta X_n}{\delta x_0}=\frac{1}{n}\ln\left|\frac{\mathrm{d}f^n(x_0)}{\mathrm{d}X}\right|$

即是所谓的 Lyapunov 特征指数,它表征了相邻两点之间的平均指数幅散率。混沌区是一个特殊的区域,当μ在混沌区取值时,迭代轨迹将以指数级发散。将这些特点应用到数字水印算法中,就形成了良好的改进算法。

在 C-SVD 算法中,采用混合光学双稳模型作为混沌源,它是能生成奇妙吸引子的函数。该模型可用一个一维非线性迭代方程来描述:

$$X_{n+1} = A\sin^2(X_n - X_B) \tag{4.1}$$

同方程$X_{n+1}=f(X_n;\mu_i)$对比,可以得到

$$f(X_n;A,X_B) = A\sin^2(X_n - X_B)$$

这里$A=\mu_1$,$X_B=\mu_2$,这样,随着参数A和X_B的变化,系统将从固定点失稳,经倍周期分叉进入混沌。在混沌区,除去其窗口,系统输出序列$\{X_n\}$是一个很好的随机序列。

生成$\{S_n\}$算法①:

对于混沌序列$\{X_n\}$

If $X_i>=2/3*A$ then $S_i=1$ else $S_i=0$ $(i=1,2,\cdots,n)$

因而从混沌随机序列$\{X_n\}$可以生成 0,1 比特随机序列$\{S_n\}$。

将图像原创作者本身掌握的一个保密参数当做x_0。利用混沌序列$\{X_n\}$对初值x_0极为敏感的特性,以此序列$\{X_n\}$作为水印信息,因而会导致生成的数字水印不同,这样一来保证了水印信号的惟一性,所以攻击者伪造水印是不可能的,假冒、抵赖也是不可能的。

基于混沌随机序列对初值敏感性的特性提出的改进算法 C-SVD 描述如下:

(1) 设$\mathrm{CA}=\mathrm{CA}(M,l)$是图像$M$在$l$层的相近系数的$n\times n$矩阵,考虑到 CA 的单值分解:$\mathrm{CA}=U\Sigma V^{\mathrm{T}}$

其中,$U=(u_1,\cdots,u_n)^{\mathrm{T}}$, $V=(v_1,\cdots,v_n)^{\mathrm{T}}$, $\Sigma=\begin{pmatrix}\delta_1 & & \\ & \ddots & \\ & & \delta_n\end{pmatrix}$

U和V是正交矩阵:$U^{\mathrm{T}}U=I$, $V^{\mathrm{T}}V=I$

(2) 改进的$\overline{U}$,$\overline{V}$和$\tilde{\Sigma}$生成过程描述如下:

Step1 以x_0作初值,使用方程式(4.1)生成$\{X_n\}$;

Step2 使用生成$\{S_n\}$的算法①由$\{X_n\}$生成$\{S_n\}$;

Step3 将$\{S_n\}$赋给$\overline{U}$:$\overline{U}\Leftarrow\{S_n\}$;

Step4 $x_0'=g(x_0)$,g为单向函数;

Step5　以 x_0' 作初值，使用方程式(4.1)生成$\{X_n'\}$；

Step6　使用生成$\{S_n\}$的算法①由$\{X_n'\}$生成$\{S_n'\}$；

Step7　将$\{S_n'\}$赋给 $\bar{V}$：$\bar{V} \Leftarrow \{S_n'\}$；

Step8　以 x_0^+ 作初值，使用方程式(4.1)生成序列$\{X_n^+\}$；

Step9　使用生成$\{S_n\}$的算法①由序列$\{X_n^+\}$生成序列$\{S_n^+\}$；

Step10　将序列$\{S_n^+\}$赋给 $\tilde{\Sigma}$：$\tilde{\Sigma} \Leftarrow \{S_n^+\}$。

(3) 从 $\bar{U}$ 和 $\bar{V}$ 中取后 d 行来代替 U 和 V 的对应的 d 行，形成如下两个矩阵 $\tilde{U}$ 和 $\tilde{V}$：

$$\tilde{U} = (u_1, \cdots, u_{n-d}, \bar{u}_{n-d+1}, \cdots, \bar{u}_n)^{\mathrm{T}}, \quad \tilde{V} = (v_1, \cdots, v_{n-d}, \bar{v}_{n-d+1}, \cdots, \bar{v}_n)^{\mathrm{T}}$$

(4) 进而构成 $W(\mathrm{CA}) = \tilde{U}\tilde{\Sigma}\tilde{V}^{\mathrm{T}}$。

(5) $\mathrm{CA}_W = E(\mathrm{CA}) + W(\mathrm{CA})$，并进行小波逆变换(重构)即得到嵌入水印的图像。

在 C-SVD 算法中，对图像嵌入水印，把水印叠加在图像能量最集中的部分。小波变换能将图像分解到时域和尺度域上。所以选择适当的小波基对原图像进行 1 级分解，对前 1 级的差别分量保留，不做处理，对第 1 级的详细分量嵌入水印。

小波变换与傅氏变换的一个区别是小波变换的变换基不惟一。选择小波函数时通常需要考虑小波的正交性、紧支集和消失矩。高阶消失矩可以使变换快速衰减，小波的消失矩越高，其支集越长。在 C-SVD 算法中，采用具有高阶消失矩的紧支正交小波——daubechies(db)小波，其中滤波器长度为 8，$N=4$。利用 db6 进行小波分解的一层、两层分解的结果如图 4.6 所示。

图 4.6　db6 小波分解层次结果

4.3 图像的数字水印嵌入及图像的类型解析

图像可以被看做一个二维信号，采用C-SVD实现数字水印的嵌入，通过计算矩阵的相关性来判断水印的存在与否。

图4.7给出两个由图4.5得来的数字水印的图像。

从两个图像的对比可以直观地看到 d/n 的值越接近于1，数字水印的随机性越好；越接近于0，数字水印包含原图像的信息越多。因为 d/n 代表着原矩阵被随机矩阵替代的列数的多少，其值越接近于1，原矩阵所占的信息比重越小，随机矩阵所占的比重越大，反之亦然。

d/n=0.99

d/n=0.5

图4.7　数字水印图像

图4.8为加入水印前后的两个图像，从图像中几乎看不出表面上的差距。

原图像

嵌入水印后的图像

图4.8　嵌入水印前后效果对比

采用同样的方法对图4.9中的原图像嵌入水印后却得到了另外一种效果。

显然，图4.9的实验结果背离了数字水印的要求，是不能让人满意的。同样的方法为什么对两个图像会产生不同的测试结果呢？原因在于被嵌入水印的原图像类型之间的区别。因此，有必要对图像的类型加以解析。

平时经常使用的图像大多以扩展名区分，例如BMP，JPG，GIF等。图像按照色彩调配方法又可以有另一种分类方式。

原图像

嵌入水印后的图像

图4.9　嵌入水印前后效果对比

1. 灰度图像

灰度图像(Gray Scale,GS)可以看做一个二维矩阵,其元素由0到1之间的实数构成,0代表黑色,1代表白色,它把颜色从黑到白分成256种不同深度的颜色。灰度图像中的元素值代表该像素的黑白程度,因此灰度图像没有彩色的。设GS为$m \times n$阶图像矩阵,则

$$\mathrm{GS} = (gs_{ij})_{m \times n}, \qquad 1 \leqslant i \leqslant m, 1 \leqslant j \leqslant n$$

$$gs_{ij} \in [0,1]$$

图4.10显示了一个灰度图像以及该图像对应矩阵的部分值。图4.8中的原图像即为灰度图像,C-SVD方法在灰度图像中嵌入水印时不会出现任何问题。

0.6787	0.7268	0.5777	0.6787	0.5777
0.6787	0.6787	0.5134	0.7268	0.6190
0.6190	0.7268	0.5777	0.6787	0.6190
0.6787	0.6787	0.5777	0.7236	0.5777
0.7268	0.6787	0.5134	0.7236	0.5777
0.7643	0.6787	0.5134	0.7268	0.4138
0.7394	0.6656	0.5280	0.7268	0.5280
0.7827	0.6190	0.5352	0.7236	0.4686
0.7643	0.6425	0.5134	0.6787	0.5777
0.7797	0.5777	0.5777	0.7236	0.5777
0.7827	0.6190	0.5777	0.6787	0.5777
0.8191	0.5777	0.6190	0.7268	0.4647
0.7236	0.6425	0.6190	0.6787	0.5134
0.7827	0.6190	0.5777	0.6787	0.5134
0.7236	0.5777	0.6190	0.6190	0.4138
0.7643	0.5777	0.5280	0.6787	0.4686
0.7268	0.5280	0.5777	0.6190	0.5777
0.7797	0.5134	0.6787	0.6787	0.5777
0.7268	0.5777	0.5777	0.6787	0.5777
0.7643	0.5777	0.6787	0.6190	0.5777

图4.10　灰度图像及其图像矩阵

2. RGB图像

RGB图像也称为24位真彩色图像。它的每个像素点的值由红、绿、蓝三原色共同组成,因此一共可以表示$2^8 \times 2^8 \times 2^8 = 2^{24}$ Bit = 16M种不同的色彩。如果说灰度图像可以看做一个二维矩阵的话,那么RGB图像可以看做一个三维矩阵,它是由三个二维矩阵构成的,每一个二维矩阵代表红、绿、蓝中的一种颜色,用来表示该种颜色的深浅程度。

设RGB为$m \times n \times k$阶图像矩阵,则

$$\mathrm{RGB}(\mathrm{rgb}_{ijk}) \qquad 1 \leqslant i \leqslant m, 1 \leqslant j \leqslant n, k = \mathrm{Red}, \mathrm{Green}, \mathrm{Blue}$$

图4.11显示了一个RGB图像以及由该图像得到的红、绿、蓝色彩层的图像。

R层图像

G层图像

B层图像

原图像

图4.11　RGB图像分解图

从图中可以看出,单独抽取R,G,B中的任何一层图像都可以看做一个灰度图像,不同的是真正的灰度图像表现的是黑色的深浅程度,而从RGB图像中抽取的每一层图像则分别表现

的是红绿蓝的深浅程度。小波 C-SVD 方法是通过计算矩阵之间的相关系数来判别水印的存在情况，它只适合于二维矩阵，因此对于 RGB 图像在嵌入水印的过程中要经过预先处理。通常可以在 R，G，B 其中的某一层嵌入水印，再重新组合图像即可。由于 RGB 图像的特殊性，通过在不同色彩层加入不同的水印可以实现多重水印技术。图 4.12 显示了水印嵌入前后的两个 RGB 图像。此图中在 R 层嵌入了数字水印。

原图像

嵌入水印后的图像

图 4.12　RGB 图像嵌入水印前后对比图

3. 索引图像

索引图像(Index)是一类比较特殊的图像。索引图像可以被看做两个二维矩阵，其中一个矩阵与灰度图像的矩阵相似，它的元素由 0 ~ 255 之间的整数构成；另一个矩阵是一个 255 行 3 列的矩阵，该矩阵中的元素为 0 ~ 1 之间的实数。由 RGB 图像色彩原理可以发现，每行中的三列元素分别代表红、绿、蓝三种颜色的深浅程度，因此该矩阵中每行代表一种色彩。可见索引图像中的 255 行 3 列的矩阵相当于一个调色板。这类图像表现色彩时根据相应像素点的值到调色板中寻找相应的色彩并显现出来，因此这类图像可以显示 255 种不同的色彩。对于色彩种类不很丰富的彩色图像来说，索引图像无疑是一种节省信息空间的方式，它可以以较少的空间代价换来较好的显示效果。如果索引图像的调色板矩阵每行中的三列元素值相等并且每列元素中的值从 0 ~ 1 几乎平均分布，那么该索引图像起到的效果与灰度图像完全相同。

在嵌入水印的过程中会略微产生像素点值的差异，因为人的眼睛的分辨能力有限，在正负 8 的灰度之内的色彩差距不会被人眼所识别，因此对于调色板呈均匀分布的索引图像来说不会产生效果上的变化。但是，如果调色板分布不规律，则像素值中的微小差距反映到图像中的变化将是不可估量的，因此对这类图像嵌入水印后才会产生图 4.9 中的效果差异。图 4.13 显示了调色板不规律的图像被更换调色板后图像的显示差异。

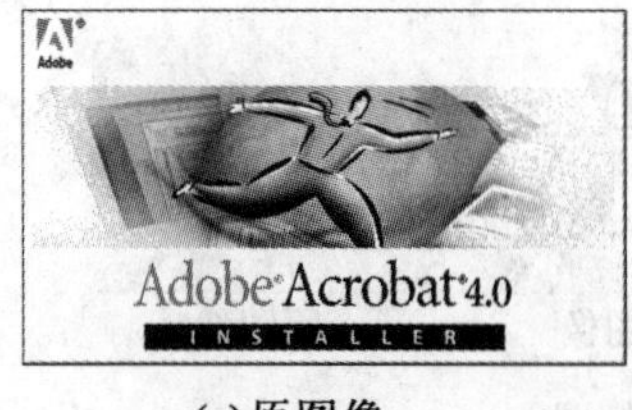

(a)原图像

(b)更改调色板后的图像

图 4.13　更改索引图像调色板对比图

其中图 4.13(b)采用了灰度图像调色板。下面三个矩阵分别为构成图 4.8 的两个矩阵的

部分元素值以及灰度图像调色板矩阵的部分元素值。

由此可见对索引图像直接采用小波 C-SVD 方法嵌入数字水印是行不通的。可以通过图像类型转换,将索引图像首先转换为 RGB 图像,采用对 RGB 图像嵌入水印的方法,再将嵌入水印后的图像由 RGB 图像转换为索引图像,这样既不会影响文件所占空间又不会产生调色板带来的差距,图 4.14 显示了索引图像的水印嵌入过程。

208	208	174	246	174	174
174	175	208	174	209	208
246	208	8	208	174	174
174	208	246	174	208	246
246	174	174	246	174	174
174	209	208	174	208	8
246	174	174	246	8	208
8	208	246	170	208	174
246	174	174	208	8	208
8	208	246	174	246	174
246	208	8	208	174	208
174	8	208	8	246	174
208	246	174	208	174	246
8	174	208	175	208	174
208	208	246	174	208	175
8	208	8	208	8	208

像素矩阵

0	0.7490	0
0	0.7490	0.3333
0	0.7490	0.6667
0	0.7490	1.0000
0	0.8745	0
0	0.8745	0.3333
0	0.8745	0.6667
0	0.8745	1.0000
0	1.0000	0.3333
0	1.0000	0.6667
0.1647	0	0
0.1647	0	0.3333
0.1647	0	0.6667
0.1647	0	1.0000
0.1647	0.1216	0
0.1647	0.1216	0.3333
0.1647	0.1216	0.6667

调色板矩阵

0.9329	0.9329	0.9329
0.9357	0.9357	0.9357
0.9386	0.9386	0.9386
0.9414	0.9414	0.9414
0.9442	0.9442	0.9442
0.9470	0.9470	0.9470
0.9498	0.9498	0.9498
0.9527	0.9527	0.9527
0.9555	0.9555	0.9555
0.9583	0.9583	0.9583
0.9611	0.9611	0.9611
0.9639	0.9639	0.9639
0.9667	0.9667	0.9667
0.9695	0.9695	0.9695
0.9723	0.9723	0.9723
0.9751	0.9751	0.9751
0.9778	0.9778	0.9778

灰度图像调色板矩阵

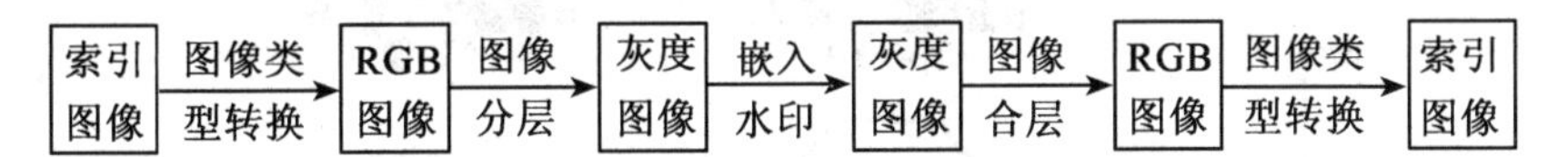

图 4.14 索引图像的水印嵌入过程

4.4 声音的数字水印嵌入

WAVE 声音文件可以看做一个列向量。根据 C-SVD 方法,如果要在 WAVE 声音文件中嵌入数字水印,要将 WAVE 声音文件转换为二维矩阵,只有这样才能通过计算二维矩阵的相关系数判断水印存在与否。因此首先要将 WAVE 声音文件这个列向量转换为 n 阶方阵,不足的元素由 0 来填充。接下来的操作与图像的水印嵌入过程相同。然后将嵌入数字水印的方阵转换为列向量,并根据填充 0 的元素个数将列向量的最后几个元素去掉。图 4.15 显示了一个 WAVE 声音文件在嵌入数字水印前后的声音波形图。

从图中可以看出,WAVE 声音的波形变动很小,人的听觉系统是无法分辨其间的差距的。

MP3 音乐风靡全球,深得人们的喜爱。那么如何保护 MP3 音乐作品的版权呢?可以对 MP3 音乐声音文件嵌入数字水印来实现其版权保护。方法为:将 MP3 音乐声音文件转化为 WAVE 声音文件,使用上面讨论的对 WAVE 声音文件嵌入数字水印的方法,再将 WAVE 声音文件转化为 MP3 音乐声音文件。这要求水印是健壮的,因为从 WAVE 声音文件转化为 MP3 音乐声音文件是一个有损压缩的过程。

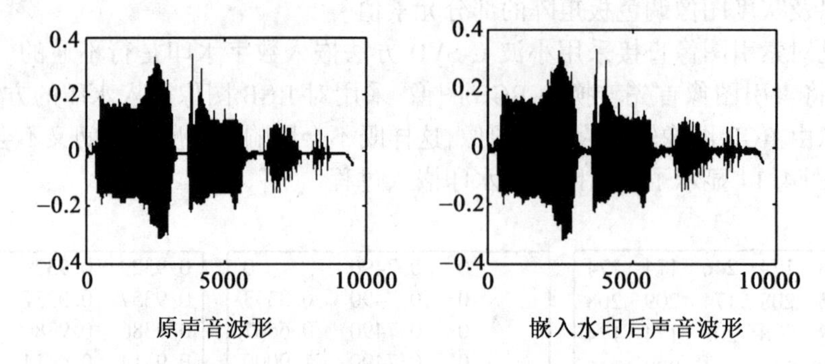

图 4.15　声音文件嵌入水印前后波形图

4.5　数字水印的检测

数字水印的检测成功与否非常关键,一个信号中的水印如果不能正确地被检测出来,那么就失去了数字水印存在的意义。图 4.16 显示了数字水印的检测过程。

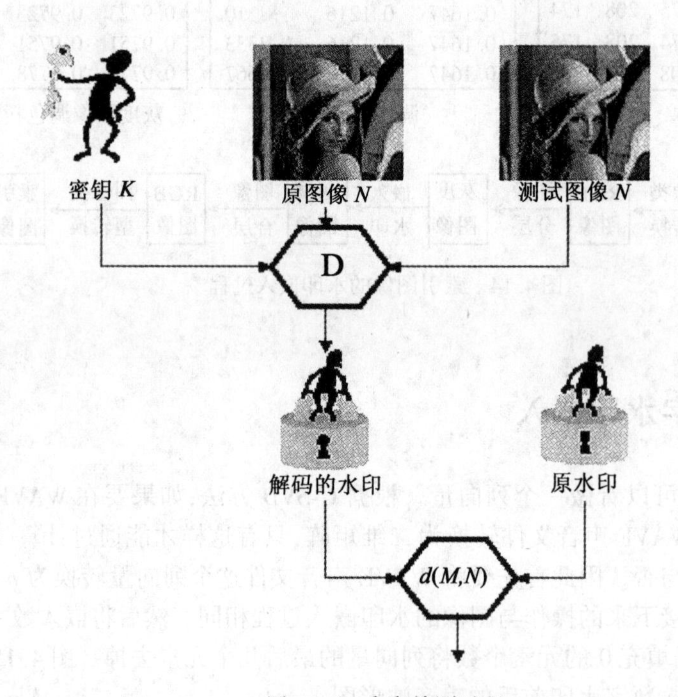

图 4.16　水印检测过程

设原图像为 XP,被检测图像为 XP′,数字水印的检测步骤如下:

(1) 将原图像进行小波分解,得到低频分量 Ca;

(2) 将被检测图像进行小波分解,得到低频分量 Ca';

(3) 计算两个低频分量的差值 $W'=Ca'-Ca$;

(4) 由原图像得到原水印 W;

(5) 计算两个水印之间的相关系数

$$d(XP,XP') = \frac{|\langle W,W' \rangle|}{\|W\| \|W'\|}$$

其中,$\langle A,B \rangle = \sum_{i,j=1}^{n} a_{ij}b_{ij}$, $\|A\| = \langle A,A \rangle^{1/2}$;

(6) 根据相关系数判定水印存在与否。

理论上讲,当被检测图像中包含数字水印时,其相关系数应该为1,反之则介于0,1之间。但是一般说来,实际信号经过传输中的噪声以及其他一些信息处理操作,都会发生或多或少的改变,因此这里判断出的相关系数很难达到1或者是0。只能根据相关系数向1和0的趋近程度来判断是否存在数字水印。矩阵对相关性相当敏感,不相关的矩阵经过通常的变换计算出的相关系数非常接近于0,而相关矩阵即使经过一些变换其相关值也非常接近于1,这使得判别水印的存在状况有了依据。

对一个图像进行相关系数的检测,用200为初值生成数字水印并嵌入图像,分别用199,200,201为初值生成的数字水印加以比较,计算其相关系数,得到的结果分别是:0.060 5,1,0.082 2,由此可见不同初值之间的相关性相当敏感,完全不会出现混淆。

4.6 数字水印检测结果的评测

上面给出的水印检测方法以及简单的几个数据只能说明部分问题,下面将给出一些整体测试结果,从中寻找一些规律。

1. 参数 d/n 与 σ 对数字水印的影响

图像的小波系数水印改变量用 $\|(CA)\|$ 来衡量,它受尺度参数 σ 控制。在数字水印的嵌入技术中除了初值之外还有两个参数极为重要:一个是 d/n,另一个是 σ。$W(CA)$的随机性由参数 d/n 控制。图4.17给出 σ 及 d/n 对水印的影响。因此在加水印的过程中有必要对参数 σ 及 d/n 进行合理的选择和测试。选择不同的参数,水印效果是不同的。测试结果如图4.17所示。

初值是用来区分不同的水印的,每个不同的水印应该采用不同的初值来生成,同一个初值生成的数字水印是相同的,不同的初值生成的数字水印是不相关的,因此初值实际上起着密钥的功能。

d/n 表示原矩阵被随机矩阵替代的列数。从图4.17中可以直观地看到 d/n 的值越接近于1,生成的水印随机性越强,反之则越像原图像。图4.18和图4.19中的两个图分别显示了 $d/n=0.01$ 和 $d/n=0.99$ 时,选取连续的500个初值生成的水印与原水印之间相关系数的比较结果。

其中选取的初值为1到500之间的整数,原水印的初值为200。从两个图的对比中可以看出当 d/n 越接近于1时,各初值生成的水印间的相关性越差,水印检测效果比较明显;当d/n接近于0时,各初值生成的水印间的相关性较强,水印不易被准确检测出来。图4.20显示了500个初值的100组数据的比较结果。

其中 d/n 的取值从0.01到1,每次递增0.01。从以上100组数据的变化规律以及前面的实验结果可以得到以下结论:d/n 的值越趋近于0,其生成的数字水印越接近于原图像,不同初值产生的数字水印之间的相关性越强,水印的检测难度越大;d/n的值越趋近于1,其生成的数

图 4.17　参数 σ 和 d/n 对水印效果的影响

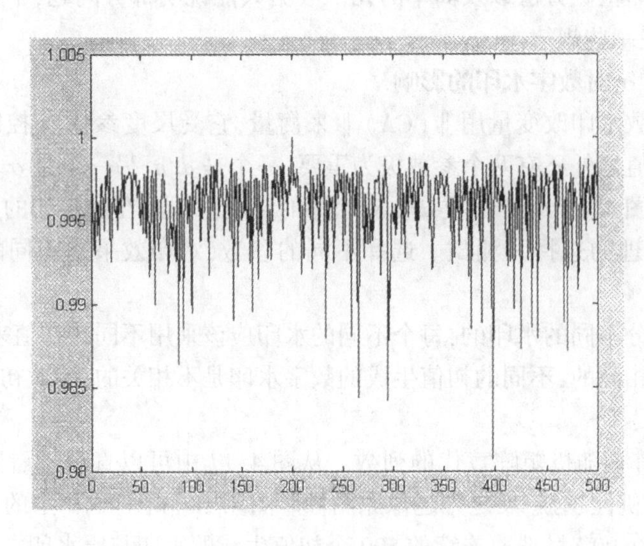

图 4.18　$d/n=0.01$

字水印越随机，不同初值产生的数字水印之间的相关性越差，水印的检测越准确。

从理论角度分析，两个图像越相像，它们之间的相关性越强。当两个图像完全相同时，它们的相关系数为 1；反之，两个图像越随机，它们之间的相关性越弱。当 d/n 趋近于 1 时，随机矩阵取代了绝大部分原矩阵数据，因此生成的水印图像随机性较强；d/n 趋近于 0 时，随机矩阵几乎没有对原矩阵产生任何影响，因此生成的水印图像比较相似。可见，上面的实验结果与理论分析完全一致。相关系数高的水印属于弱水印，这类水印大多应用于完整性确认；相关系数低的水印属于强水印，它广泛应用于版权保护、身份确认等方面。

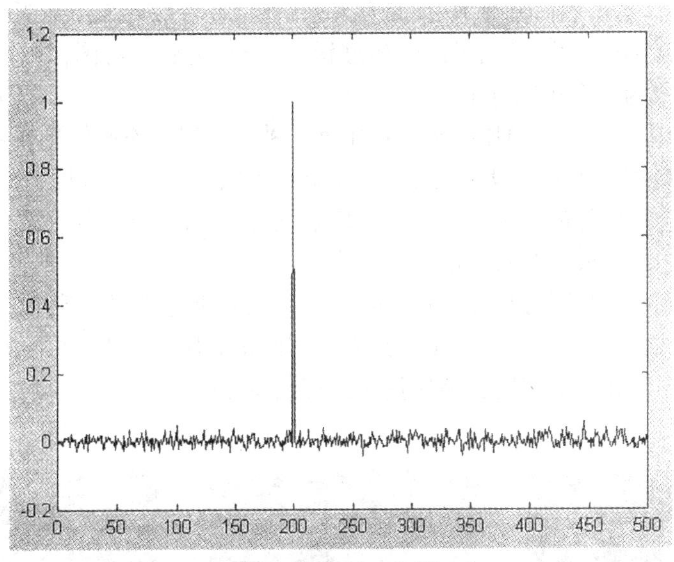

图 4.19　$d/n=0.99$

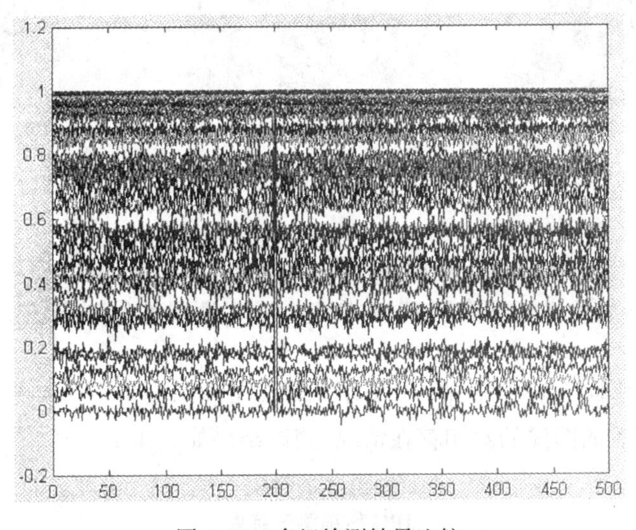

图 4.20　多组检测结果比较

σ 的值为 0,1 之间的实数,σ 值的大小代表着水印信息在嵌入水印后的图像中痕迹所占的比重。σ 的值越接近于 1,它所占的比重越大,越接近于 0 它所占的比重越小。在 C-SVD 算法中,由于生成的数字水印是由原图像得来的,因此 σ 取值的大小不会对最终图像的结果产生感官上的影响。对于以其他途径获得的数字水印来说,适当地选取 σ 值极为重要。对于用来进行内容保护或标记注释的数字水印来说,尽量选择较大的 σ 值,以增强水印信息的影响力;而对于用在版权保护或信息隐藏方面的数字水印来说,要选取较小的 σ 值以避免秘密信息的泄露。

2. 数字水印的抗压缩检测

随着网络通信的发展,信息的网络化已经成为大势所趋。但是由于技术及设备方面的限制,目前的网络传输速度还不能尽如人意。多媒体信息的信息量大的缺点成为其网络化道路上的瓶颈。多媒体信息虽然信息量大,但是其冗余信息较多,因此采用适当的压缩算法可以极大地减轻网络通信负担。在图像信号的传输过程中,经常会遇到对图像数据的压缩。对于图像而言 JPEG 已经成为一个压缩标准。

多媒体信息的压缩分为有损压缩和无损压缩两种。无损压缩使信息在解压缩后与压缩前完全相同,无损压缩的压缩率一般不是很高;有损压缩采用在一定限度内损失一些不重要信息,丢弃的信息不会对信号的整体产生明显的影响,有损压缩在解压缩之后的信号与原信号有微小的差异,有损压缩一般具有较高的压缩比率。

嵌入数字水印的多媒体信息经过有损压缩处理后,在部分图像信息损失的同时也损失了一部分水印信息。嵌入信息中的数字水印只有能够经得起压缩处理,才能够说明它是健壮的。图 4.21 显示了原图像和两个不同压缩质量比的有损压缩图像。

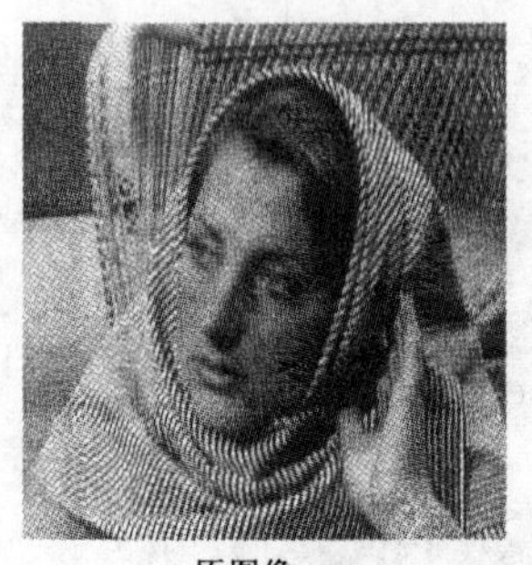
原图像

50% 质量压缩图像

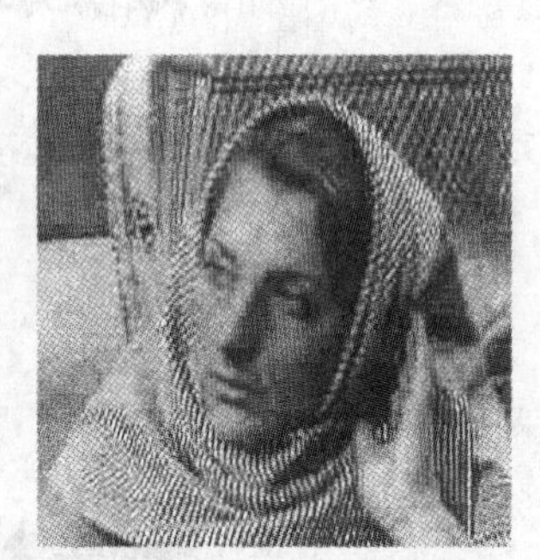
10% 质量压缩图像

图 4.21 JPG 压缩图像比较

图 4.21 虽然为有损压缩,但凭肉眼几乎很难分辨出 50% 质量压缩比的图像与原图像的差异。但是当质量压缩比继续下降至 10% 的时候,可以明显地发现图像中颜色分配的不均匀现象。

采用 C-SVD 方法嵌入数字水印,然后对嵌入水印的图像进行不同质量压缩比的有损压缩,再检测这些压缩后的图像的水印存在情况,测试结果如表 4.1 所示。

表 4.1 **JPG 压缩测试结果**

质量压缩比	199	200	201
90%	0.016 4	0.873 7	0.003 9
80%	0.021 9	0.806 0	0.004 7
50%	−0.047 0	0.615 2	0.001 7
40%	0.031 5	0.557 0	0.006 1
30%	0.020 0	0.471 5	0.002 3
10%	0.000 1	0.181 4	0.033 5

表 4.1 中分别计算了质量压缩比为 90%,80%,50%,40%,30% 和 10% 时三个不同初值得到的数字水印的检测相关系数值,其中原水印采用 200 作为初值。从表中的测试结果可以看到,数字水印的检测准确度随着质量压缩比的下降而下降。根据实验数据结果可知含有数字水印的图像,其检测相关系数不会低于 0.3。从实验结果可以看出当质量压缩比为 30% 时,图像中的数字水印仍然能够检测到。

4.7 小结

从这个改进的算法 C-SVD 可以得出以下结论:

(1) 密钥惟一性:不同的密钥 x_0 产生不等价的水印,即对任何图像 M,$W_1(M)=\tilde{U}_1\tilde{\Sigma}\tilde{V}_1^{\mathrm{T}}$,$W_2(M)=\tilde{U}_2\tilde{\Sigma}\tilde{V}_2^{\mathrm{T}}$ 满足 $x_{01}\neq x_{02}\Rightarrow W_1(M)\neq W_2(M)$。

(2) 不可逆性:混沌序列 $\{X_n\}$ 是不可逆的:$x_0\Rightarrow\{X_n\}\Rightarrow\{S_n\}\Rightarrow\{U_n\}\Rightarrow W(\mathrm{CA})$ 是不可逆的,即 x_0 不能根据 $W(\mathrm{CA})$ 逆推出来。不可逆意味着对于任何水印信号 W,很难找到其他有效水印与该水印信号等价。

(3) 不可见性:C-SVD 算法是不可见水印处理系统,嵌入水印后没产生可见的数据修改,即加水印后的数字产品相似于原始数字产品,即 $\mathrm{XP}_w\sim\mathrm{XP}_0$。

(4) 水印有效性:在水印处理算法 C-SVD 中水印是有效的。对于特定的产品 $\mathrm{XP}\in\mathrm{XS}$,当且仅当存在 $K\in\mathrm{KS}$,使得 $G(\mathrm{XP},K)=W$。

(5) 产品依赖性:在相同的密钥条件下,当 G 算子用在不同的产品时,产生不同的水印信号,即对于任何特定的密钥 $K\in\mathrm{KS}$ 和任何 $\mathrm{XP}_1,\mathrm{XP}_2\in\mathrm{XS}$ 满足 $\mathrm{XP}_1\neq\mathrm{XP}_2\Rightarrow W_1\neq W_2$。

(6) 多重水印:对已知水印信号的产品用另一个不同的密钥再做水印嵌入是可能的。若 $\mathrm{XP}_i=E(\mathrm{XP}_{i-1},W_i),i=1,2,\cdots,n$,那么对于任何 $i\leqslant n$,原始水印必须在 XP_i 中还能检测出来,即相关系数 $D(\mathrm{XP}_i,W_i)=1$,这里 n 是一个足够大的整数使得 XP_n 相似于 XP_0。而 XP_{n+1} 与 XP_0 却不相似。

(7) 鲁棒性:设 XP_0 是原始产品,而 XP_w 是加水印的产品,并且 $D(\mathrm{XP}_w,W)=1$,又设 M 是一个多媒体操作算子,则对于任何 $Y\sim\mathrm{XP}_w$,$Y=M(\mathrm{XP}_w)$,满足 $D(Y,W)=1$,而且对于任何 $Z=M(\mathrm{XP}_0)$,满足 $D(Z,W)=0$。

(8) 计算有效性:水印处理算法 C-SVD 比较容易用软件实现,实验表明水印检测算法是足够快的,能满足在产品发行网络中对多媒体数据的管理。

基于混沌特性改进的小波数字水印算法的优点:首先,在于其算法简单,利用小波变换快速、简单的特点,采用混沌算法来生成随机序列,健壮性更好。其次,这一算法的抗干扰能力强,因为水印信号隐藏在图像的第 1 级的详细分量中,即是把水印信息放在图像能量最大的部分——低频部分。用 Mathworks 公司的 Matlab 实现了改进的 C-SVD 数字水印算法,并做了各种健壮性测试。未来的工作是对该改进的小波数字水印算法,用遗传算法来优化参数 σ 和 d/n。

思 考 题

1. 请分别从水印生成、嵌入和检测三个方面说明 W-SVD 或 C-SVD 水印系统的特点。
2. 了解一般混沌信号的产生机制,并用 C 语言或 Matlab 实现混沌信号产生模块。

3. 什么是矩阵的 SVD 分解？对于任一 2 维矩阵经过 SVD 分解后的结果有什么特点？

4. 简述基于混沌特性的小波数字水印算法的流程。

5. 分析基于混沌特性的小波数字水印算法中参数 d/n 和 σ 对水印的影响。

6. W-SVD 或 C-SVD 水印系统采用相关性检测方法来判定水印是否存在。原始水印 w 与待测水印 w' 的相关性定义为 $d=\dfrac{|\langle w,w'\rangle|}{\|w\|\cdot\|w'\|}$，请说明该相关性值的物理含义是什么。

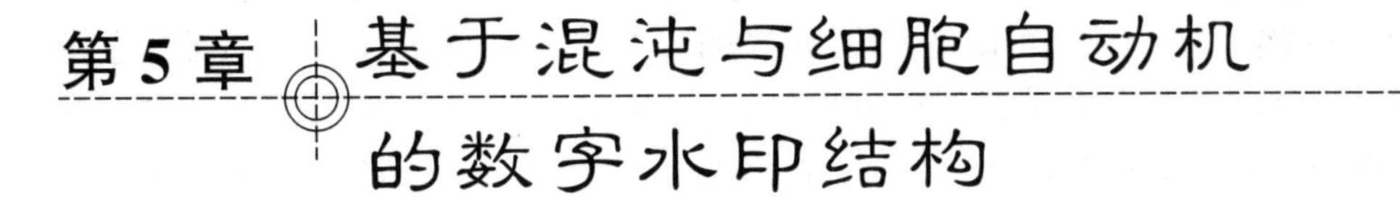

第5章　基于混沌与细胞自动机的数字水印结构

5.1　概述

近年来提出的向数字作品加入不易察觉但可以鉴别版权的版权标记技术是一种有效的技术手段，我们称之为数字水印。数字水印技术能保护所有的数字作品，包括音频、视频、图形、图像、文本和软件等。特别是数字水印能很好地解决版权保护和认证、来源认证、篡改认证、网上发行、网上商务及用户跟踪等一系列问题，因此这一领域受到国内外广泛地关注，成为国际上非常活跃的研究领域之一。

目前数字水印的研究主要集中在以下几个方面：

(1) 具有良好健壮性的水印算法的研究，出现了第一代水印(1GW)和第二代水印(2GW)；

(2) 水印的生成及嵌入到宿主信号的策略，水印应该以什么形式存在，如何嵌入到宿主信号，使得水印算法具有好的性能；

(3) 水印检测器的优化，优化水印检测过程，得到最小的漏检率和最小的虚警率，研究水印解码，使得能很好地恢复出水印；

(4) 水印系统评价理论和测试基准；

(5) 水印攻击建模，对嵌入水印的媒体受到的有意和无意的修改进行建模，特别是对于新提出的压缩标准，如 JPEG2000，MPEG4 等；

(6) 水印应用研究，这方面的研究主要集中在水印应用系统，包括在网络环境下保护数字媒体的版权，防止非法复制以及对用户进行跟踪等。

本章将讨论基于混沌与细胞自动机的数字自动转化为灰度图像的方法。数字作为密钥，不同数字能产生不同的灰度图像，其实现过程是：数字作为种子，使用混沌迭代产生随机序列，然后转化成二值图像，经细胞自动机处理，最后使用平滑过程，这样就产生了灰度图像。灰度图像作为嵌入宿主信号的数字水印结构，该水印结构的能量集中在低频。实验的结果显示该水印结构有好的特性，使用该水印结构的水印算法能抵抗一些常见的攻击。

5.2　细胞自动机

计算机表现出的杰出力量，使得人们看世界产生了新的方式。我们把自然和我们身边的一切看做计算形式的集合，我们把物体看做计算机，每个都遵守自己的规则。通过建立相应的规则，我们能模拟各种复杂的行为，细胞自动机(Cellular Automata)有非常广泛的应用，包括非线性复杂系统、计算科学、社会科学、生物、物理和图像处理等。

5.2.1 细胞自动机基本概念

细胞自动机的定义:细胞自动机是能和其他细胞(automata/cell)相互作用具有相同的可计算功能的细胞的数组。这个数组可以是一维的串(String),二维的格子(Grid),三维的立体(Solid),大部分细胞自动机被设计为简单的方形的格子(Rectangular Grid),也有一些设计成蜂窝状。描述细胞自动机必要的特征包括:状态(State)、邻居关系(Neighbourhood)和规则(Rules)。

(1) 细胞(Cell):组成细胞自动机的基本单元。

(2) 状态(State):描述每个细胞自动机不同状态的变量,在最简单的情况下,每个细胞自动机有两个状态,即0或者1,在复杂的模拟情况下有更多的不同状态,状态可以是数字也可以是描述的特征。

(3) 邻居关系(Neighbourhood):是定义的能和具体细胞发生作用的细胞集。我们可以这样理解,这些邻居对这个细胞有影响,不同的细胞自动机有不同的邻居关系,下面给出常见的二维格子自动机的几种邻居关系,如图5.1、图5.2、图5.3所示。

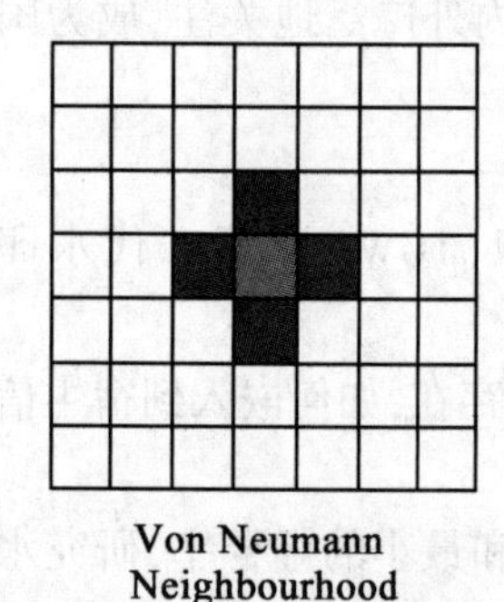

图5.1 Von Neumann

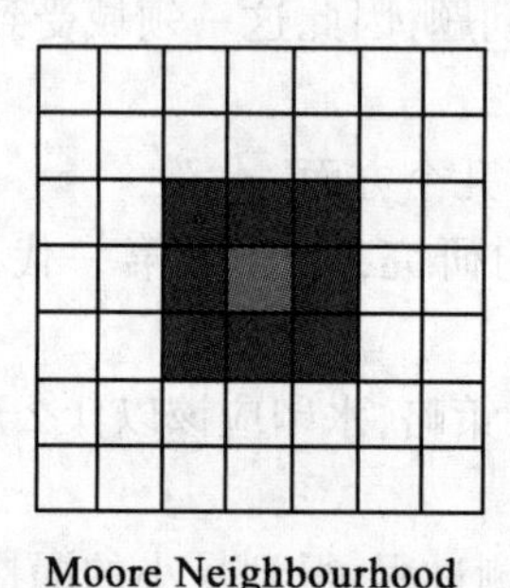

图5.2 Moore

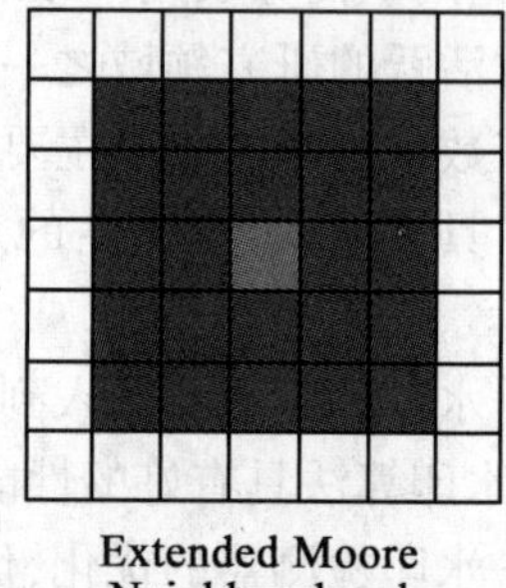

图5.3 Extended Moore

当然可以根据不同的需要设计不同的邻居关系,邻居关系可以由设计者自己定义。

(4) 规则(Rules):规则定义了每个细胞根据当前状态和邻居的状态来改变自己的状态。规则也是设计者自己定义的,一些细胞自动机规则如Life, Brain, Aurora, Axon, Vote等。

为了便于理解细胞自动机模拟过程,下面给出一个细胞自动机的例子。

Fabric patterns:设想此细胞自动机由一串细胞组成。描述如下:

状态:0或1;

邻居:两个相邻的细胞 N C N;

规则:下面的列表显示每个可能的局部配置的细胞的新的状态。如细胞和它的两个邻居的状态排列。因为对每个细胞有可能的状态为0或1,对3个细胞有8条所需要的规则,分别列出如下:

0 0 0 → 0	1 0 0 → 1
0 0 1 → 1	1 0 1 → 1
0 1 0 → 1	1 1 0 → 0
0 1 1 → 0	1 1 1 → 0

假设开始只有一个细胞状态为1,下面给出这个串随时间的变化情况,这里“.”表示0。

Time 0: . . . . 1 . . . .
Time 1: . . . . 1 1 1 . . . .
Time 2: . . . . 1 . . . 1 . . . .
Time 3: . . . . 1 1 1 . 1 1 1 . . . .
Time 4: . . . . . . 1 . . . 1 . . . 1 . . . . . .
Time 5: . . . . . 1 1 1 . 1 1 1 . 1 1 1 . . . . .
Time 6: . . . . 1 . . . 1 . . . 1 . . . 1 . . . .

细胞自动机有很多好的特性,包括自组织性、行为像人性等。

5.2.2　基于投票规则的细胞自动机

基于投票规则的细胞自动机:

状态: 0 或 1;

邻居: 中心的 3 * 3 邻居;

规则: 计数 p 表示中心的 3 * 3 邻居中 1 的个数(包括中心本身), if $P<5$, 中心设置为0, 否则设置为 1。

初值为 1.3,初值为 16,初值为 0.15 的随机模式,如图 5.4 所示。通过大量的实验,结果显示产生的随机效果很好。

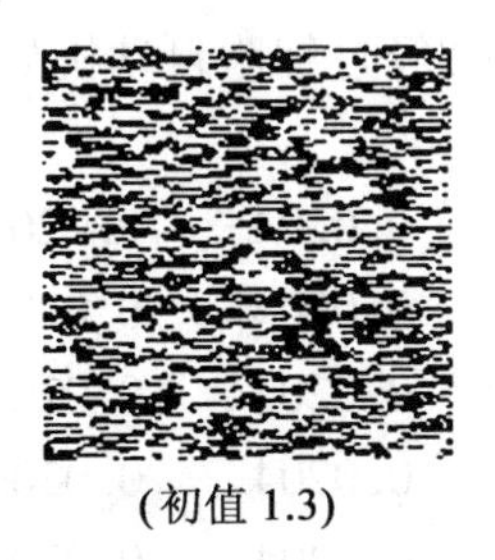
(初值 1.3)

(初值 16)

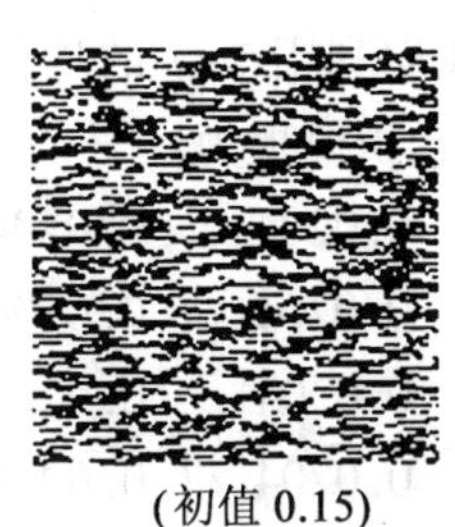
(初值 0.15)

图 5.4　随机模式

我们把如图 5.4 所示的用三个不同的初值得到的随机模式,经过 4 次细胞自动机处理得到如下的模式(如图 5.5 所示)。

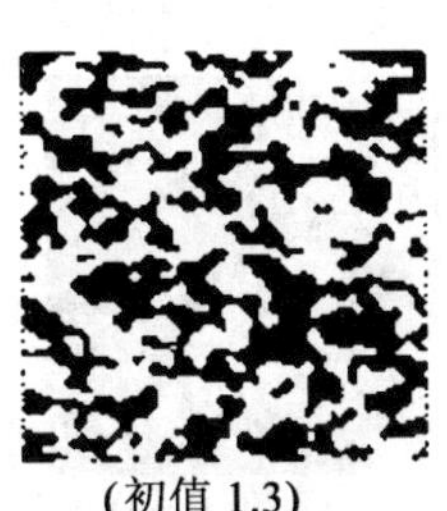
(初值 1.3)

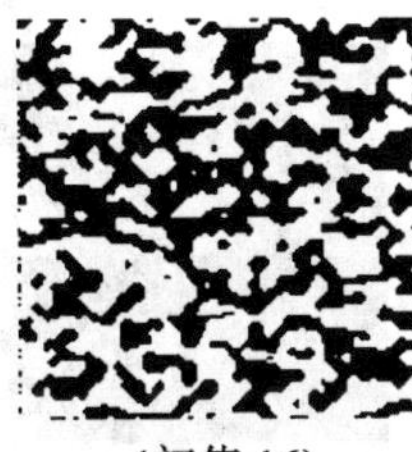
(初值 16)

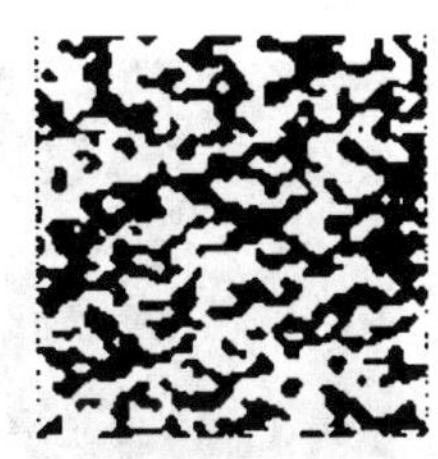
(初值 0.15)

图 5.5　经过 4 次细胞自动机处理得到的模式

从处理以后的结果可以看出,给定一个初值(种子)使用混沌迭代产生的随机序列经过细胞自动机处理以后得到的模式具有“初值敏感性”,不同的初值产生的模式完全不一样,利用这一点具有单向 Hash 函数的作用。

5.3 信号分析和图像处理

下面介绍有关与图像处理相关的知识,其中包括平滑等。

空域过滤(也称空域滤波)及过滤器(也称滤波器)的定义:使用空域模板进行的图像处理,被称为空域滤波。模板本身被称为空域滤波器,图像的空域滤波就是二维卷积,即对每个像素的输出都是其自身灰度与其邻域像素灰度的加权组合,不同的线性滤波器对应着不同的灰度加权方式。

按数学形态分类,空域滤波器分为如下几种(如图 5.6 所示):

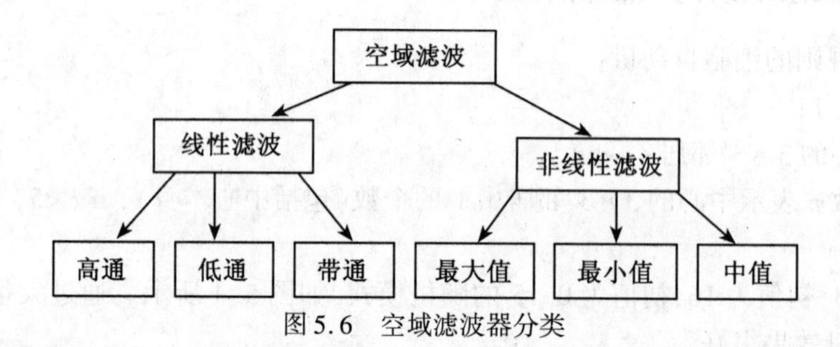

图 5.6 空域滤波器分类

在这里,我们利用 7×7 的均值滤波器来平滑(Smoothing)经过细胞自动机处理后的模式,均值滤波器的卷积模板为:

0.0204	0.0204	0.0204	0.0204	0.0204	0.0204	0.0204
0.0204	0.0204	0.0204	0.0204	0.0204	0.0204	0.0204
0.0204	0.0204	0.0204	0.0204	0.0204	0.0204	0.0204
0.0204	0.0204	0.0204	0.0204	0.0204	0.0204	0.0204
0.0204	0.0204	0.0204	0.0204	0.0204	0.0204	0.0204
0.0204	0.0204	0.0204	0.0204	0.0204	0.0204	0.0204
0.0204	0.0204	0.0204	0.0204	0.0204	0.0204	0.0204

图 5.5 的 3 个模式平滑 8 次得到如下图像(如图 5.7 所示):

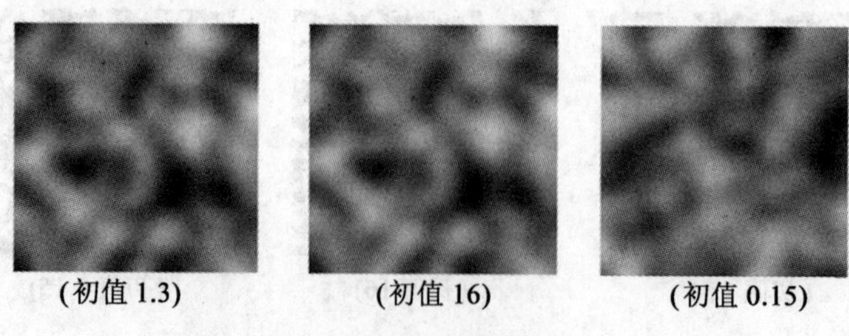

(初值 1.3)　(初值 16)　(初值 0.15)

图 5.7 平滑 8 次的结果

5.4 各种数字水印结构形式

下面讨论已有的各种水印结构及嵌入宿主信号的策略。

一种方法:将 m 序列的伪随机信号编码形式作为水印的结构,然后嵌入到 LSB。最简单的方法是通过一个密钥来初始化一个伪随机数发生器,这个伪随机数发生器将产生嵌入宿主信号的位置,并有在此基础上改进的一些方法。一种方法是同时取 1 和–1 两个值作为数字水印的结构,对选择的像素对进行修改。同时有很多的水印方法提到用二进制编码(取值为 0 和 1)作为水印的结构。

Cox 等人提出了水印信号 $X=x_1,x_2,\cdots,x_n$ 要服从标准正态分布 $N(0,1)$,也就是把水印信号当做高斯噪声,一般采用以下几种模型嵌入到宿主信号:

$$v_i' = v_i + \alpha x_i \tag{5.1}$$

$$v_i' = v_i(1 + \alpha x_i) \tag{5.2}$$

$$v_i' = v_i(e^{\alpha x_i}) \tag{5.3}$$

α 为尺度因子,$X=x_1,x_2,\cdots,x_n$ 为水印信号,$V=v_1,v_2,\cdots,v_n$ 为从原数字媒体抽取出的序列值,$V'=v_1',v_2',\cdots,v_n'$ 为嵌入水印后的序列值。微软亚洲研究院的朱文武等人使用模型(5.2)式发展了一种在 DWT 下图像和视频统一的算法。牛夏牧等人提出了把灰度图像分解为多分辨率金字塔层次结构,然后把每层分解为 8 个二值位平面,这些二值位平面作为最终的水印结构。M. A. Suhail 等人通过使用 HVS 特征使算法适应性更强,其嵌入宿主信号的策略为在各层

$$I_{W_{j,l}}(x,y) = I_{j,l}(x,y) + \beta(f_1,f_2)W_{j,l}(x,y)$$

其中 HVS[$\beta(f_1,f_2)$]表达如下:

$$\beta(f_1,f_2) = 5.05e^{-0.178(f_1+f_2)}(e^{0.1(f_1+f_2)} - 1)$$

另一种方法是把二值水印经混沌置乱之后作为水印结构。另外,使用扩展频谱技术产生水印结构,也是一个很值得关注的重点,包括直接序列扩频和跳频扩频。

5.5 基于混沌与细胞自动机数字转化为灰度图像

5.5.1 混沌产生随机序列

混沌区的数据有两个特性:迭代不重复性和初值敏感性。当选定适当系数使方程进入混沌状态时,方程将进行无限不循环迭代,因此不会出现重复的迭代值。任何人如果不得到迭代方程及其初值 x_0 都无法预测下一个迭代值,这种迭代的结果可以用来产生随机序列。

混沌产生随机序列采用了混合光学双稳模型,下面的方程为混合光学双稳模型的迭代方程:

$$X_{n+1} = A\sin^2(X_n - X_B)$$

A 和 X_B 是方程的系数,随着参数 A,X_B 的变化,系统将从固定点失稳,经倍周期分岔进入混沌。这里取 $A=4$,$X_B=2.5$,此时方程处于混沌状态。给定该方程的初值 X_0,进行迭代运算,判断迭代值 X_i 的大小,当 $X_i>(2.5)\cdot A/3$ 时取 1,否则取 0。图 5.8 是选择 3 个不同的初值(种子)产生的随机序列,然后转变成 128×128 的矩阵。

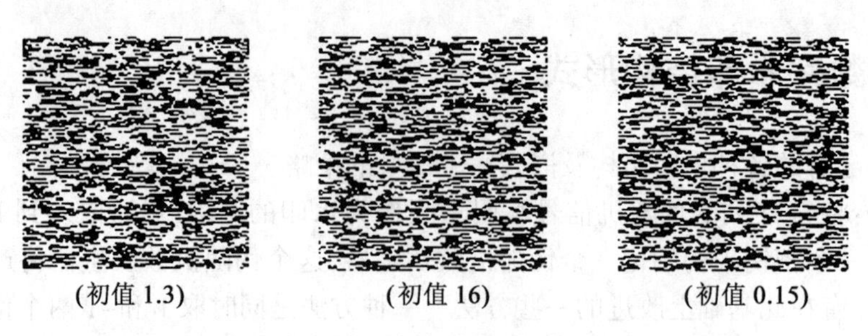

图 5.8　混沌产生随机序列(转化成 128×128 的矩阵)

5.5.2　细胞自动机

这里使用的细胞自动机是 5.2.2 中讲到的基于投票规则的细胞自动机(如图5.9所示)。基于投票规则的细胞自动机设计如下:

状态:0 或 1;

邻居关系:以自己为中心的 3×3 邻居;

规则:计算以自己为中心的 3×3 邻居(包括中心)1 的个数 P,如果 $P<5$,中心的状态为 0,否则状态为 1;

种子:3.4。

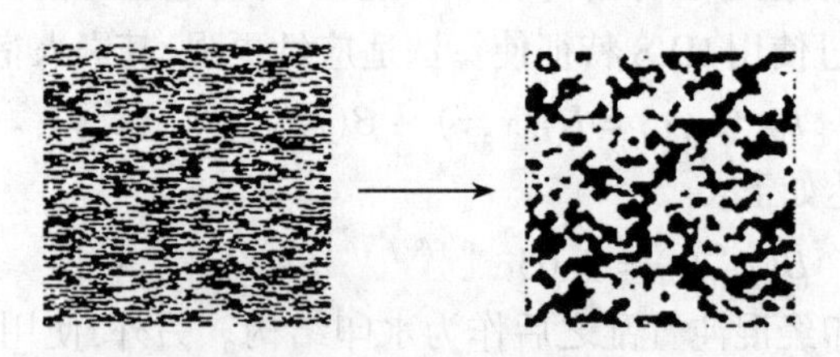
图 5.9　细胞自动机处理

5.5.3　灰度图像产生过程

从图 5.10 可以很直观地看出,数字作为混沌迭代的初值,产生随机序列,然后转化为二维矩阵,经过细胞自动机处理,平滑以后得到灰度图像。

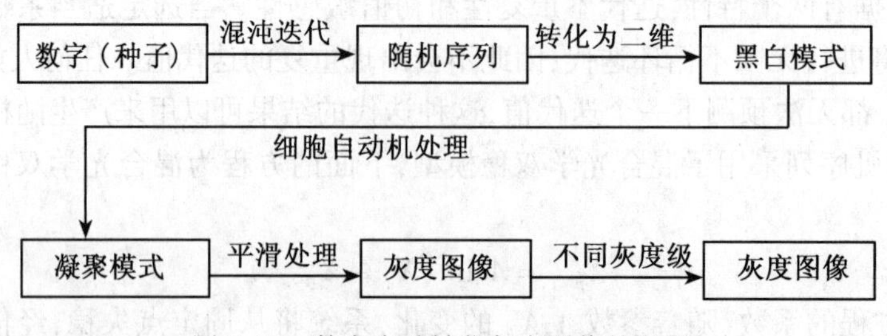

图 5.10　数字自动转化灰度图像的过程

举一个例子,种子为 3.4,实例如图 5.11 所示。

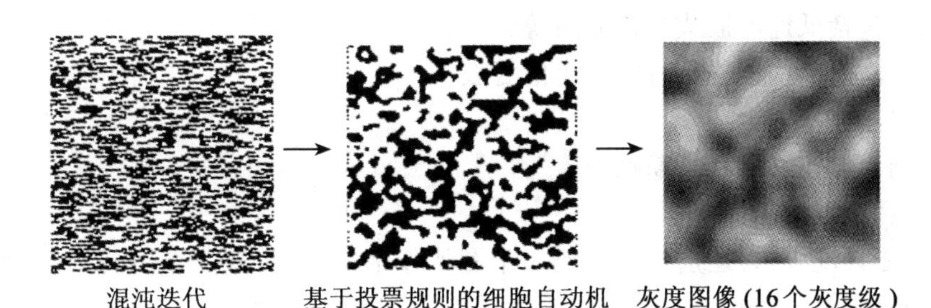

图 5.11　数字转化为灰度图像的实例图

经过以上处理,种子不一样,所得的灰度图像完全不一样。我们知道,根据混沌的特性初值敏感性,每个初值所产生的随机序列不同,细胞自动机处理以后不同的种子所产生的黑白图像也不同,而且以上两步都是不可逆的。我们可以认为最后得到的灰度图像对初值是敏感的,具有不可逆性,有密码学中的一些安全特性,类似密码学当中的 Hash 函数,并且该灰度图像的大部分能量集中在低频。

5.5.4　水印算法

我们使用模型(5.1)式的嵌入算法时,把得到的灰度图像灰度级降到 16,把每个像素的灰度值减去 8,然后在空域下加到要嵌入水印的原图像,这样对没有加入水印图像的每个像素的修改不超过±8 个灰度级。

水印检测算法为,计算相关系数决定是否有水印的存在。实验采用频域下求相关系数,频域求相关系数比在空域性能更好。设没有嵌入水印的原图像用 I 表示,嵌入水印的图像用 I′表示,待检测的图像用 I^* 表示,下面的函数用来计算相关系数:

$$\mathrm{sim}(I^*,I')=\frac{D^*\cdot D}{\sqrt{D^*\cdot D^*}\,\sqrt{D\cdot D}}$$

$$D=X'-X,\quad D^*=X^*-X$$

X,X',X^* 分别对应 I,I',I^* 的最低 1 024 离散余弦变换(DCT)系数。

5.5.5　实验测试方法及结果

1. 测试实验设计

在前面一节给出了水印的嵌入算法和检测算法,通过一个例子,向图像 boy(128×128)加入水印信息,从人的感官上感觉不到与原图像有明显的差别,但这还不够,并不能说明加入水印以后的图像遭到攻击以后还能很好地检测出水印的存在,还能有好的视觉特性等,所有这些都需要通过测试实验来证明。

下面将从两个方面来设计测试实验:

一方面对加入水印以后的图像进行攻击,用 5.5.4 给出的检测公式计算相关系数,其相关系数范围在[0,1]之间,通过实验测出相关系数。另一方面,加入不同水印的不同图像,测出它们的相关系数。

在这里采用 Stirmark 攻击软件和 JASC 公司的共享软件 Paintshop 7.04 对加入水印以后的图像进行操作,具体操作包括:

JPEG 压缩:分别压缩到 80%,50%,40%,30%,20%,10%;

线性滤波:包括低通滤波或高通滤波等;

非线性滤波;包括中值、极大值、极小值滤波;

剪切;

加噪声:均匀分布噪声和高斯噪声;

多重水印和合谋攻击。

另外为了更具说服力,还选择了其他 3 个图像作部分实验,这 3 个图像为:灰度图像 lena(128×128)、灰度图像 rose(128×128)和灰度图像 watch(128×128)。

2. 测试结果

原图像(boy 128×128)和加入水印以后的图像如图 5.12 所示。

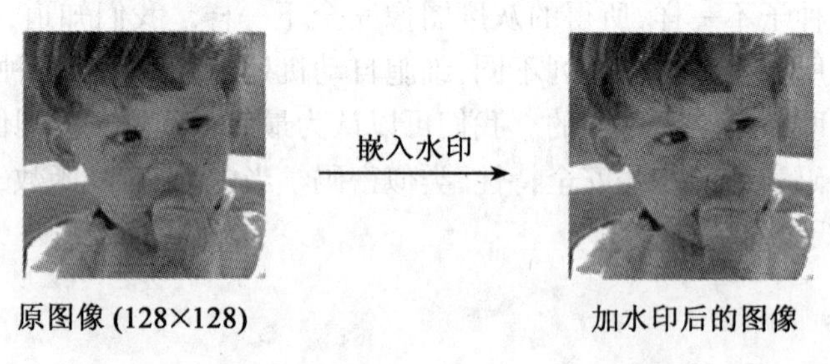

图 5.12　嵌入初值为 3.4 的水印对比图

JPEG 压缩:加入水印以后的图像用 JPEG 压缩方法进行压缩(Stirmark),质量因子分别为 80%,50%,40%,30%,20%,10%,压缩以后得到的图像如图 5.13 所示,相关系数如表 5.1 所示。

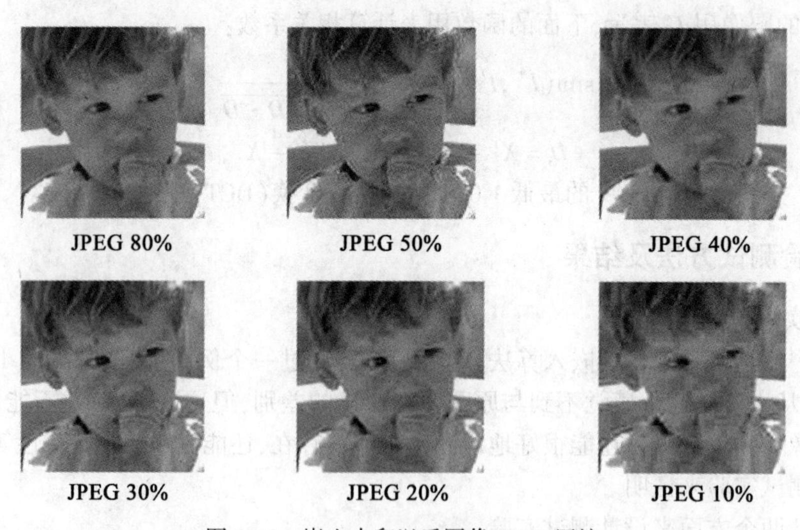

图 5.13　嵌入水印以后图像 JPEG 压缩

表 5.1　　“JPEG 压缩”相关系数表

Quality	80%	50%	40%	30%	20%	10%
Sim	0.969 2	0.825 9	0.799 9	0.764 3	0.684 2	0.477 8

中值滤波：采用 Stirmark 软件，分别进行 2×2，3×3，4×4 中值滤波，滤波以后的图像如图 5.14所示，相关系数如表 5.2 所示。

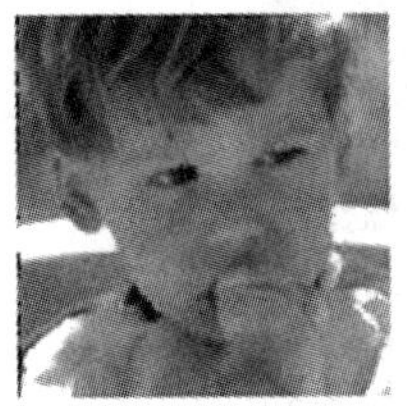
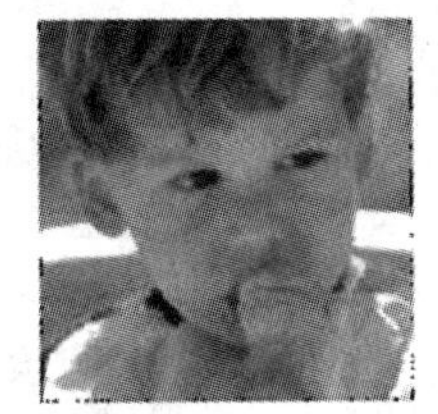
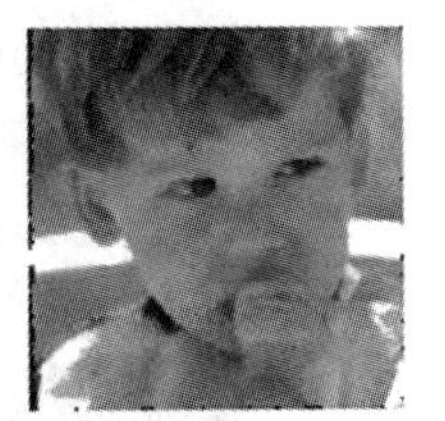

2×2 Median filter　　3×3 Median filter　　4×4 Median filter

图 5.14　嵌入水印以后图像中值滤波

表 5.2　"中值滤波"相关系数表

Median filter	2×2	3×3	4×4
Sim	0.357 0	0.229 6	0.145 0

Cropping：嵌入水印以后的图像被删除 20%，50% 的边界来剪切图像（Stirmark），删除的部分被原图像相应的部分补上，如图 5.15 所示，然后再检测相关系数，相关系数如表 5.3 所示。

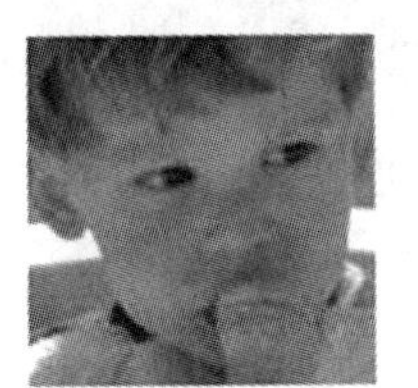

Cropping 20%　　Cropping 50%

图 5.15　嵌入水印以后图像 Cropping

表 5.3　"剪切图像"相关系数表

Cropping	20%	50%
Sim	0.788 9	0.507 4

信号增强：采用 Stirmark 软件，分别进行频域拉普拉斯去除（FMLR）、高斯滤波；采用 Paintshop 7.04 软件 sharp 和 sharpmore 项进行操作，如图 5.16 和表 5.4 所示。

表 5.4　"信号增强"相关系数表

信号增强	FMLR	Gassian	Sharp	Sharpmore
Sim	0.506 7	0.374 5	0.824 2	0.496 7

FMLR 频域拉普拉斯去除

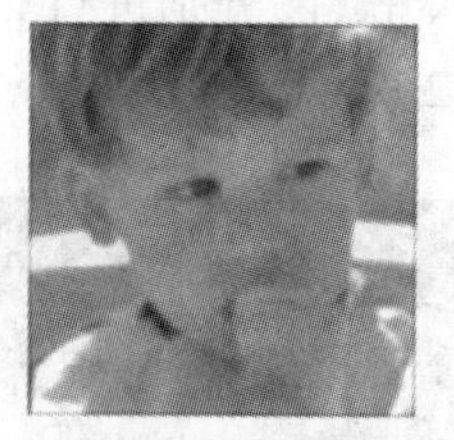
Gaussian filter

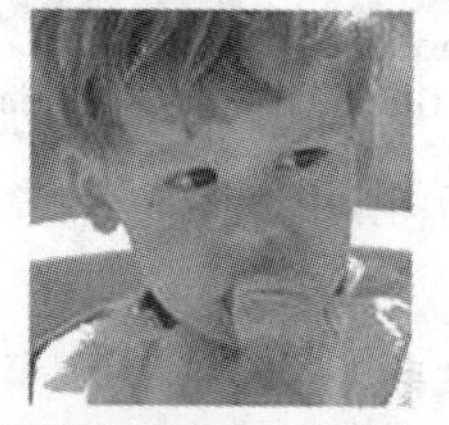
Sharp(PaintShop 7.04)

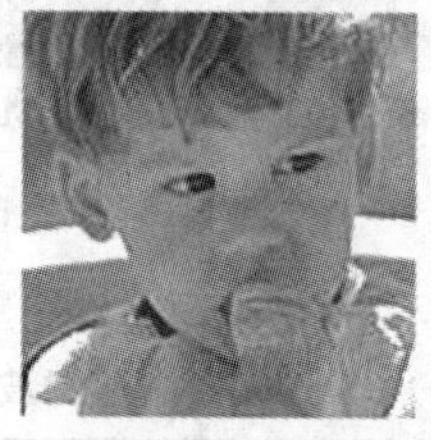
Sharpmore(PaintShop 7.04)

图 5.16　嵌入水印以后图像信号增强

Blurring:采用 Paintshop 7.04 blur 菜单下 blur 和 blurmore 进行操作,其图像如图5.17所示,相关系数如表 5.5 所示。

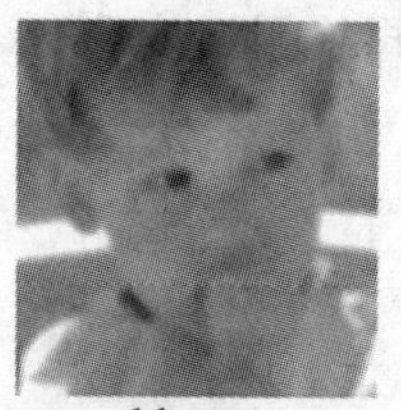
blur

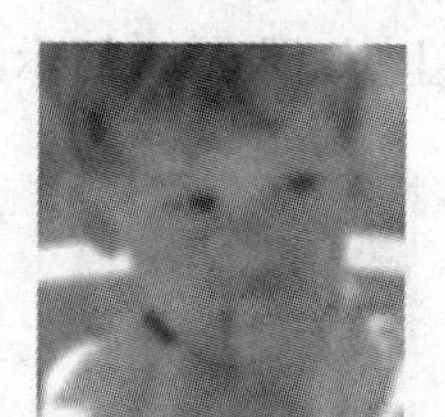
blur more

图 5.17　嵌入水印以后图像 blurring

表 5.5　"Blurring"相关系数表

Blurring	Blur	Blur more
Sim	0.523 4	0.429 4

合谋攻击:分别以 1.2,18,0.5,32,2.4 为水印的种子,创建 5 个不同的水印模式,分别嵌入到 boy 原图像中,得到 5 幅不同的嵌入水印以后的图像,然后平均这 5 幅图像成一幅图像,这 5 幅嵌入水印以后的图像和平均以后的图像如图 5.18 所示,通过检测平均以后的图像判断是否存在水印。相关系数如表 5.6 所示。

表 5.6　"合谋攻击"相关系数表

种子	1.2	18	0.5	32	2.4
Sim	0.617 1	0.419 2	0.569 6	0.398 7	0.594 1

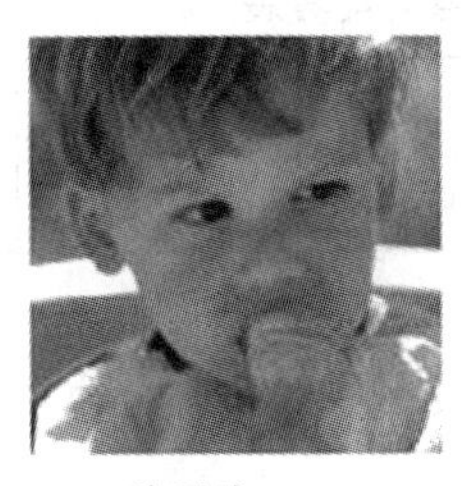
种子为 1.2

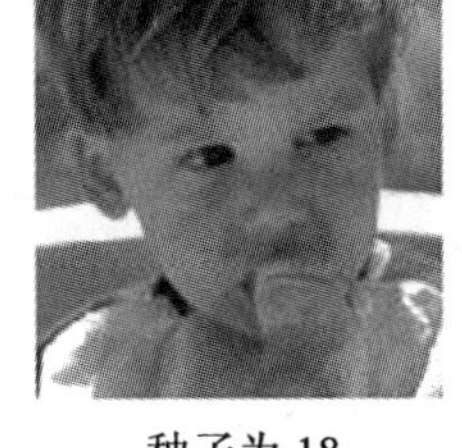
种子为 18

种子为 0.5

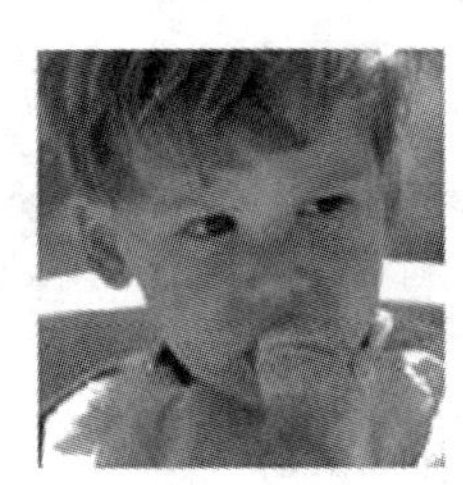
种子为 32

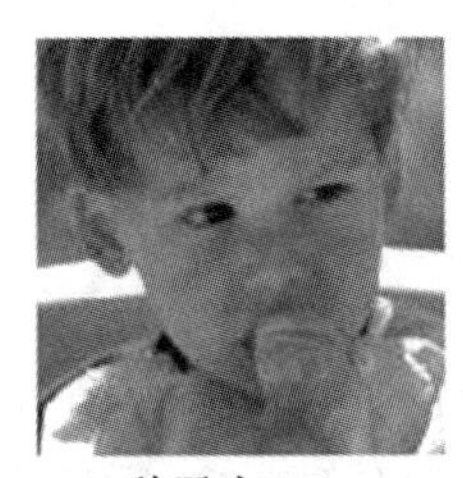
种子为 2.4

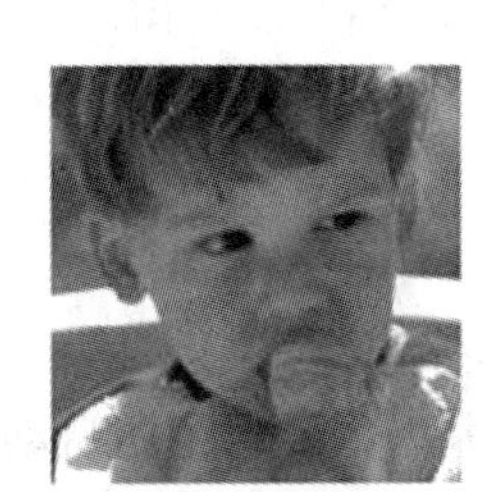
平均以后的图像

图 5.18 嵌入不同水印以后的图像

下面通过实验验证不同水印的不同图像之间的相关系数,这里使用图像 boy(128×128),其嵌入了种子为 3.4 的水印信息,使用了另外一幅图像 rose(128×128)(如图 5.19 所示),分别嵌入种子为 1.2,18,0.5,32,2.4,7.8 和 0.9 的水印信息,检测它们之间的相关系数,其值见表 5.7,通过表中的数据反映,不同的水印嵌入到不同的图像中,其相关系数比较低,所有的值都低于 0.3,通过实验验证其相关系数大部分低于 0.05。

rose (128×128)

图 5.19 原图像 rose

表 5.7　　不同水印不同图像之间的相关系数表

Rose	1.2	18	0.5	32	2.4	7.8	0.9
Sim	-0.035 8	-0.016 9	0.131 6	0.007 8	0.288 9	-0.003 0	0.242 8

同时还使用其他几幅图像作相同实验，实验数据和图像 Boy(128×128)相差不大，如图 5.20 所示。

Lena (128×128)

watch (128×128)

rose (128×128)

图 5.20　其他几幅实验图像

5.6　小结

本章重点讨论了基于混沌与细胞自动机的数字转化为灰度图像的方法，并以该灰度图像作为数字水印结构。该水印结构不同于在 5.4 节讨论的各种水印生成形式，其特点是最后得到的灰度图像对初值是敏感的，具有不可逆性，有密码学中的一些安全特性，类似密码学当中的 Hash 函数。

不足的地方表现在，不同水印嵌入不同图像，检测到的相关系数不是尽量的低。未来的工作应该对该水印结构进行分析，研究在该水印结构基础上的盲检测水印算法。下一步我们将确定目标，使用演化计算优化产生混沌序列的一个参数及细胞自动机处理次数等参数，得到性能更好的水印结构。对产生的灰度图像进行分析，利用灰度图像的优点，使水印信息调制于灰度图像中，结合密钥控制的优点，发展健壮的盲检测水印算法。

思　考　题

1. 请简述细胞自动机的工作原理。

2. 在本章水印算法中，水印模板生成经过了混沌迭代、细胞自动机投票（凝聚）以及平滑三个阶段。为什么不能将随机模板直接作为水印添加到图像中，而需要使用凝聚及平滑操作？

3. 什么是图像的均值滤波？请结合图像卷积说明均值滤波的实现方法。

4. 请说明本章所示的水印算法是如何体现算法安全性的。为什么使用混沌序列比使用一般随机序列具有更好的安全性？

5. 请编写一个图像数字水印的实现程序，将混沌细胞自动机水印分别嵌入到数字图像的 DCT 和 DWT 变换域中，并从鲁棒性、安全性和不可见性三个方面分析水印性能。

第6章 数字指纹

6.1 概论

数字指纹技术能用于数据的版权保护,应用数字指纹可以识别数据的单个拷贝,数据所有者通过指纹可以追踪非法散布数据的用户,因此能够达到保护知识产权的目的。

指纹是指一个客体所具有的模式,它能把自己和其他相似客体区分开。人们利用指纹技术已经有几百年的历史了。指纹的思想是利用不同的模式所具有的差别来识别不同的个体,下面列举几个典型的非数字指纹的使用例子。

人的指纹:因为每个人的指纹是不一样的,所以借助人的指纹,可以将其与其他人区分开来。现在出现了很多指纹识别系统,用于识别用户的真实身份。韩国居民身份证上就含有持有人的指纹。人的指纹也可以直接用于访问控制。相似的生物识别技术,如人的虹膜、DNA和声音纹理也都是利用了指纹的思想。

射击的子弹:每种武器都有它自己的射击子弹,而其型号依赖于制造商和武器类型。

钞票中的序列号:发行的新钞,每张钞票中都带有唯一的序列号。

Intel公司曾在其生产的奔腾Ⅲ处理器中嵌有惟一的序列号。这些都是指纹使用的例子。

而相对于数字世界,随着数字数据重要性的日益增强,人们希望通过指纹技术来达到保护知识产权的目的,所以研究版权保护,追踪非法散发数字作品的数字指纹技术也是一项实用的解决办法。本章介绍的数字指纹是指作用于数字作品之上的指纹,主要包括在文本、图像、视频、音频和软件中加入指纹。

6.1.1 定义和术语

数字指纹是利用数字作品中普遍存在的冗余数据与随机性,向被分发的每一份软件、图像或者其他数据拷贝中引入一定的误差,使得该拷贝是惟一的,从而可以在发现被非法再分发的拷贝时,可以根据该拷贝中的误差跟踪到不诚实原始购买者的一种数字作品版权保护技术。

标记:标记是客体的一部分并有若干个可能的状态;

指纹:指纹是标记的集合;

发行人:发行人是一个授权提供者,他将嵌入指纹的客体提供给用户;

授权用户:授权用户是一个获得授权使用某一嵌入指纹客体的个人;

攻击者:攻击者是非法使用嵌入指纹客体的个人;

叛逆者:叛逆者是非法发行嵌入指纹载体的授权用户;

为了帮助理解这些术语,我们可以想象图像发行的情形:图像制作者故意在每一个发行拷贝中置入微小的差异。这些差异就是标记,并且这些差异的集合就是指纹。图像制作者是发行人,而购买者就是用户。一组用户可以比较他们的图像并发现故意留下的差异,然后他们可以将这个信息送给或卖给其他人，以至于其他人可以制作非法拷贝。在这个例子中，给出差异信息的那组人就是叛逆者，而那些制造非法拷贝的人就是攻击者。

指纹一般的威胁模型：发行者的目标是识别与攻击者达成妥协的用户，攻击者的目标是防止发行者的识别。

指纹就其本身而言仅提供非法使用的检测而并不能避免非法使用，但检测非法使用的能力可以有助于防止个人从事这些非法活动。作为拷贝跟踪和拷贝缩影的指纹，其需求包括合谋容忍以及所有对数字水印的要求。

6.1.2 数字指纹的要求与特性

一般认为，数字指纹对以下几个方面有要求：

合谋容忍，即使攻击者获得了一定数量的拷贝（客体），通过比较这些拷贝，不应该能找到、生成或删除该客体的指纹。特别地，指纹必须有一个共同的交集。

客体质量容忍，加入标记不允许明显地减少客体的用途和质量。

客体操作容忍，如果攻击者篡改客体，除非有太多噪音使客体不可用，否则指纹仍应能存在于客体中。特别地，指纹应能容忍有损数据压缩。

可以看出，数字指纹和数字水印有很多相似之处，数字指纹的过程也可以分为指纹的嵌入和指纹的提取识别，由于数字指纹可以跟踪用户，所以，为每个用户分配指纹的编码的过程也是一个非常重要的步骤。

数字指纹有以下一些特性：

(1)隐行性：向数据对象中引入的数字指纹不应引起被保护作品可感知的质量退化。隐行性实际上也是对被保护数据对象容忍误差能力的一个要求。数字指纹的隐行性是相对于被保护数据的使用而言的，不同的数据对象和不同的使用环境，对隐行性有不同的要求，其原则就是，数字指纹的引入不可以降低数据对象拷贝对购买者的有用性。

(2)稳健性：数字指纹必须能够抵抗传输过程中可能受到的处理或变形，使得版权信息最终仍然能够被提取出来，达到证明作品的所有权或跟踪非法再分发者的目的。与数字水印相同，数字指纹的稳健性也主要体现在原载体在遭受一定的信号处理、几何变形、有损压缩、加入噪声和恶意攻击之后仍可以提取出指纹，其目标是使得攻击者无法在不破坏原载体的情况下伪造出一个新的数据拷贝或者擦除指纹。

(3)确定性：每个用户都有唯一确定的指纹，指纹所带的信息能被唯一确定地鉴别出，进而可以跟踪到进行非法再分发的原始购买者，以达到版权保护的目的。

(4)数据量较大：数字指纹所保护的往往是录像制品、服务软件等数据量较大的对象。实际上，大数据量也是数字指纹可以使用的必要条件，因为与数字水印相比，数字指纹通常要求向数据拷贝中嵌入更长的信息，特别是在用户数量比较大的情况下，以保证每个用户都具有不同的指纹。

(5)抗合谋攻击能力：即使不诚实用户已经达到一定数量并联合他们的拷贝，他们应该不可以通过比较这些拷贝发现所有的标记。也就是说，他们的指纹必须存在一个共有的交集。实际上，抗合谋攻击能力是衡量一个数字指纹系统的主要标准之一。数字指纹系统要求对不诚实用户具有一定的追查能力，即被非法分发的数据拷贝中会留下给未授权用户提供数据拷贝的购买者的指纹，可以据此查出该非法拷贝的来源。因此，数字指纹系统应设计为在一些合法用户参与攻击的情况下，不但无法伪造他人的指纹，跟踪系统还应能够至少鉴别出一个参与

攻击的不诚实用户而不会错误地判断诚实用户参与了攻击。

6.1.3 数字指纹的发展历史

关于指纹技术的最早一篇文章是 N. R. Wagner 在 1983 年发表的题为 Fingerprinting 的文章,文章介绍了指纹的思想和一些术语,对指纹技术进行了分类并给出了一些使用指纹技术的例子。Wagner 首先扩展了指纹的概念,认为指纹应该是普遍存在的,任何可能被滥用的对象都应该为其添加一个指纹,使得在它被滥用之后能够根据指纹识别该对象的所有者。其中介绍了在卫星电视应用中,针对不诚实用户有可能泄露密钥或明文的情况,数据提供者向每个购买服务者出售一个各不相同的个人密钥,购买者可以使用个人密钥解密出访问密钥,再用访问密钥解密密文。这样,数据提供者可以根据盗版解码器中所使用的个人密钥跟踪到提供该个人密钥的不诚实用户。D. Boneh 和 J. Shaw 在 1995 年发表的 *Collusion—Secure Fingerprinting for Digital Data* 是关于数字指纹码字编码方法的一篇经典文章。文章定义了一种 c 安全编码,即其指纹码字长度(l)至少为 $O(c^4\log(\frac{N}{\varepsilon})\log(\frac{1}{\varepsilon}))$ 的离散数字指纹方案。其中 N 为数字作品的用户数目,c 是合谋容忍尺度(最大的合谋集合的叛逆者个数),ε 表示发行商能以大于 $1-\varepsilon$ 的概率进行跟踪。这些编码并不是彻底安全的,合谋攻击者有可能生成一个非码字的串。但是,如果引入一个小的误差概率,就能够建立起一些安全特性。在该数字指纹系统中,合谋攻击者的数量不能超过全部用户数量的对数值。

在所有早期的指纹方案中,由于数据的发行者和购买者都知道嵌有指纹数据的内容,如果发现带有某一指纹的另一份拷贝,人们无法确切地指出谁应该对它负责。因为拷贝可能是购买者再分发的,但也可能是发行者公司的一个不诚实雇员将其泄露出去,甚至也可能是发行者本人通过声称存在非法拷贝要求索赔这种方式来诈骗钱财。换句话说,在这一类数字指纹系统中,发行者并没有向第三方证明确实是购买者再分发了拷贝的方法。针对这一情况,1996 年 B. Pfitzmann 和 M. Schunter 在 *Asymmetric Fingerprinting* 一文中介绍了一个非对称指纹方案,使得作为结果的指纹拷贝只有购买者才能生成,这样,发行者在某处发现了被非法分发的拷贝之后可以查明并向第三方证明确实是某个购买者再分发了该拷贝。

另外,B. Pfitzmann 和 M. Waidner 在 1997 年发表文章 *Anonymous Fingerprinting* 也提出了一种使用非对称指纹技术对叛逆者进行跟踪的方案。由于指纹的目的是购买者必须在每一次购买过程中对自身进行识别,这显然破坏了过程的隐私性,基于这样一个目的,Pfitzmann 和 Waidner 提出了匿名指纹,它类似于盲签名,使用一个可信的称作注册中心的第三方来识别被怀疑有非法行为的买方。发行者若没有注册中心的帮助就不能识别他。通过使用注册中心,发行者不再需要保存用户和指纹的相对应的详细记录。

6.2 指纹的分类

本节首先介绍数字指纹系统模型,然后按不同的特征对指纹技术进行分类,我们采用 Wagner 的分类方法分别按加入指纹的客体、检测的灵敏度、嵌入指纹值的方法和生成的指纹进行分类,这四种分类方法并不相互排斥。

6.2.1 数字指纹系统模型

数字指纹系统主要由两部分构成,一部分是用于向数据拷贝中嵌入指纹的分发子系统,另一部分是用于跟踪非法再分发者的跟踪子系统。其中分发子系统完成指纹的编码、指纹的嵌入以及数据库的维护工作,跟踪子系统完成指纹的提取和匹配工作。图 6.1 显示一个数字指纹系统的模型。

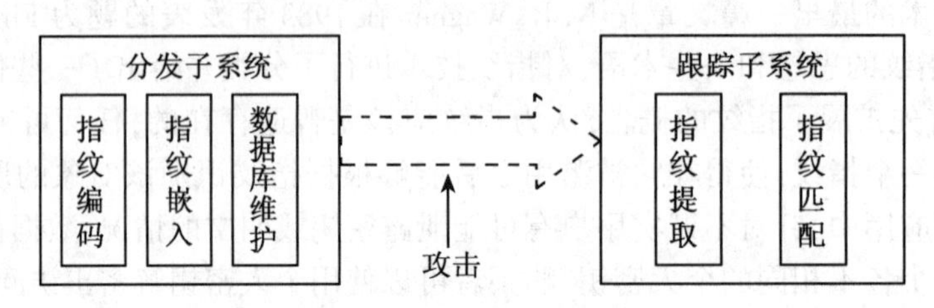

图6.1 数字指纹系统模型

对欲嵌入数字作品的指纹进行编码,指纹编码对于指纹系统是一个很重要的过程。数字指纹嵌入和数字水印的嵌入并没有实质性的区别,这里就不再进行叙述。数据库维护进程在系统初始化或每一次交易时记录指纹与对应购买者的身份信息。如果发现一个非法拷贝,为了跟踪盗版者(或者在合谋攻击者的情况下,至少涉及盗版者的一部分),数据拷贝的发行者首先利用指纹提取过程恢复非法拷贝中的指纹,然后由指纹匹配过程将提取出的指纹与数据库中所有用户的指纹记录相比较,即可识别出被非法再分发的数据拷贝的原始购买者。对于跟踪子系统,存在两种类型的失败,一种是该系统没有识别出任何一个盗版者,另一种是系统将一个无罪用户指证为盗版者。

6.2.2 指纹的分类

1. 基于客体的分类

客体的自然属性是一个最基本的标准,这是因为它能提供一种定制的方法为客体嵌入指纹。基于客体分类时,能分为两种:数字指纹和物理指纹。如果加入指纹的客体是数字格式,使得计算机能处理其指纹,我们称它是数字指纹。如果一个客体能用其物理特性与其他客体区分开来,我们称之为物理指纹。人的指纹、虹膜模式、声音模式以及一些爆炸物的编码微粒都属于物理指纹。不管是数字指纹还是物理指纹,对于一个客体的指纹,它能把自己和其他相似客体区分开来。

2. 基于检测灵敏度的分类

基于对侵害的检测灵敏度,可以把指纹分为三类:完美指纹、统计指纹和门限指纹。如果对客体的任何修改使指纹不可识别的同时,也导致了客体不可用,我们称这种指纹为完美指纹。因此指纹生成器总能通过检测一误用客体来识别出攻击者。统计指纹则没有这么严格。假定有足够多误用客体可供检测,指纹生成器能以任意希望的可信度来确认越轨用户,然而,这种识别器不是绝对可靠的。门限指纹是上面两种的混合类型,它允许一定程度上的非法使用,也就是门限,只有达到门限值时,才去识别非法拷贝,这样就允许对一个客体进行拷贝,只要其拷贝数量小于门限即可,并且根本不对这些拷贝作任何检测。当拷贝数量超出门限时,就追踪拷贝者。

3. 基于嵌入指纹方法的分类

基本的指纹处理方法,如识别、删除、添加、修改,也已经被作为另一种分类标准。如果指纹方案由识别和记录那些已经成为客体一部分的指纹组成,那么它属于识别类型。例如,人的

指纹和虹膜模式。在删除类型指纹中,嵌入指纹时原始客体中的一些合法成分被删除。若在客体中加入一些新的成分来嵌入指纹,那么这类指纹就属于添加指纹。添加的部分可以是敏感的,也可以是无意义的。若修改客体的某部分来嵌入指纹,它就是修改类型,例如变化的地图等。

4. 基于指纹值的分类

根据指纹的值进行分类,可以将其分为离散指纹和连续指纹。如果生成的指纹是有限的离散取值,那么称该指纹为离散指纹,如数字文件的哈希值。如果生成的指纹是无限的连续取值,那么称该指纹为连续指纹,大部分的物理指纹属于这一类型。

6.3 数字指纹的攻击

数字指纹的编码是数字指纹系统中的关键环节,也是数字指纹区别于数字水印的最重要部分,一个好的指纹编码是指纹系统正确跟踪到非法再分发数据拷贝的原始购买者的必要条件。

数字指纹系统遭受的攻击包括单用户攻击和合谋攻击。单用户攻击和数字水印系统所受到的攻击类似,在以后的章节中将重点讲解数字水印的攻击方法和策略。抗合谋攻击能力是数字指纹系统的一个很重要的性能指标,本节介绍对数字指纹的攻击。

1. 单用户攻击

跟踪的最简单情况就是单个盗版者简单地再分发他自己的拷贝而不对其进行改动,在这种情况下,检测者只需根据恢复出的指纹搜索数据库得到一个与之相匹配的用户,就足以查出该数据拷贝的原始购买者。一般情况下,盗版者不会原封不动地非法再分发手中的拷贝,他会在分发前对他的数据拷贝进行处理,以期望消除任何对其指纹的跟踪。这样的处理可以包括信号增强、各种滤波、有损压缩、几何变换、数据合成等。这种攻击的一个简单模型是二进制错误消除信道,它可以由传统的纠错编码技术来处理。下面以最简单的随机指纹编码为例介绍单用户攻击。在该模型中,盗版者所引入的变形可以由二进制错误消除信道(binary error-and-erasure channel)来模拟,图 6.2 表示了错误概率为 ε,消除概率为 δ 的这样一个信道(error probability ε and erasure probability δ)。

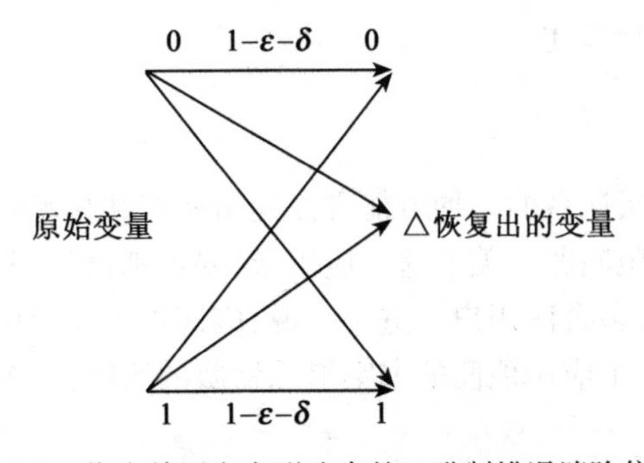

图 6.2 作为单用户变形攻击的二进制错误消除信道

这个信道的信道容量可以通过下面的公式计算:

$$c_{\varepsilon,\delta} = \log_2 3 + \varepsilon\log_2\varepsilon + \delta\log_2\delta + (1-\varepsilon-\delta)\log_2(1-\varepsilon-\delta)$$

信道编码理论保证了如果分组长度 l(其中 l 是随机二进制指纹编码长度)足够大,只要信息率 $R=(\log_2 n)/l$ 低于信道容量 $c_{\varepsilon,\delta}$,就可以达到较高的正确跟踪概率,即具有较低的错误率。

实际上,这意味着如果可以作为标记位置的数量足够大,也就是指纹足够长,就可以成功地对抗单盗版者的变形攻击。具体所需要的标记位置数量将随着系统中用户数量的增加而增长,但仅仅是对数级的。

对于随机指纹编码,被恢复指纹必须与所有用户指纹进行明确的比较。在用户数量比较大的情况下,这可能是个复杂的任务而耗费大量的计算时间。但在实际应用中,一般用户的数量至多不会超过几百万,而跟踪算法也不会经常性地被执行。

2. 合谋攻击

在合谋攻击中,如果几个盗版者联合起来,他们就可以逐个位置地对各自的拷贝进行比较,并定位出至少部分标记的位置。在这些位置,他们可以任意地选择“0”或者“1”的值,然后通过综合所有原始数据拷贝制造出一个新的数据拷贝。如果这种情况发生在足够多的位置,盗版者就可以在新的数据拷贝中删除掉关于他们身份的所有踪迹。下面以最简单的随机指纹编码为例介绍抗合谋攻击能力。

以下部分将讨论随机指纹编码下用户合谋攻击能力,有关跟踪算法及性能分析的详细细节可以参考相关文献。

考虑一次包含 p 个用户的盗版者合谋,如果合谋的规模较大,即 p 值较大,实际上盗版者是有可能发现所有 l 个不同位置的,之后他们就可以在所有 2^l 个指纹中自由选择,这样数据提供者就无法可靠地跟踪到盗版者。在二进制情况下,这种情况发生的概率是 $(1-1/2^{p-1})^l$。如果我们希望使这个概率低于 ε,可以得到 $p<1-\log_2(1-\varepsilon^{1/l})$。

当 l 值较大时,可以近似为 $p<1+\log_2 l-\log_2\ln(1/\varepsilon)$,这就意味着为了正确地跟踪合谋攻击,一次合谋中盗版者的数量 p 至多随指纹长度对数级增长。

如果合谋中盗版的数量 $p<1+\log_2 l-\log_2\ln(1/\varepsilon)$,其中 l 为指纹长度,ε 为跟踪错误和失败的概率。那么对于随机二进制指纹的可靠跟踪是可能的。

6.4 指纹方案

本节将讨论指纹技术发展过程中出现的几种重要的指纹方案,对叛逆者追踪、统计指纹、非对称指纹和匿名指纹进行概述。

6.4.1 叛逆者追踪

从秘密共享者中找出叛逆者的一种可能方法是给所有共享者一个稍有差别的秘密。Chor 等人应用这种思想解决盗版问题。关于这个应用,需要识别出是否正在进行盗版,并防止信息传送给盗版用户,但又不损害合法用户。进一步说,应该提供盗版标识的法律证据。在符合上面要求的条件下,描绘了一个应用他们的方案追踪盗版的实例,这个盗版是关于滥用一个广播加密方案的。

该方案的详细操作如下:发行者生成一个有 r 个随机密钥的集合 R,并从 R 中对每个用户分别分配 m 个密钥,它形成了用户的个人密钥。不同的个人密钥可能有非空交集。

一个追踪叛逆者消息由多对使能块(Enabling block)和密码块(Cipher block)组成,如图 6.3 所示。密码块是在某些秘密随机钥 S 下对实际数据的对称加密,如几秒钟的视频剪贴。

使能块允许授权用户获得 S,并且是由发行者在部分或所有的 r 个密钥作用下加密的视频数据组成。每个用户通过使用他的密钥对加密的视频数据进行解密,从而计算出 S。也就是说,用户的密钥集和使能块对相应密码块来说成为输入,用来生成解密密钥。

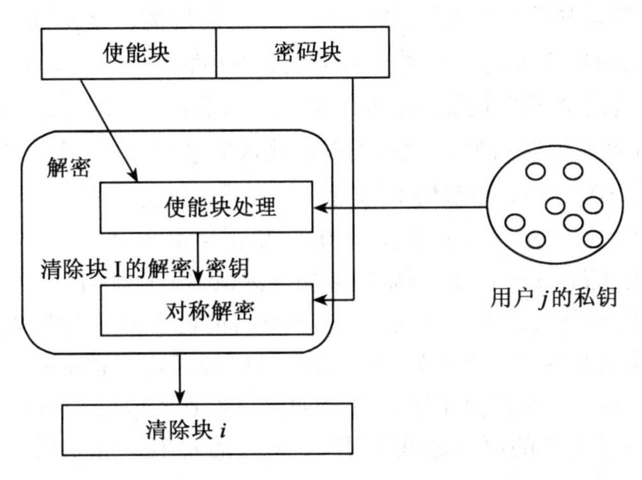

图 6.3 单一用户解码盒操作

叛逆者可能合谋,并提供他们密钥的子集给某一非授权用户,以至于非授权用户也能解释密码块。方案的目标是以下面这种方式给用户分配密钥,也就是当俘获一个盗版译码器,并对它拥有的密钥进行检测时,应可能至少检测出一个叛逆者。如图 6.4 所示。

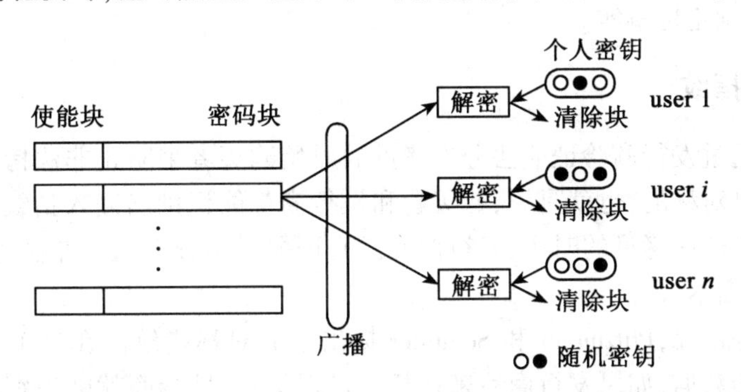

图 6.4 叛逆者追踪方案

6.4.2 统计指纹

1983 年,Wagner 提出了基于假设校验的统计指纹。其详细过程如下:假定有 n 个实数 v_1, $v_2,\cdots,v_n$ 和 m 个用户,假定我们有足够多的样本数据使得我们能对统计假设进行校验。为了在统计指纹中适合使用,必须能对每一个 v_j 找到 $\delta_j(\delta_j>0)$,使得对每个 $i\neq j$,v_j 的 δ_j 邻域与 v_i 的某个邻域不相交。然后,每个用户在闭区间 $[v_j-\delta_j, v_j+\delta_j]$ 中获得一个数值,它不同于其他用户的数值。大致上,用户获得的数值一半在区间 $[v_j, v_j+\delta_j]$,另一半在区间 $[v_j-\delta_j, v_j]$ 中。发送给用户 i 的第 j 个数据的版本记作 v_{ij}。

假定数据以某种方式被误用,并且发行商能从他找到的非法拷贝中提取出数值 $v_1', v_2', \cdots, v_n'$。对每个在范围 $1\leqslant i\leqslant m$ 中的 i,我们想校验这个假设,即返回数值源自用户 i。为了这样

做，对一给定 i，我们检测这种似然统计量

$$L_{ij} := \frac{v_j' - v_{ij}}{\delta_j}, \quad 1 \leqslant j \leqslant n$$

也就是，$(L_{ij})_{1\leqslant j\leqslant n}$是返回数值和给定用户 i 的数值间的归一化差。

对一给定 i，我们考虑两个不相交子集上 $(L_{ij})_{1\leqslant j\leqslant n}$ 的均值。令 μ_i^h 是这样一些 L_{ij} 的均值，此时 v_{ij}是发送给不同用户的 v_j 的两种类型值中较高的（即在右半区间取值），令 μ_i^l 是另一些 L_{ij}的均值，此时 v_{ij}是这两个值中较低的（即在左半区间取值），那么 $\mu_i^h \leqslant 0$ 和 $\mu_i^l \geqslant 0$。令 $\mu_i = \mu_i^l - \mu_i^h$。假定攻击者在这些值返回为 v_j' 之前不对这些数值进行修改。如果攻击者从用户 i 获得数据，那么 $\mu_i = \mu_i^h = \mu_i^l = 0$。如果他是从别人处获得的，那么我们期望

$$\mu_i^h \approx -0.5, \mu_i^l \approx 0.5, \text{和} \mu_i^l - \mu_i^h \approx 1$$

因此如果没有作修改，除非 n 非常小，否则应该能立刻识别出攻击者。

当攻击者改变了返回值，甚至对较大的 n，$\mu_i^h \approx 0$ 可能也不再能识别攻击者，这是因为攻击者可能根据一些分布用非零值修改这些值。然而，可以假定攻击者不能区分两种可能取值中哪一个较大和哪一个较小。因此对足够大的 n，如果攻击者的值源于用户 i，可以期望 μ_i 接近于0。另一方面，如果攻击者的值不是源自用户 i，对大的 n，我们能期望

$$\mu_i = \mu_i^l - \mu_i^h \approx 1$$

因此，我们可以使用下面的算法。对每个 i，计算出上面两个均值的差值 μ_i。如果对某一个 i，μ_i 接近于0，并且对于所有其他的 $k \neq i$，μ_k 接近于1，那么这就为误用数据是源自用户 i 的假设提供了证据。通过对所有 i 检查 μ_i 的值，就能识别出哪个用户泄露了信息。

由于这个指纹方案是基于假设校验的，我们可以提高假设校验的可信度，然而，假设毕竟是假设，不能变成确定性事实。

6.4.3 非对称指纹

指纹技术是通过发行商验证非法分发拷贝的原始购买者来防止非法拷贝，但在此之前所有的指纹方案都是对称的，也就是说，购买者和发行商都能识别出嵌入指纹的拷贝。因此，发行商在某地发现了非法拷贝的时候，发行商并没有证据证明分发这个非法拷贝的人就是某个用户，而不是发行商本人。

为了处理这种情况，Pfitzmann 和 Schunter 提出了非对称指纹。在这个方案中，只有购买者知道具有指纹的数据，如果发行商后来在某处发现了它，发行商就能识别出他的购买者，并能向第三方证明这个事实。

一个非对称指纹系统由四个协议组成，key_gen，fing，identify 和 dispute。key_gen 是密钥生成协议，购买者生成一对密钥值（sk_B，pk_B），公开密钥为 pk_B，秘密密钥为 sk_B，并通过认证机构公布公开密钥。fing 为指纹协议，发行商输入要卖的图像、用户的身份 pk_B 和一个描述这次购买的字符串 text，而且发行商可以输入这个图像以前的销售情况 $record\_list_{Pic}$。购买者输入 text 和他的秘密密钥 sk_B，结果输出给购买者的是一个有很小误差的图像。购买者可以获得一个记录 $record_B$，它可以保存下来用于以后解决争议。如果协议失败，购买者将获得一个"failed"结果。发行商获得的结果是一个销售记录 $record_M$ 或者"failed"。当发行商找到一个拷贝并想识别出原始购买者时，将他找到的图像、他卖出的图像和这个图像的一个销售清单一起送入算法 identify。identify 的输出是"failed"或是一个购买者的身份 pk_B 和一个由购买者签名的字符串 proof。争端协议 dispute 是一个在发行商、仲裁者（公正的第三方）和可能的被控

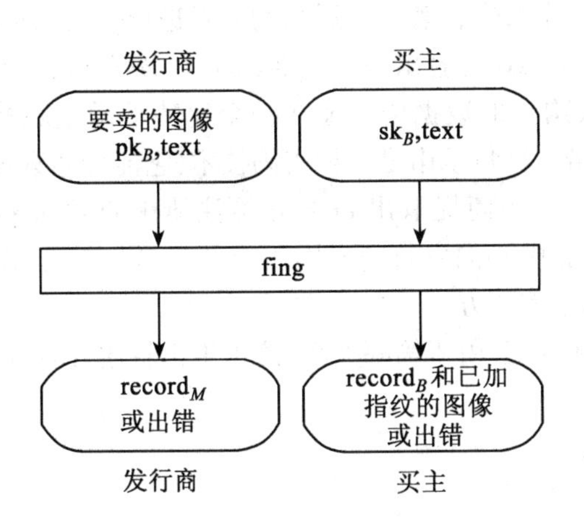

图 6.5 非对称指纹方案：购买一个拷贝

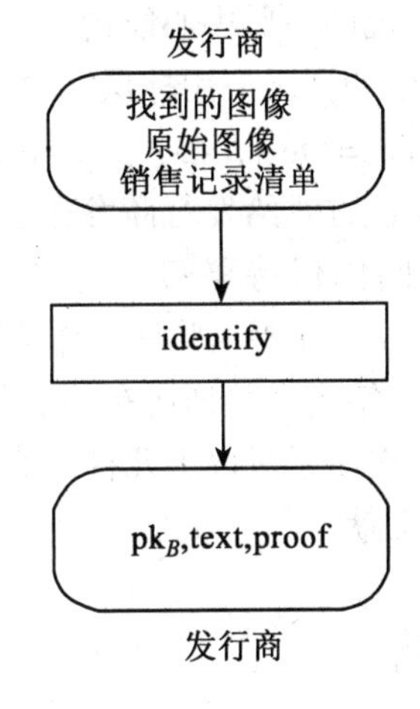

图 6.6 非对称指纹方案：验证一个拷贝

购买者间的两方或三方协议，如图6.5、图6.6、图6.7所示（其中 arbiter 为公正的第三方）。发

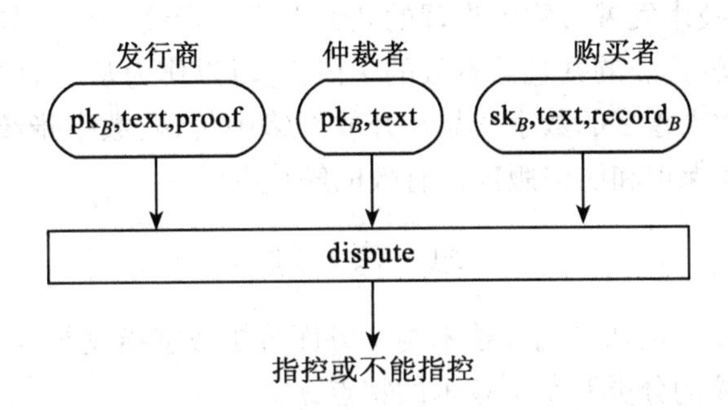

图 6.7 非对称指纹方案：产生争论时

行商和 arbiter 输入 pk_B 和 text，发行商还要输入 proof。如果加入被指控的购买者，他输入 text，sk_B 及 $record_B$。协议输出给公正的第三方是一个布尔值 acc，标识是否接受对用户的指控，也就是说，如果 acc = ok，这就意味着购买者是有罪的。

6.4.4 匿名指纹

电子市场应该和传统市场一样，提供相似的隐私权，也就是说，在电子购买中应该获得一定级别的匿名性。Pfitzmann 和 Waidner 介绍了基于一个可信任第三方的匿名非对称指纹和非对称指纹方案。买方能以匿名的形式购买信息，但是如果他们非法重新发行这种信息，仍然能被识别出来。如图6.8所示。

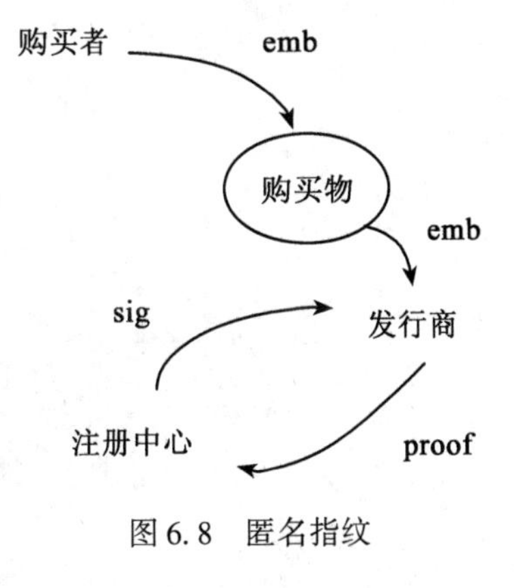

图 6.8 匿名指纹

匿名指纹的基本思想如下：买方选择一个假名（即签名方案中的一个密钥对（sk_B，pk_B）），然后用他的真实身份对其签名，表示他对这个假名负责。他能从注册中心获得一个证书 $cert_B$。有了这个证书，注册中心宣布它知道选择这个假名的购

买者的身份,也即注册中心能把一个真人用一个假名代表。然后当购买者进行一次购买时,在不了解发行商的情况下用标识这次购买的文本 text 计算出一个签名,sig: = sign(sk_B ,text), 然后将信息 emb: =(text, sig, pk_B, $cert_B$)嵌入购买的数据中。他在一个比特承诺里隐藏这个值,并以零知识方式给发行商发送证书和承诺。比特承诺是一种密码技术,它能传递数据并仍能在一段时间内保持秘密。当需要鉴别时,发行商提取出 emb 并给注册中心发送 proof:=(text, sig, pk_B),并要求验证。作为回答,注册中心向发行商发回用户的签名。于是,发行商能够使用这个签名来验证所有的值并有证据指控买方。

近几年,提出了对以上几种方案的改进和补充,由于篇幅关系,这里不再叙述,读者可以自行查阅相关文献。

6.5 小结

数字指纹技术主要用于网络服务中的版权保护。应用数字指纹可以识别数据的单个拷贝,数据所有者通过指纹追踪非法散布数据的授权用户,因此达到保护知识产权的目的。本章给出了指纹技术的相关概念、发展历史,按不同的分类方法对指纹进行了分类,介绍指纹的编码和攻击,讲述了指纹技术发展过程中出现的几种典型的指纹方案。作为版权保护的应用,指纹技术是一种容易的、轻量级的并且是有效的手段,它可以作为基于加密的拷贝管理技术的一种有效的补充。随着越来越多的数字产品在开放网络中传输,数字指纹技术结合其他有效技术将为数字产品的版权保护和防盗版提供有效的解决办法。

思 考 题

1. 什么是数字指纹?请从应用及技术两个方面分析数字指纹与数字水印的异同。
2. 请简述数字指纹的分类及每类技术的特点。
3. 请简述 Chor 提出的叛逆者追踪体制的实现方法。为什么说该方法至少能检测出一个叛逆者?
4. 什么是非对称指纹?为什么要将非对称密码体制引入数字指纹技术中,这样做能解决什么安全问题?
5. 一个非对称指纹应由哪几个协议组成?每个协议的实质性操作是什么?
6. 什么是匿名指纹?数字签名在匿名指纹系统中起什么作用?

第7章　数字水印的攻击方法和对抗策略

7.1　水印攻击

7.1.1　攻击方法分类

对含水印图像的常见攻击方法分为有意攻击和无意攻击两大类。

水印必须对一些无意的攻击具有鲁棒性，也就是对那些能保持感官相似性的数字处理操作具备鲁棒性，常见的操作有：

①剪切；②亮度和对比度的修改；③增强、模糊和其他滤波算法；④放大、缩小和旋转；⑤有损压缩，如 JPEG 压缩；⑥在图像中加噪声。

通常假定在检测水印时不能获得原始产品。下面是有意攻击的一般分类：

(1) 伪造水印的抽取：盗版者对于特定产品 X 生成的一个信号 W' 使得检测算子 D 输出一个肯定结果，而且 W' 是一个从来不曾嵌入产品 X 中的水印信号，但盗版者把它作为自己的水印。但是，如果算法 G 是不可逆的，并且 W' 并不能与某个密钥联系，即伪造水印 W' 是无效的水印；有效性和不可逆性的条件导致有效的伪造水印的抽取几乎不可能。

(2) 伪造的肯定检测：盗版者应用一定的程序找到某个密钥 K' 能够使水印检测程序输出肯定结果并用该密钥表明对产品的所有权。但是，在水印能够以很高的确定度检测时，即虚警概率几乎是零，该攻击方法就不再可行。

(3) 统计学上的水印抽取：大量的数字图像用同一密钥加入水印不应该能用统计估计方法（例如平均）除去水印，这种统计学上的可重获性可以通过使用依赖于产品的水印来防止。

(4) 多重水印：攻击者可能会应用基本框架的特性来嵌入他自己的水印，从而不管攻击者还是产品的原始所有者都能用自己的密钥检测出自己的水印。这时原始所有者必须在发布他的产品前保存一份他自己的加水印的产品，用备份产品来检测发布出去的产品是否被加了多重水印。

7.1.2　应用中的典型攻击方式

我们必须认识到面向版权保护的强壮水印技术是一个具有相当难度的研究领域。直到目前，还没有一个算法能够真正经得起一个精明的攻击者的进攻。Internet 上已经可以得到能够有效击垮某些商业水印系统的软件，如 Stirmark 和 Unzign，我们进行攻击分析就在于找出现有系统的弱点及其易受攻击的原因，然后加以改进。下面给出实际应用的 4 种典型攻击方式：

(1) 鲁棒性攻击：在不损害图像使用价值的前提下减弱、移去或破坏水印，也就是各种信号处理操作，还有一种可能性是面向算法分析的。这种方法针对具体的水印插入和检测算法的弱点来实现攻击。攻击者可以找到嵌入不同水印的统一原始图像的多个版本，产生一个新的图像。大部分情况下只要简单地平均一下，就可以有效地逼近原始图像，消除水印。这种攻击方法的基础就是认识到大部分现有算法不能有效地抵御多拷贝联合攻击(相当于上述一般分类方法中的统计学水印抽取)。

(2) 表示攻击:这种攻击并不一定要移去水印,它的目标是对数据作一定的操作和处理,使得检测器不能检测到水印的存在。一个典型的例子是用这种方法愚弄 Internet 上的自动侵权探测器 Webcrawler。这个探测器自动在网上下载图片,然后根据水印检查有无侵权行为。它的一个弱点是当图像尺寸较小时,会认为图像太小,不可能包含水印。那么我们可以先把水印图像分割,使每一小块图像的尺寸小于 Webcrawler 要求的尺寸下限,再用合适的 HTML 标记把小图像重组在 Web 页中。这种攻击方法一点也不改变图像的质量,但由于 Webcrawler 看到的只是单个的小图像,所以它失败了。

(3) 解释攻击:这种攻击在面对检测到的水印证据时,试图捏造出种种解释来证明其无效。一种通用的方法是分析水印算法并逆其道而行。攻击者先设计出一个自己的水印信号,然后从水印图像中减去这个水印(不是指代数减,而是插入过程的逆),这样就制造出一个虚假的原始图像,然后他出示虚假的原始图像和捏造出的水印,声称他是图像的拥有者。实验表明,真正拥有者原始图像中含有攻击者捏造的水印的证据(即水印检测结果)与攻击者虚假图像中含有真正拥有者水印的证据旗鼓相当,这带来了无法解释的困境(相当于上述分类方法中的伪造水印的抽取)。当然,攻击者必须能够得到水印算法的细节并捏造出一个合理的水印。一个最有效的方法是设计出不可逆的水印插入算法,例如引入不可逆的哈希过程。但现行算法均不是完全不可逆的。对于解释攻击还应该引入一种对水印的管理机制,比如建立可信任的第三方作为水印验证机构,用管理手段实现对水印的仲裁。

(4) 法律攻击:得益于关于版权及数字信息所有权的法律的漏洞和不健全,据此应健全相关法律条例和公证制度,把数字水印作为电子证据应用于版权的仲裁,其中涉及计算机取证和纳证。

7.2 解释攻击及其解决方案

7.2.1 解释攻击

(1)水印仲裁:在发生版权纠纷时第三方对水印真伪进行鉴别的过程。该过程主要由计算过程和比较过程两大部分组成。当某作品需要仲裁时,待仲裁作品的所有者需向仲裁者提供水印(如果是非盲提取水印方案,则所有者还需向仲裁者提供原作品)。仲裁者由计算过程从待仲裁作品中计算出待仲裁作品的特征值 W',然后由比较过程将原作品特征值 W 和待仲裁作品特征值 W' 相比较,根据其相似情况与阈值相比较得出仲裁结果,如图 7.1 所示。这里所指的特征值在大多数情况下是指水印本身,而特征值的比较则为水印相关性的测量。某些水印方案的特征值为由水印等信息计算出的一个统计量,对应的特征值的比较则为一个最大似然检测器。

(2)解释攻击:属于协议层的攻击,它以设计出一种情况来阻止版权所有者对所有权的断言为目的。最初的解释攻击是对不可见、需原作品水印的仲裁阶段进行的。这样的水印在仲裁时,仲裁者根据待仲裁作品与原作品的差别来对水印进行仲裁。这样的仲裁过程存在着一种漏洞,解释攻击者正是利用了这一漏洞对数字水印的仲裁过程进行攻击,使得仲裁者无法对作品的所有权作出正确判断。

最简单的解释攻击过程如图 7.2 所示。

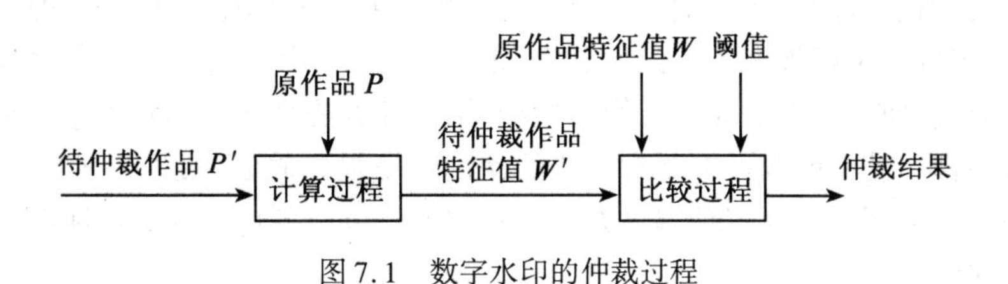

图 7.1　数字水印的仲裁过程

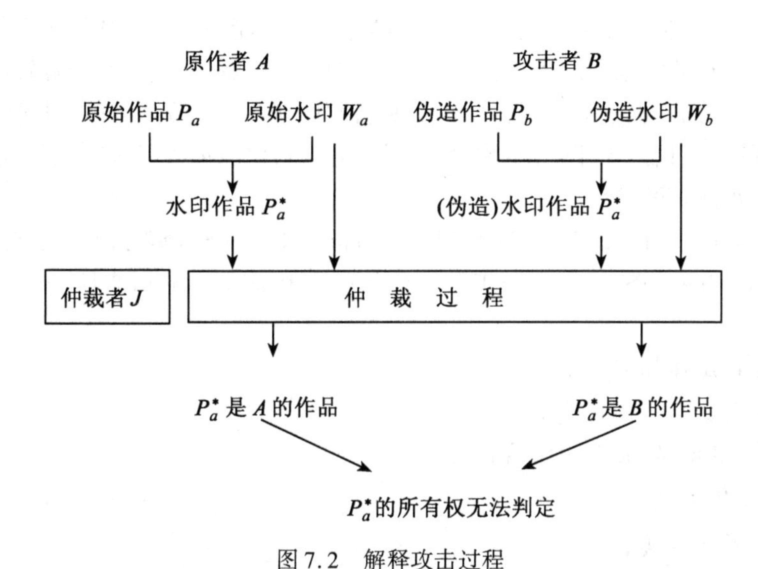

图 7.2　解释攻击过程

①作者 A 创作出作品 P_a,然后编码并注册一个水印 W_a,得到嵌有水印的作品 $P_a^*=P_a+W_a$ 并将其公开。

②当发生版权纠纷,需要对 P_a^* 进行仲裁时,A 向仲裁者 J 提供 P_a 和 W_a, J 根据 P_a^*,P_a 和 W_a 执行仲裁水印过程,从而确定 P_a^* 中是否嵌有 A 的水印 W_a。

③攻击者 B 编码并注册另一个水印 W_b,然后声明 P_a^* 是他的作品,并且向仲裁者提供原作品 $P_b=P_a^*-W_b$。

④仲裁者 J 得出如下结论:

若 A 为原作者,P_a 为原作品,P_a^* 上嵌有水印 W_a,P_b 上嵌有水印 W_a-W_b。

若 B 为原作者,P_b 为原作品,P_a^* 上嵌有水印 W_b, P_a 上嵌有水印 W_b-W_a。

以上两种结果完全对称。这样,J 就无法通过鉴别确定 P_a^* 上所嵌入的水印是 W_a 还是 W_b,所以也就无从区分版权所有者是 A 还是 B,引起无法仲裁的版权纠纷、解释攻击成功。

7.2.2　抗解释攻击

通过对解释攻击成功的原因进行分析，发现大多数不可见、需原图的数字水印方案主要有以下三方面的不足：首先，大多数水印方案没有提供本质的方法来检测两个水印中哪一个是先加上去的；其次，由于水印注册时仅仅对水印序列进行了注册，而没有对原作品进行注册，使得攻击者可以伪造原作品；再次，由于水印嵌入方案具有可逆性，为伪造水印提供了条件。

从以上三个方面的不足出发,可以对原有水印方案进行改进,增强对解释攻击的稳健性。

目前,由解释攻击所引起的无法仲裁的版权纠纷的解决方案主要有三种:第一种方法是引入时戳机制,从而确定两个水印被嵌入的先后顺序;第二种方法是作者在注册水印序列的同时对原始作品加以注册,以便于增加对原始图像的检测;第三种方法是利用单向水印方案消除水印嵌入过程中的可逆性。其中前两种都是对水印的使用环境加以限制,最后一种则是对解释攻击的条件加以破坏。下面将对这三种解决方案的具体实现以及各自的优劣特性作具体的描述。

1. 时戳机制

在加密中,时戳机制主要用于数字签名,以防止某些只能使用一次的签名文件被重复使用或对签名的否认。在数字水印嵌入过程中,如果合理使用了时戳机制,就能够轻易判定哪一个水印是被先添加上去的,也就解决了解释攻击所引起的版权纠纷无法判决的问题。在这种情况下,时戳所起的作用只是要证明作者在某个时间之前为作品加入了水印,而无需证明水印是在哪个时间之后被加入的。

由于个人难以产生可信的时戳,因此利用时戳机制来解决解释攻击问题,首先必须存在一个可信的时戳服务中心 TSS。下面是作者 A 向作品 P 中添加含时戳水印一个例子的具体过程:

①作者 A 创作出作品 P_a;

②A 生成并注册一个水印 W_a;

③A 根据 P_a 和 W_a 生成水印作品 P_a^*;

④A 计算 $Q=H(P_a^*)$;

⑤A 对 Q 签名 $\mathrm{Siga}(Q)$;

⑥A 将$(Q,\mathrm{Siga}(Q))$发送给 TSS;

⑦TSS 对 $T_a=(Q,\mathrm{Siga}(Q),T)$ 签名 $\mathrm{Siga}(T_a)$,并将$(T_a,\mathrm{Siga}(T_a))$发送给 A;

⑧A 将$(T_a,\mathrm{Siga}(T_a))$嵌入 P_a^* 中生成 $P_a^{*\prime}$,并将 $P_a^{*\prime}$ 作为最终版本在网络中传播。

由于用于版权保护的水印要求具有一定的稳健性,因此向 P_a^* 中加入$(T_a,\mathrm{Siga}(T_a))$不会影响水印 W_a 的检测,这样,当发生纠纷时,提取出的$(T_a,\mathrm{Siga}(T_a))$能够证明 A 是在时间 T 之前产生水印作品 P_a^* 的,即水印 W_a 是在时间 T 之前被嵌入作品 P_a 的。而攻击者 B 得到传播中的 P_a^*,并创作出伪造作品的时间必然滞后于 T,这样就无法成功地进行解释攻击。

这种利用时戳机制来解决解释攻击所引起的无法仲裁的版权纠纷在理论上是可行的。但由于 A 要向 P 中添加的信息除水印 W 外,另外增加了水印作品 P_a^* 的哈希值 Q,A 对 Q 的签名 $\mathrm{Siga}(Q)$,时间 T,以及 TSS 对$(Q,\mathrm{Siga}(Q),T)$的签名,这样对于一些较小作品可能会引起大的失真。另外,这些信息的加入对水印 W_a 的稳健性也会有一定影响,而 W_a 的稳健性正是抵抗解释攻击首先要予以保证的。因为,如果无法检测出 W_a,那么时戳机制的使用也就失去了意义。

2. 公证机制

利用公证机制来解决解释攻击引起的版权纠纷,主要是指作者 A 在注册水印序列 W_a 的同时,也将原始作品 P_a 进行注册,在这样一种机制下,攻击者 B 也必须对他的水印 W_b 和伪造原始作品 P_b 进行注册。发生版权纠纷时,当经过图 7.2 所示的过程无法判定作品 P_a^* 的所有权时,作者 A 可以要求仲裁者 J 对双方的原始作品进行检测。如果在攻击者 B 的伪造原始作品 P_b 中能够检测出攻击者的水印 W_a,而在作者 A 的原始作品 P_a 中无法检测出攻击者的水印 W_b(如图 7.3 所示),则可以证明攻击者的伪造原始作品是由作者的原始作品修改得出的。

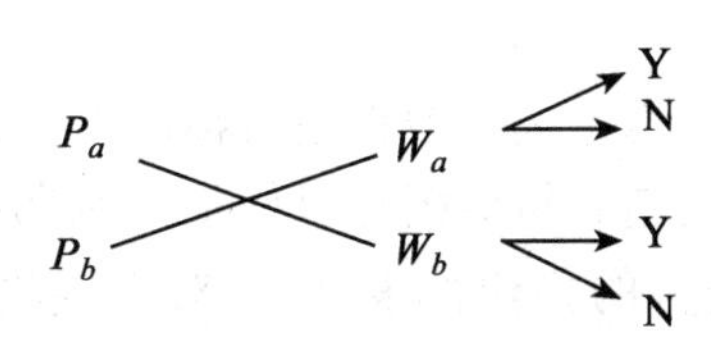

图7.3　对原始作品的检测结果

在图7.3所示的情况下,公证机制有效地阻止了解释攻击。但是,在相当多的情况下,攻击者B可以构造水印W_b和原始作品P_b,使得在P_a中能够检测出W_b,这样就将版权纠纷又一次引入无法仲裁的状态之中,因此,简单的采取对水印序列和原始图像注册公证的机制并不能彻底解决由解释攻击引起的无法仲裁的版权纠纷。另外,这种公证机制要求作者对每一份原始作品都进行注册,不仅需要一个庞大的数据库,更需要复杂的协议来保证公证机构的绝对安全,其代价是相当大的。

3. 单向水印机制

考察解释攻击的第三步"攻击者B编码并注册另一个水印W_b,然后声称P_a^*是他的作品,并且向仲裁者提供原作品$P_b=P_a^*-W_b$"。可见解释攻击能够获得成功的一个关键因素是,攻击者B能够通过从P_a^*中提取水印W_b来达到生成伪造的原作品的目的。如果水印的嵌入机制具有单向性,那么必定为攻击者伪造原作品造成很大的困难。反之,如果水印方案是可逆的,攻击者就一定可以对其进行攻击。

一个单向水印方案实现过程的描述如下:

① 作者A创作出作品P_a,注册水印序列$W_a=\{w_{a1},w_{a2},\cdots,w_{an}\}$;

② 作者A使用某种方案得到一个允许嵌入水印长度为n的序列$S=\{s_1,s_2,\cdots,s_n\}$;

③ 作者A使用一个单向哈希函数H计算出作品的n位哈希值$H=\{h_1,h_2,\cdots,h_n\}$,其中有k位为"1";

④ 对所有$s_i(0<i<n+1)$作如下处理:若s_i为第$j(0<j<k+1)$个$h_i=1$的位,计算$s_i^*=s_i+(1+\lambda w_{aj})$;若$s_i$为第$t(0<t<n-k+1)$个$h_i=0$的位,计算$s_i^*=s_i+(1+\lambda w_{ak+t})$;

⑤ 以序列$S^*=\{s_1^*,s_2^*,\cdots,s_n^*\}$代替序列$S$,生成水印作品$P_a^*$。

由于该水印方案需要原始作品P_a来生成序列S才能完成水印的嵌入,即只有已知原始作品才能够嵌入水印,同样,已知原始作品才能够提取水印。这样攻击者就无法使用同样的方法直接从P_a^*中提取W_b而逆向生成伪造的原作品P_b。其中λ为水印镶嵌的强度参数。

单向数字水印具有以下一些优点:

① 可以对抗逆镶嵌水印伪造攻击,因此在密码学意义上有较强的安全性。

② 用户的水印码字可以公开,这样就不需要对仲裁者严格要求或一些复杂的安全协议。

③ 数字水印的镶嵌与鉴别过程方便,版权所有者可以独立地添加水印而不需要履行登记手续,鉴别时也不需要在数据库中查找原因。

7.3　一种抗解释攻击的非对称数字水印实施框架

对于密码技术,非对称体制(双钥体制)与对称体制(单钥体制)相比,主要具有以下优点:① 密钥数量大大减少;② 彻底消除了经特殊保密的密钥信道分送密钥的困难;③ 便于实现数字签名。

对于数字水印而言，已有的技术绝大多数都是对称体制：水印的加入和提取只有发送一方掌握，接收方只有通过特殊保密渠道获得原图和具体加入水印的算法才能看到隐藏的数字信息——水印。虽然该体制对发送方的鲁棒性很好，但对于接收方（在电子商务中通常为最终用户）却由于无法看到数字媒体中嵌入的有关信息而处于被动的地位。那么，能否使用非对称的数字水印呢？

非对称数字水印，又称为公钥水印，是指任何用户能够看见但又去不掉的水印，但是它仍然是一种不可见水印。那么，如何实现即让用户"看见"而又隐藏于数字媒体的数字水印呢？

实际商业模型中的水印实施架构，它有两个主要特性：

① 能够防止版权拥有者黑箱操作；② 能够跟踪用户的使用情况，确认盗版用户。

但它同时也存在一个很大的缺陷：用户想了解一幅图像的版权情况，则必须上传该图像和有关信息，这在目前拥挤的 Internet 上而言，效率非常低；此外，用户的查询结果必须要通过访问一个庞大的"版权信息数据库"，势必造成低效率和数据库的不安全性。

下面讨论一种非对称数字水印的可行性方案，发送方用商家（Creator）来代替，接收方用用户（User）来代替。在商家和用户之间设立一个第三信任方（Trusted Third Party，TTP），它们之间的具体联系分为以下 3 个阶段（如图 7.4 所示）：

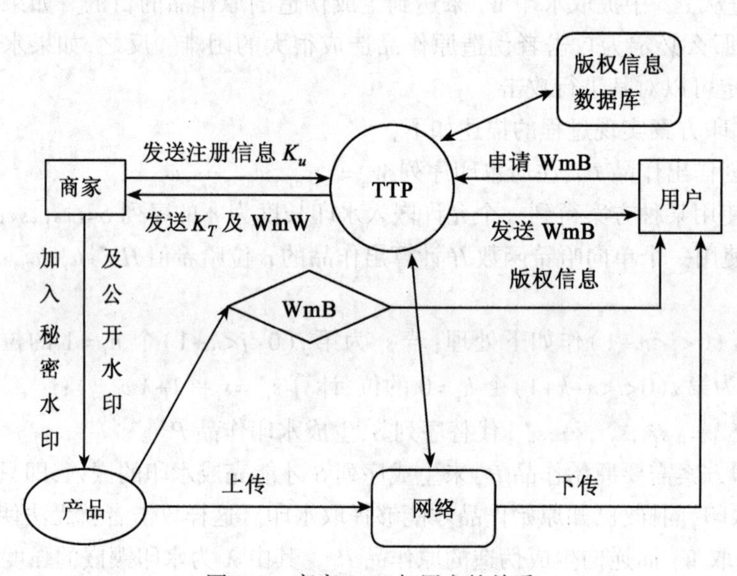

图 7.4　商家，TTP 与用户的关系

（1）注册申请阶段。如果商家要在网上发布数据，则首先要向第三信任方注册申请，将自己的有关版权信息发送给第三信任方；第三信任方经过一系列的检查工作后，发送回是否认可的信息。

（2）水印加入阶段。商家向第三信任方成功注册后，再向其发送称之为秘密水印的分密钥（以下用 K_u 代替）。秘密水印是商家要加入的第一个水印，它之所以称为秘密水印是因为用户无法浏览到它，人们用它来保护商家的版权利益，版权纠纷时起到明确版权的作用。它的算法可以是公开的，但鲁棒性要很高；第三信任方在接收到 K_u 后，发送另一部分密钥 K_T 给商家。秘密水印的密钥只掌握在商家和第三信任方手中，这种 Diffie-Hellman 密钥传送方案既解

决了密钥传送的困难,又避免了商家的黑箱操作。第三信任方除了发送 K_T 外,同时还要发送一个"水印写入器"(Watermark Writer,简记为 WmW),它用来加入第二个水印——公开水印,它是用户可以"浏览"的水印。内容包括商家和产品(Creation)的版权信息。由于水印的提取是在用户端,所以公开水印的算法要采用不需要原图的方法。它的具体算法掌握在第三信任方手中,商家只拥有水印加入程序。它的鲁棒性可以低于秘密水印;商家收到 K_T 和 WmW 后,在图像中分别加入秘密水印和公开水印,然后进行发布。

(3) 浏览阶段。在商家发布图像后,若用户想了解它的版权信息,则要到第三信任方购买或免费下载一个"水印浏览器"(Watermark Browser,简记为 WmB)。通过该"水印浏览器",用户可以方便地查看图像中的公开水印信息,从而避免了图像的非法使用。由于"水印浏览器"只是一个水印提取的可执行程序,与图像本身无关,可以重复使用,所以用户不必多次向第三信任方发送"浏览申请"。这就解决了低效率问题。另一方面,由于用户可以"浏览"图像随身携带的版权信息,所以就不需要访问"版权信息数据库"(Intellectual Property Rights Database,简记为 IPR Database),从而提高了效率和数据库的安全性问题。客户通过 WmB 可以自行检测出图像中的公开水印。

非对称数字水印的主要优点:

(1) 从用户角度上讲,非对称数字水印可以使用户方便、高效地辨别网上数字媒体的合法性。这一点对于电子商务的发展具有重要意义。

(2) 从第三信任方角度上讲,非对称数字水印有着良好的规范性。在传统体制中,商家与用户直接接触,不管是在管理体制上还是在水印认证上都存在混乱性和不易管理性。上述的非对称数字水印就可以很好地解决这些问题,并提高了 IPR 数据库的安全性。

(3) 从商家的角度上讲,非对称数字水印大大增加了自身的利益,并起到了两层保护作用:一是利用公开水印公开声明了商家的版权;二是可以利用商家加入的秘密水印来认证版权。

通过对解释攻击几种解决方案的讨论和特性的比较,我们给出了一个能够较好抵御解释攻击的实用性数字水印模型。事实上单向水印方案也仅仅是防御解释攻击的一个必要条件,因此,我们给出抗解释攻击的数字水印模型结合时戳和公证机制(此处仅标出商家向 TTP 提交的注册信息,省去了上面所述的非对称水印模式)。水印模型如图 7.5 所示。

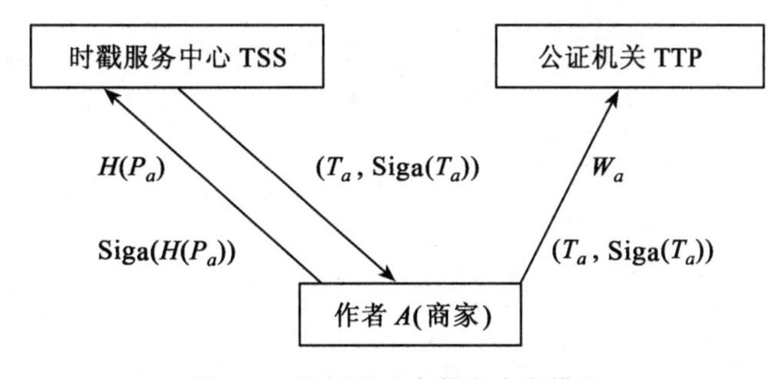

图 7.5　抗解释攻击数字水印模型

作者 A 为作品 P_a 添加水印并注册的具体描述如下:

(1)作者 A 创作出作品 P_a;

(2)A 生成并注册一个水印 W_a;

(3) A 采用一种单向水印机制,根据 P_a 和 W_a 生成水印作品 P_a^*;

(4) A 计算 $Q=H(P_a)$;

(5) A 对 Q 签名 Siga(Q);

(6) A 将 $(Q, \text{Siga}(Q))$ 发送给 TSS;

(7) TSS 对 $T_a=(Q, \text{Siga}(Q), T)$ 签名 Siga(T_a),并将 $(T_a, \text{Siga}(T_a))$ 发送给 A;

(8)作者 A 向公证机关 TTP 提交注册信息 $(T_a, \text{Siga}(T_a))$。

由于该水印模型采用将水印作品哈希值和时戳加以注册的方法,避免了将时戳嵌入水印作品本身而对其稳健性产生的影响。所采取的时戳机制与原有时戳机制的另一方面不同在于:作者 A 对原始作品而非水印作品加入时戳。这时时戳所起的作用是:证明作者 A 在时间 T 之前创作出了作品 P_a。它与证明作者 A 在时间 T 之前产生了水印作品 P_a^* 的作用是相同的,这里只是为了方便对原始图像进行注册,因为对水印作品的注册是没有意义的。

该水印模型对原有公证机制的改进在于,作者注册信息由原来的对水印序列和原始作品进行注册改为对水印序列和原始作品的哈希值以及 TSS 的签名信息的注册。这样不仅极大地缩小了注册所需的数据库,更确保了所有作者的原始作品不会因此而发生泄露。当发生版权纠纷时,公证机关不仅能够证明作者所提供的原始作品的正确性,还能提供原始作品创作时间的依据。

采用水印模型,仲裁机构可以通过正常的方式来鉴别水印的归属。单向水印机制的使用也可以防御一般逆向嵌入水印对其的攻击。但是,当受到蓄意的解释攻击时,时戳和公证机关的参与能够判断出真正原始作品与伪造原始作品产生的先后,从而确定所有权的归属。

思 考 题

1. 请按照数字水印攻击的原理和目的,将常见的攻击手段分类。
2. 什么是数字水印的解释攻击？从一般数字水印实现技术上看,是什么原因导致这类攻击的出现？有哪些方法可以抵抗这种攻击？
3. 简述单向水印的实现机制,并论述为什么这种水印能抵抗解释攻击。
4. 请分析非对称数字水印的主要优点。

第8章　数字水印的评价理论和测试基准

8.1　性能评价理论和表示

8.1.1　评测的对象

水印评测过程的第一步是确定评测的对象，评测的对象是水印方案评测的一部分。水印方案的目的被一个操作环境和一个或多个目的所定义。

1. 文献中提到的在数字水印和拷贝保护中典型的目的包括：

（1）视-音频信号永久性的鉴别；

（2）版权所有者证据；

（3）审计；

（4）拷贝控制标签；

（5）监视多媒体数据的使用；

（6）篡改证据；

（7）用户意识标签；

（8）数据扩展；

（9）提升搜索速度的标签。

2. 影响性能的因素有如下几方面的因素：

（1）嵌入信息的数量：因为它直接影响水印的健壮性，所以它是一个重要的参数。要嵌入的信息越多，水印的健壮性就越低。

（2）水印嵌入强度：在水印嵌入强度和水印可感知性之间有个权衡。高健壮性需要更强的嵌入，这反过来增大了水印的可感知性。

（3）数据的大小和种类：数据的尺寸大小对嵌入水印的健壮性有直接的影响。例如，在图像水印中，太小的图片没有商业价值；不过，一个标记软件程序要能够从它们中恢复出水印，这避免了对它们的马赛克攻击，并允许 Web 中常用的“覆盖”。对打印应用，虽然要求高分辨率的图像，但人们也想对它们重采样，并放在 Web 中以后能得到保护。除了这些数据的大小，数据的种类对这些水印有健壮性影响。仍以图像水印作例子，对扫描的自然图像具有高鲁棒性的方法在用于合成图像（如计算机产生的图像）时，从几百到几千个像素，并且用于测试的图像也应该为不同类型的图像。

（4）秘密信息（如密钥）：尽管秘密信息的数量对水印的可感知性、健壮性没有直接的影响，但在系统的安全方面充当了重要的角色。密钥空间，也即秘密信息所有可能的取值范围要足够大，从而使穷举攻击不可行。许多安全系统不能抵御一些简单的攻击是因为系统设计者在设计系统时没有遵循基本的密码学原则。

8.1.2 视觉质量度量

本节介绍基于像素的度量方法。

表 8.1 列出了用在图像和视频处理中的基于像素的差分失真度量。经过尺度适应后,所列出的大部分度量都可应用于除了图像之外的其他类型的数据中,例如音频数据。现在图像和视频的压缩编码领域最流行的失真度量标准是信噪比(SNR),以及峰值信噪比(PSNR)。它们通常以分贝(db)来度量。众所周知,这些差分矢量度量与人的视觉和听觉系统关联得并不是很好。如表 8.2 所示,由于复杂的水印嵌入算法以某种方式对这些视觉、听觉系统产生影响,因此在数字水印应用中使用差分失真度量可能会产生问题,使用上面的度量来量化水印处理所产生的失真,可能会造成失真度量的误导。因此采用一种与人的视觉和听觉系统相适应的失真度量可能会很有用。最近几年,越来越多的研究集中在这种相适应的失真度量上,很有可能未来的数字水印系统将使用这种质量度量。

表 8.1　　常用的基于像素的视觉失真度量

最大差	$\mathrm{MD} = \max\limits_{m,n} \left\| I_{m,n}, \tilde{I}_{m,n} \right\|$
平均绝对差	$\mathrm{AD} = \frac{1}{MN}\sum\limits_{m,n} \left\| I_{m,n} - \tilde{I}_{m,n} \right\|$
平均绝对差范数	$\mathrm{NAD} = \sum\limits_{m,n} \left\| I_{m,n} - \tilde{I}_{m,n} \right\| \Big/ \sum\limits_{m,n} \left\| I_{m,n} \right\|$
均方差	$\mathrm{MSE} = \frac{1}{MN}\sum\limits_{m,n} (I_{m,n} - \tilde{I}_{m,n})^2$
L^p- 范数	$\mathrm{L}^p = \left(\frac{1}{MN}\sum\limits_{m,n} \left\| I_{m,n} - \tilde{I} \right\|^p\right)^{1/p}$
信噪比	$\mathrm{SNR} = \sum\limits_{m,n} I^2_{m,n} \Big/ \sum\limits_{m,n} (I_{m,n} - \tilde{I}_{m,n})^2$
峰值信噪比	$\mathrm{PSNR} = MN \max\limits_{m,n} I^2_{m,n} \Big/ \sum\limits_{m,n} (I_{m,n} - \tilde{I}_{m,n})^2$

表 8.2　　相关失真度量

归一化互相关	$\mathrm{NC} = \sum\limits_{m,n} I_{m,n} \tilde{I}_{m,n} \Big/ \sum\limits_{m,n} I^2_{m,n}$
相关质量	$\mathrm{CQ} = \sum\limits_{m,n} I_{m,n} \tilde{I}_{m,n} \Big/ \sum\limits_{m,n} I_{m,n}$

8.1.3 感知质量度量

本节介绍与 HVS 相适应的感知质量度量方法。计算这个度量包括以下几步:首先对图像进行分块,用滤波器将编码的错误和原图像分解到感觉组件中,用原图像作为掩蔽对每个像素计算检测阈值,然后通过检测阈值排除掉滤波误差,对所有颜色通道进行以上操作。高于阈值

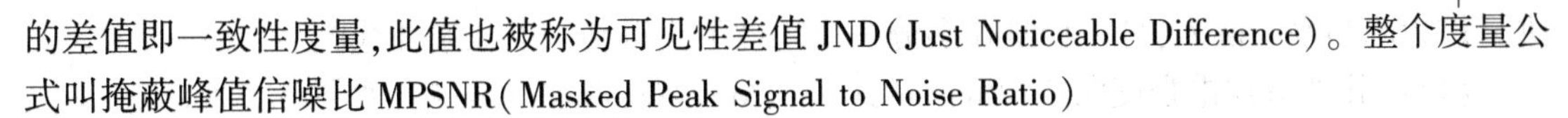

的差值即一致性度量，此值也被称为可见性差值 JND(Just Noticeable Difference)。整个度量公式叫掩蔽峰值信噪比 MPSNR(Masked Peak Signal to Noise Ratio)

$$\text{MPSNR} = 10\log_{10}\frac{255^2}{E^2}$$

这里 E 是计算的失真。因为这个度量值没有和已知 dB 恰好相同的意思，因此被称为视觉分贝(visual decibels，vd_b)。一个标准化的质量等级更经常使用，我们使用 ITU-R Rec. 500 质量等级 Q，其计算公式如下：

$$Q = \frac{5}{1 + N \times E}$$

这里 E 仍是计算的失真，N 是标准化常数，通常选择某个能使参考失真量映射到相应的质量等级区间的值。表 8.3 列出了分数和相关的视觉感觉质量。

表 8.3　**ITU-R Rec. 500 从 1 到 5 范围的质量等级级别**

等级级别	损　　害	质　　量
5	不可察觉	优
4	可察觉，不让人厌烦	良
3	轻微的让人厌烦	中
2	让人厌烦	差
1	非常让人厌烦	极差

8.1.4　可靠性评价与表示

前面介绍了视觉质量的定量描述方法，现在我们可以对水印系统的性能进行评价了，我们知道健壮性与视觉质量、嵌入的数据量、水印攻击强度有关。为了能进行合理的性能评价，应该固定某些因素，也就是说我们应该控制测试环境，使得一些量固定、一些量变化。其中，健壮性用来描述对这些攻击的抵抗能力，由误码率(Bit-Error Rote)来评估。表 8.4 列出了一些有用的图表和可用于比较的变量和固定参数。

表 8.4　**不同图表及相应的变量和常量**

图的类型	参　　数			
	视觉质量	健壮性	攻击	嵌入比特数
健壮性-攻击曲线	固定	变化	变化	固定
健壮性-视觉质量曲线	变化	变化	固定	固定
攻击-视觉质量曲线	变化	固定	变化	固定
ROC 曲线	固定	固定	固定/变化	固定

下面以比较两种水印嵌入方法为例，来说明上述图表在性能评价中的作用，要比较的两种水印方案都是建立在扩展频谱调制基础之上，但它们在不同的域下实现。一种直接在空间域

进行扩频调制水印嵌入,另一种是在多分辨率环境下。得到以下几幅曲线图。

(1)健壮性对攻击强度曲线(Robustness vs. Attack Strength Graph),如图 8.1 所示。

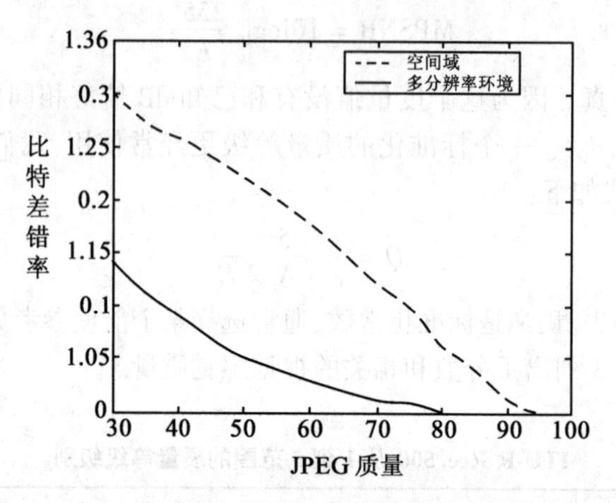

图 8.1　比特差错率对 JPEG 压缩的变化曲线

(2)健壮性对视觉质量曲线(Robustness vs. Visual Quality Graph),如图 8.2 所示。

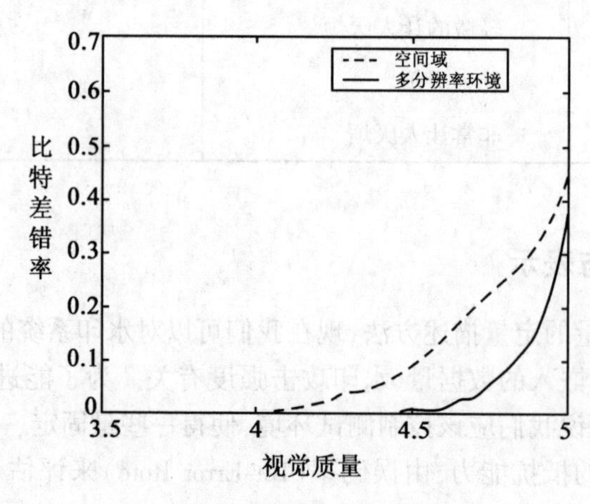

图 8.2　比特差错率对视觉质量曲线

(3)攻击强度对视觉质量曲线(Attack vs. Visual Quality Graph),如图 8.3 所示。

(4)接受者操作特性曲线(Receiver Operating Characteristic,ROC),如图 8.4 所示。

对任何图像,水印的检测都要完成两个任务,判断给定图像是否存在水印及解码水印信息。前者可以被看做假设校验,水印解码器决定图像嵌入了水印还是没有嵌入水印,在此二元假设校验中,存在两类错误:第一类错误(false positive)和第二类错误(false negative)。在评价水印方案的所有行为和可靠性方面,接受者操作曲线 ROC 非常有用。通常,在假设检验中,一个校验的统计量要与一个阈值相比较以确定是属于哪个假设,而用固定的阈值来比较不同的水印方案可能会导致错误的结果。ROC 曲线通过使用不同阈值来比较测试而避免了这个问题。ROC 曲线通过在 Y 轴上表示的正确接受比率(True Positive-Fraction)和在 X 轴上表示的错误报警比率(False-Positive Fraction)来显示它们之间的关系。

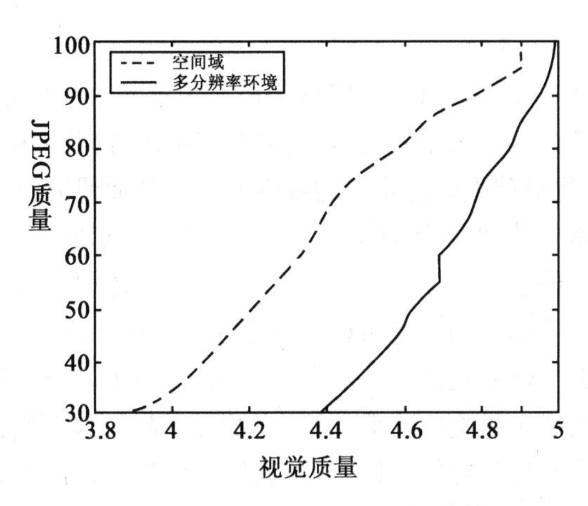

图 8.3　JPEG 压缩对视觉质量曲线

正确接受比率：True Positive-Fraction：$TPF=\frac{TP}{TP+FN}$

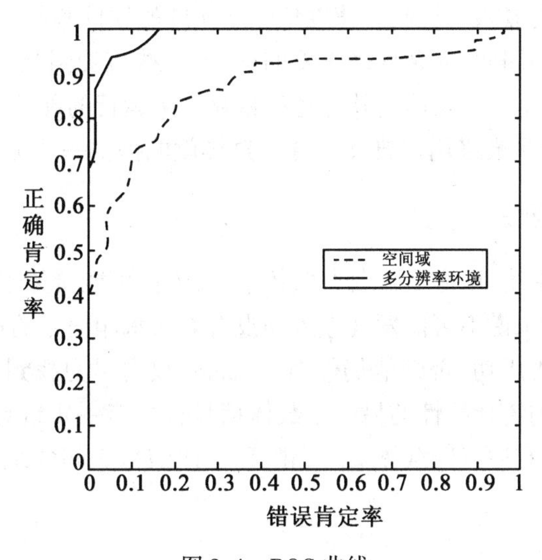

图 8.4　ROC 曲线

TP(True Positive)：正确接受测试结果的次数；FN(False Negative)：错误拒绝的测试结果次数；

错误报警比率：False-Positive fraction：$FPF=\frac{FP}{TN+FP}$

FP(False Positive)：错误报警测试结果次数，TN(True Negative)：正确拒绝测试结果次数。换句话说，ROC 曲线显示了由连续变化的阈值而产生的 TPF-FPF 对。一个理想的检测器的 ROC 曲线应该从左下角出发经过左上角到右上角。为了得到这些曲线，要对同样数量的嵌入水印的图像和未嵌入水印的图像进行测试。如果要评价水印方案的整体性能，这些测试应该包括具有不同参数的多种攻击。

8.1.5 水印容量

知道多少信息能可靠地嵌入在指定的信号中是非常重要的。知道能可靠检测和有效提取信息的载体信号的最小部分也是很重要的。大多数应用中,水印容量是系统的一个固定的限制,因此用给定大小的随机负载来进行水印健壮性测试。然而研究一个水印方案时,知道基本要求之间的平衡是非常重要的;两个不同要求的曲线,其他要求固定是一个简单的达到目的的方法。例如基本的三参数的水印模型,当嵌入水印以后的媒体视觉固定的时候,人们能了解到攻击强度和健壮性之间的关系。同理也可以了解攻击强度和视觉质量之间、健壮性和视觉质量之间的关系。第一个曲线可能是最重要的曲线,当给定一个攻击和给定的视觉质量时,该曲线显示的比特错误率作为攻击强度的函数。第二种曲线显示水印算法能容忍的最大攻击,从用户的观点来看也是很有用的。性能是固定的,我们仅设想 5% 的比特错误率,因此我们可以用纠错码的方法来编码我们要隐藏的信息。这样能帮助我们决定在用户能接受的质量降级的情况下什么样的攻击能保存下来。

8.1.6 速度

一些应用需要实时的嵌入和检测。速度依赖于实施的软件和硬件。在自动评测服务中我们建议不联系硬件实施。因此,复杂性是重要的标准,一些应用强加一些限制,如最大能用的门数、要求的存储器。对于一个实施的软件也很依靠用来运行的硬件,但比较的性能结果是在相同的平台取得的(通常是最终用户典型平台),这样就能提供一个可靠的测量。

8.1.7 统计不可检测性

对于一些私有水印系统,该方案需要原载体信号,人们可能希望很好地隐藏水印。在这种情况下,对于一个攻击者来说不可能发现嵌入和没有嵌入水印信号的重要的统计差别,因此攻击者不可能知道攻击是否成功;否则他仍然对“Oracle”攻击尽力找到相似的东西。所有的隐秘和水印方法用具有不同统计特性的另一个载体信号替换有一定统计特性的载体信号部分,事实上,嵌入过程通常没有注意原载体信号和隐秘载体信号之间的统计差别。这样就可能导致可能的检测攻击。

8.1.8 非对称

私有密钥水印算法要求水印的嵌入和提取的密钥要相同。因为秘密密钥必须嵌入每个水印检测器(可能在消费电子或者多媒体播放软件时发现),这样就不是很好了。恶意的攻击者可能提取它,然后传输到 Internet 允许每个人擦除水印。在这些情况下嵌入水印的部分可能希望其他实体不需要透露嵌入时的秘密而检测水印的存在。可以通过非对称技术达到以上目的。不幸的是,现在仍没有找到健壮的非对称系统,现在的方案是(不能完全解决这个问题)嵌入两个标记,一个私有的、一个公共的。

8.1.9 面向应用的评测

下面介绍面向应用的评测理论和评测攻击 Checkmark。我们知道,数字水印有很多不同的应用,不同的应用有不同的要求,特别是对水印方案健壮性的要求,面向应用的评测针对不同

的应用采用不同的攻击进行评测。Checkmark 有如下几个特性：

（1）使用 XML 描述应用；

（2）考虑每个攻击作为应用的功能；

（3）每个攻击有不同的强度；

（4）容易集成新的攻击和应用；

（5）以 HTML 文件自动生成结果。

1. 各种应用

Checkmark 工具包的一个特性是面向应用的评测，也就是说，算法可以作为一个应用的函数被评测。这是一个很重要的特性，因为典型的算法为某个给定的应用可以达到最优。现在 Checkmark 测试包包括以下的应用：Copyright protection，Banknote protection，Non-geometric，Logo，Medical Images 和 Video。介绍如下：

Copyright protection：这是一个最重要的应用，包括所有的攻击，因为在一般性的版权保护框架中一个攻击者可能依靠他的需要和约束，应用几乎任何一种攻击，因此包括最大范围的攻击。

Banknote Protection：这是一个非常特别的应用，仅一些攻击的子集可以应用。

Non-geometric：这是一个人工的例子。主要点是，文献中的方案大小没有包括恢复几何攻击的机制。一个非几何应用允许我们评测这样一些方案，这些方案与不影响图像的几何特性的攻击相关。这是重要的，因为一些算法也许很容易扩展到包括帮助恢复几何攻击的机制。

另外还包括的应用有 Logo，Medical Images，Video，MediaBride，Maps，Bw&color medical images 等。

2. Checkmark 面向应用评测显示图（如图 8.5 所示）

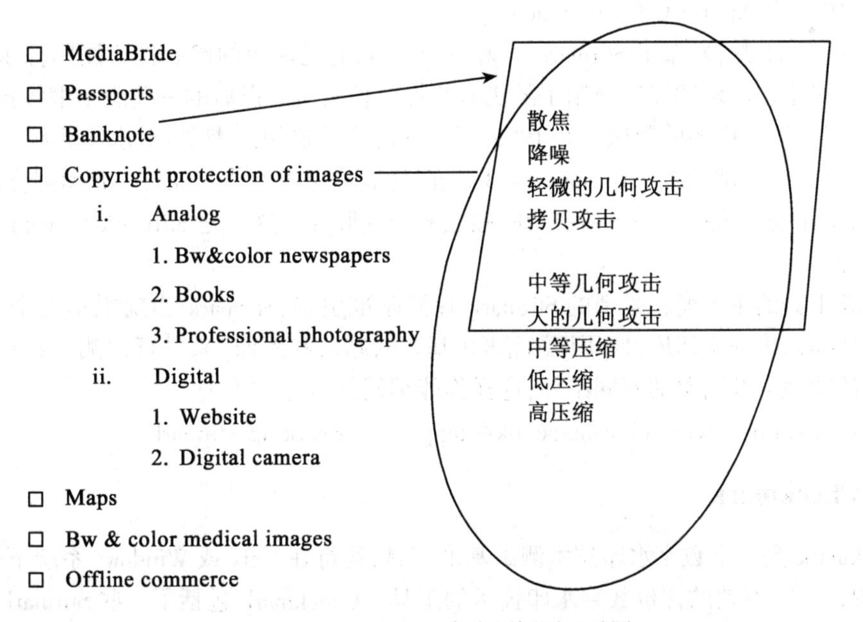

图 8.5 Checkmark 面向应用评测显示图

8.2 水印测试基准程序

8.2.1 Stirmark

Stirmark 是一个水印技术的测试工具,给定嵌入水印的图像,Stirmark 生成一定数量的修改图像,这些被修改的图像被用来验证水印是否能检测出。Stirmark 也提出了一个过程来联合不同的检测结果和计算在 0 和 1 之间的一个全面的分数。Fabien Petitcolas 在剑桥大学读博士期间研发了 Stirmark,因为在 1997 年第一次公布,Stirmark 在水印领域引起了广泛的兴趣,现在变成了最广泛使用的数字水印技术评测工具。

在 Stirmark Version 3.1 中包括以下图像改变操作:

(1) 剪切(Cropping);

(2) 水平翻转(Flip);

(3) 旋转(Rotation);

(4) 旋转-尺度(Rotation-Scale);

(5) FMLR,锐化,Gaussian 滤波(FMLR, Sharpening, Gaussian Filtering);

(6) 随机几何变形(Random Bending);

(7) 线性变换(Linear Transformations);

(8) 各个方向按比例变换(Aspect Ratio);

(9) 尺度变换(Scale Changes);

(10) 线性移除(Line Removal);

(11) 颜色缩减(Color Reduction);

(12) JPEG 压缩(JPEG Compression)。

在 1997 年 11 月,发布了 Stirmark 的第一个版本,它是简单的健壮性检测图像水印算法的通用工具。对不同的水印算法介绍了随机双线性几何失真。以后的一些版本继续提高原来的攻击,而且还介绍了更多的测试。在 1999 年 1 月讨论了迫切的需要:对水印系统的公正评价过程,并且第一个测试基准随着 Stirmark 3.1 的发布而变成可能。通过扩展评测轮廓快速水印库,这项工作的自然扩展是一项自动的独立的公共服务。这就是 Stirmark Benchmark Service 项目的目标。

这个新工具的主要变化是新的 Stirmark 评测基准引擎,Stirmark 当前版本完全重写,使得你能容易地插入你的水印库,使用评测轮廓(基本的测试和图像)来进行评测。在重写的过程中我们也清楚地分开引擎的不同组件,这样你能编码你自己的攻击。

下载地址:http://www.cl.cam.ac.uk/~fapp2/watermarking/stirmark/

8.2.2 Checkmark

Checkmark 是一个数字水印技术测试基准工具,运行在 Unix 或 Windows 系统下、Matlab 环境中,其提供一个有效的评价数字水印技术的工具。Checkmark 包括了一些 Stirmark 没有提到的攻击。而且,该评测攻击考虑到应用。

(1) 重要的测试分类包括:

① 小波压缩(Wavelet Compression)(Jpeg 2000 Based on Jasper);

② 投影变换(Projective Transformations);

③ 基于投影变换的视频变形的模型化(Modeling of Video Distortions Based on Projective Transformations);

④ 弯曲(Warping);

⑤ 拷贝(Copy);

⑥ 模板去除(Template Removal);

⑦ 降噪(Denoising,中点(Midpoint), 截取平均(Trimmed Mean),软门限和硬门限(Soft and Hard Thresholding),Wiener 过滤(Wiener Filtering));

⑧ 降噪(Denoising Followed by Perceptual Remodulation);

⑨ 非线性、线性去除(Non-Linear, Line Removal);

⑩ 拼贴(Collage);

另外,从 Stirmark 引用过来的已知的测试类包括:

⑪ 剪切(Cropping);

⑫ 水平翻转(Flip);

⑬ 旋转(Rotation);

⑭ 旋转-尺度(Rotation-Scale);

⑮ FMLR, 锐化,Gaussian 滤波(FMLR, Sharpening, Gaussian Filtering);

⑯ 随机几何变形(Random Bending);

⑰ 线性变换(Linear Transformations);

⑱ 各个方向按比例变换(Aspect Ratio);

⑲ 尺度变换(Scale Changes);

⑳ 线性移除(Line Removal);

㉑ 颜色缩减(Color Reduction);

㉒ JPEG 压缩(JPEG Compression)。

(2)新的质量度量机制(Weighted PSNR 和 Watson Metric)。

(3)以一个灵活的 XML 格式输出,HTML 生成结果图表。

(4)应用驱动评测,特别是非几何应用,因为不包括同步机制的快速评测算法。

(5) 容易在 Matlab 中访问单个攻击。

下载地址:http://watermarking.unige.ch/Checkmark/index.html

8.2.3　Optimark

Optimark 是一个静态图像水印算法测试基准工具,是由希腊 Aristotle 大学信息学系人工智能和信息分析实验室发展的,它的主要特性概括如下:

(1) 图形用户接口。

(2) 利用多试验不同的水印密钥和信息评价检测和解码性能。

(3) 下面是对检测器性能的评价。

① 提供实数输出的水印检测器,例如检测测试统计值。

a) 接受者操作曲线(ROC), 例如错误报警率对应错误拒绝率;

b) 编码错误率;

c) 一个固定的,用户定义的错误报警率、错误拒绝率;

d）一个固定的，用户定义的错误拒绝率、错误报警率。

② 对提供二元输出的水印检测器，如决定是否存在水印的值。

错误报警率和错误拒绝率。

（4）解码性能机制的评价，对允许信息解码的水印算法（多比特算法）。

a）比特错误率；

b）完全解码信息的百分比。

（5）平均嵌入和检测时间的评价。

（6）算法负载（多比特算法）的评价。

（7）对于一定的攻击和一定的性能标准，算法崩溃限制评价，例如算法性能超越（低于）一定的限制，攻击严重性的评价。

（8）使用一套用户定义的对选择的攻击和图像采用不同的权重进行对层次的概括。

（9）用户定义的选项和预先基准测试项。

Optimark 包括以下的一些攻击：

（1）无攻击（No Attack）

（2）剪切（Cropping）

（3）行列删除（Line and Column Removal）

（4）广义线性变形（General Linear Transformation）

（5）尺度变换（Scaling）

（6）剪取（Shearing）

（7）水平翻、旋转（Horizontal Flip）

（8）旋转（Rotation）

（9）旋转+自动剪取（Rotation+Autocropping）

（10）旋转+自动剪取+自动尺度变换（Rotation+Autocropping+Autoscale）

（11）锐化（Sharpening）

（12）Gaussian 滤波（Gaussian Filtering）

（13）统计平均（Median）

下载地址：http://poseidon. csd. auth. gr/optimark/

8.2.4 测试图像

使用不同的图像评测图像水印软件是重要的，公平的比较相同的一套图像样本也常常被人们采用。基于上述考虑，应该建立一个水印测试基准图库。图像应该有某些典型的信号处理的特点：图像纹理、光滑区域、图像大小、合成、图像边缘、锐化、亮度对比度等，这些图像应该覆盖大部分的内容和类型。但是，要得到一个列举所有类型图像的图库是不可能的，而且库存图像公司要建立一个满意的图像索引也是有很多困难的。但我们至少可以保留这样一些图像类型的主要部分，这个图像库包括比较广的图像类型：颜色、纹理、模式、形状、亮度。

在图像处理研究过程中已经有一些图像数据库。USC-SIPI 就是这样一个图像数据库，在这个图像数据库中，能找到经典的图像 Lena，Baboon，Peppers 等，使用这些数据库进行数字水印的研究。版权保护有时也是虚假的，因为有些图像是从有版权的材料中扫描的，还有些是由来不清楚的。因此我们必须尽力发现大范围的其他摄影图像，只要付给摄影师钱，我们就能得到在水印研究过程中自由使用的专断权。

思 考 题

1. 请掌握至少3种常见的数字水印的视觉质量度量方法,说明其工作原理。

2. 会绘制数字水印的“健壮性 Vs. 攻击强度”曲线以及“健壮性 Vs. 视觉质量”曲线。说明该曲线的含义。

3. 什么是ROC曲线? 其横纵坐标分别代表什么含义?

4. 下图是分别对四个不同的水印系统进行检测绘制的ROC曲线。请分别从第一类错误和第二类错误的角度分析这四个水印系统的性能,并说明哪一个水印系统最好。

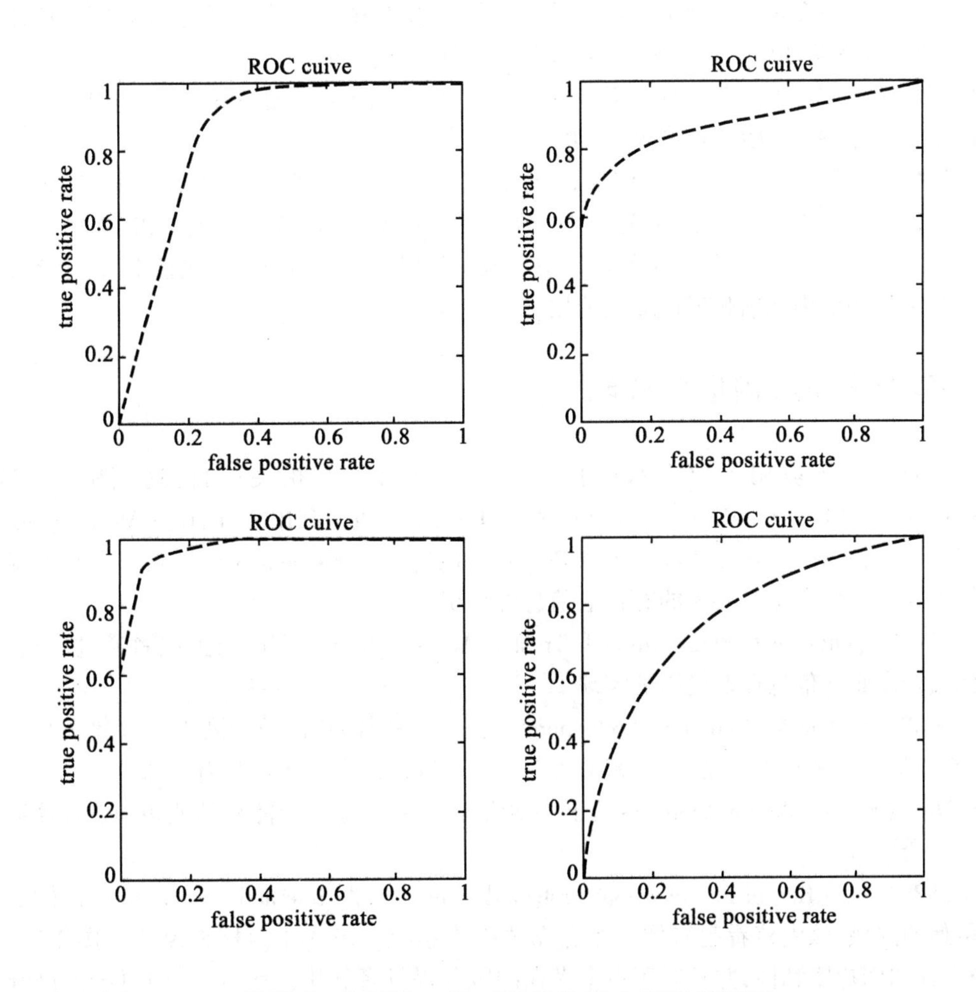

5. 熟练掌握 Stimark 的操作,使用该工具对图像数字水印进行评测。

第9章 网络环境下安全数字水印协议

人们在提出各种技术的时候,首先考虑的是需求,数字水印技术也不例外。几乎所有的数字水印的具体应用都是基于网络环境下的。在数字水印发展过程中,必然要和实际应用联系起来,因此研究网络环境下数字水印的应用是我们最终的目的。

应用数字水印技术的各大项目及相关项目包括 ACCOPI, TALISMAN, CIPRESS,OKAPI, IMPRIMATUR,SeMoA, OCTALIS,SySCoP。

本章根据密码学中密钥交换 Diffie-Hellman 算法设计了一套安全水印应用协议,该协议是基于可信任第三方 TTP 的安全协议。应用数字证书技术,能抵抗中间人攻击,能防止欺骗和冒充,在网络环境下具有好的安全特性。应用该协议建立了水印应用一般性框架,希望能为我们国家数字水印应用标准化提供立论依据。

9.1 各大水印应用项目介绍

下面介绍一下应用了数字水印技术的各大项目以及相关项目,这其中有 CITED, COPICAT,ACCOPI,TALISMAN, OCTALIS,CIPRESS,OKAPI,IMPRIMATUR,SeMoA, SySCoP。

CIPRESS (Cryptographic Intellectual Property Rights Enforcement SyStem):一个在不安全网络环境下安全存储和交换秘密的有价值信息的系统。

OCTALIS (Offer of Contents through Trusted Access LInkS):在网络上或者通过广播技术,重要的安全多媒体信息存取机制的实现。

SySCoP (SyStem for Copyright Protection):是一个在图像和视频序列中嵌入数字水印的工具,该水印是一个感觉不可见的、秘密的且对一定范围内的图像操作具有鲁棒性。

SeMoA (Secure Mobile Agents):基于移动代理技术,创建一个能移动地访问多媒体数据和服务的安全平台。

OKAPI (Open Kernel for Access to Protected Interoperable interactive services):目标是发展一个可信的内核,该内核看起来像一个分布式操作系统。OKAPI 内核将保证可操作性、开放性、公平性和用户隐私性,并且对于每个潜在的服务提供者和用户来说,该项目将促进开放的欧洲多媒体市场健康发展。通过这个内核一个主要目标是使未来欧洲多媒体服务分布式系统达到最大限度地公用。

TALISMAN (Tracing Authors' rights by Labeling Image Services and Monitoring Access Network):目标是为欧盟成员国的服务提供者提供一个标准的版权保护机制,用于保护数字化产品,防止大规模的商业盗版和非法复制,TALISMAN 的预期产品是通过标记和水印方法得到一个视频序列保护系统。

IMPRIMATUR:主要目标是阐述使用开放网络(例如 Internet)如何促进 IPR(Intellectual Property Rights)管理,这个项目仍在发展,实施的版权管理机制仍在被定义。

下面重点介绍两个项目(OCTALIS 和 IMPRIMATUR)。

两个水印应用项目(OCTALIS 和 IMPRIMATUR)系统框架:

1. OCTALIS

主要目标:数字化的数据的表达和提供带来严重的安全问题,这些问题不能被单一的安全系统解决。因此一些机制必须集成到一个多层次安全概念,该安全概念提供了访问控制和多媒体数据版权保护。TV 服务提供者发起的存取系统目前扮演着私有系统的角色,在 Internet 上各种低比特服务的各种方法也是如此。版权保护对版权所有者和作者的版权是必需的,对于数字产品具有反盗版和非法复制的作用。综合相关的两个欧洲项目 TALISMAN 和 OKAPI,OCTALIS 项目的主要目标是:

(1) 集成一个全面的方法,能公平有条件地存取又能有效地版权保护;

(2) 通过大规模的试验阐述其有效性。

OCTALIS 技术方法通过两个主要的试验来驱动,第一种试验定位在 European Broadcasting Union (EBU) 主要网络;第二种试验在 Internet 上,寻找促进图像和相关信息安全访问和分发方法。图 9.1 给出了第二种试验。从图中很容易看到有版权所有者、服务产生者、服务提供者,还有验证机构和图像数据库等,从图中很容易理解整个过程。

2. IMPRIMATUR

前面已经部分介绍了该项目,从图 9.2 中能反映 IPR 管理的细节,其中 IPR 管理有以下几个方面:Transaction Security and Authentication, Unique Identifiers, Tracking Watermarking and Fingerprinting, Monitoring, Licensing,关于该项目更多的信息请参考有关文献。

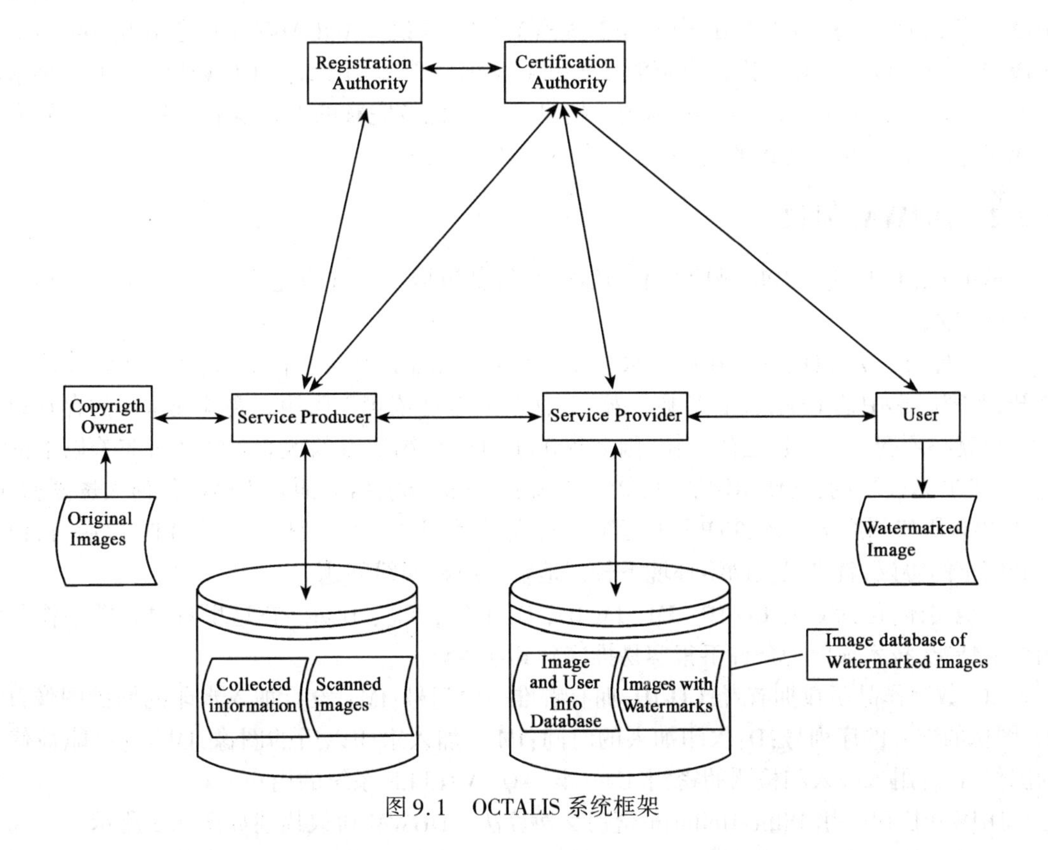

图 9.1 OCTALIS 系统框架

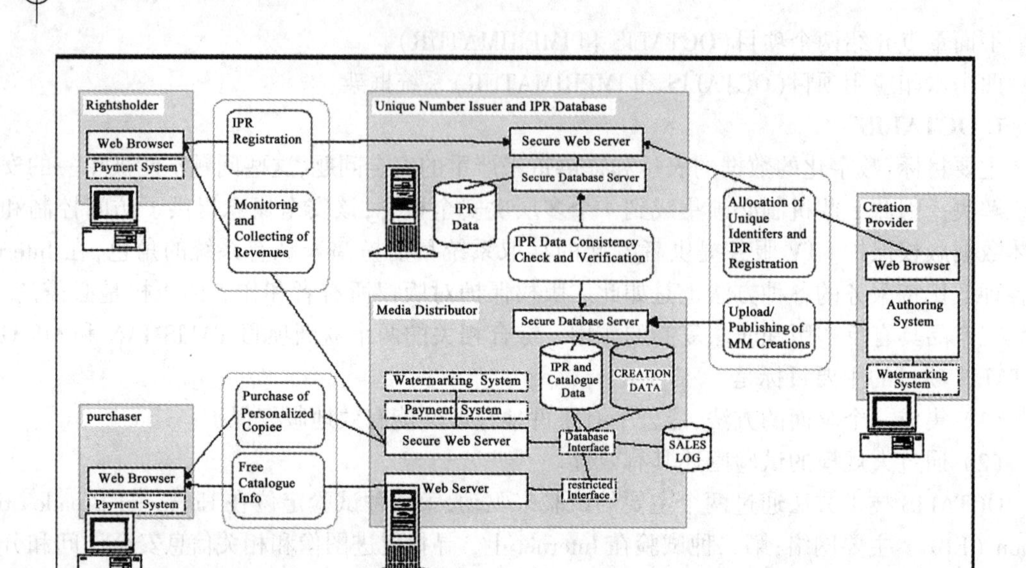

图 9.2　IMPRIMATUR 系统框架

9.2　DHWM 的优点和缺陷

DHWM (Diffie-Hellman Protocol for WaterMarking)协议是在 AQUARELLE 项目中采用的基于可信任的第三方 TTP(Trusted Third Party)水印协议。AQUARELLE 是应用 Internet 和 DHWM 协议为欧洲文化遗产提供资源发现和共享的一个应用系统。DHWM 结合了数字水印技术和密码学中的密钥交换算法,为用户提供了一个比较完整的 IPR 保护机制。下面先介绍 DHWM,然后再给出该协议的优缺点。

9.2.1　DHWM 协议

AQUARELLE 项目 IPR 保护基本功能模块信息包括基于可信任的第三方 TTP, CO 和 IM 等其他实体。

可信任第三方 TTP:一般在应用水印技术对数字作品进行版权保护时,数字水印算法要求公开,和密码学中的 Kerckhoffs 原则一样,算法的安全性依赖于密钥。要验证水印的存在以确定版权就必须拥有水印算法的密钥,因此提出了可信任第三方的概念。TTP 扮演着以下的角色:① TTP 是公平的,其作用像法庭;② TTP 知道水印解码密钥,而且不会向任何人透露密钥;③ 当出现版权纠纷的时候,TTP 可以运行水印解码程序,以确定版权。引入 TTP 以后,再设计一套安全的协议,就可以在网络环境下较好地解决版权纠纷问题。

其他实体:包括 CO, CO-ID, IM, IM-ID, D, IM^*, K_{IM}, User。在这里只讨论数字作品为图像的情况,技术成熟的条件下很容易推广到其他媒体。

CO:数字作品版权拥有者;CO-ID:拥有者惟一序列号;IM: 没有加入水印的原始图像;IM-ID:图像的惟一的序列号;D:水印加入的时间;IM^*:加入水印以后的图像;IM^{**}:可能被修改的图像;K_{IM}:用来嵌入和检测的密钥;User:该 AQUARELLE 系统的用户。

DHWM 协议采用 Diffie-Hellman 密钥交换算法。DHWM 协议描述如图 9.3 所示。

DHWM 协议能用来对图像加载水印并能验证具有版权保护的水印的存在。其工作过程

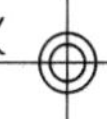

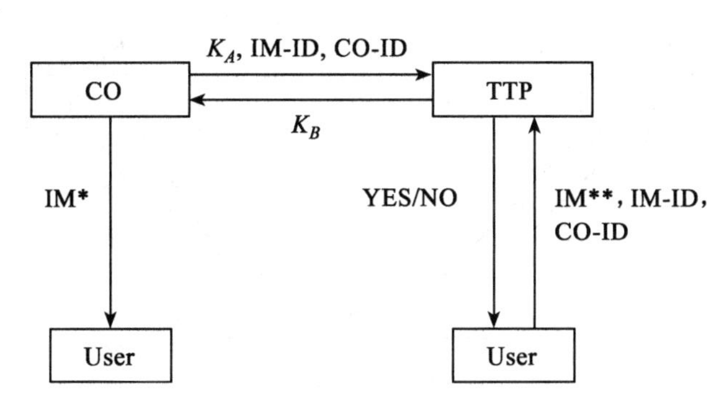

图 9.3 DHWM 协议

如下。

加载水印过程：

- 版权拥有者 CO 和 TTP 使用 Diffie-Hellman 算法生产一个共享密钥 K_{IM}；
- TTP 安全地保存好 IM-ID,CO-ID,D,K_{IM}；
- CO 使用密钥对图像加载水印。

验证过程：

- AQUARELLE 系统的用户提交图像 IM**,IM-ID 和 CO-ID 给 TTP；
- TTP 检测水印，并返回 YES 或者 NO。

9.2.2 DHWM 协议的优缺点

1. DHWM 协议的优点

(1) 用 Diffie-Hellman 算法产生共享密钥，该算法是基于数学难题离散对数的，两个公开素数 p, g 且 $g<p$, p 是很大的素数，知道 $g^a \bmod p$。最好的算法计算 a 的复杂度为 $O(\exp\sqrt[3]{n\lg n\lg\lg n})$，其中 n 为 p 的位数；当 n 为 1 024 时，可以认为很安全。

(2) 该协议减轻了 TTP 的负担，水印的嵌入工作由 CO 自己完成，提高了效率。

(3) 由于不需要交换图像数据，所以窃听者不可能在 TTP 和 CO 的通信线路上截获图像数据。

2. DHWM 协议的缺点

(1) 容易遭到中间人攻击(Man-in-the-middle Attack)，图 9.4 指出该协议是怎样受到中间人攻击的。

中间人攻击者选择一个随机数 X_C，并计算 $K_c = g^{X_c} \bmod p$

因此在 CO 端：$K_{CO} = g^{X_A X_C} \bmod p = K_C^{X_A} \bmod p$，$X_A$ 是 CO 选择的大的随机数；在 TTP 端：$K_{TTP} = g^{X_B X_C} \bmod p = K_C^{X_B} \bmod p$，$X_B$ 是 TTP 选择的大的随机数。

在 CO 端产生的密钥为 K_{CO}，在 TTP 端产生的密钥为 K_{TTP}，这两个密钥并不相等，也就是说嵌入水印的密钥和检测水印的密钥不相同，这个协议就失去了它的作用了，TTP 也不再能扮演验证水印的角色。

更有甚者，Man-in-the-middle 是数字水印方面的高手，他知道水印嵌入算法，在图像中嵌入多重水印，这样就嵌入他自己的水印标签，然后这幅图像的版权就变成了中间人的了。

(2) 信道中传输的信息都是明文信息，这就很不安全，攻击者可以窃听到 IM-ID,CO-ID,D

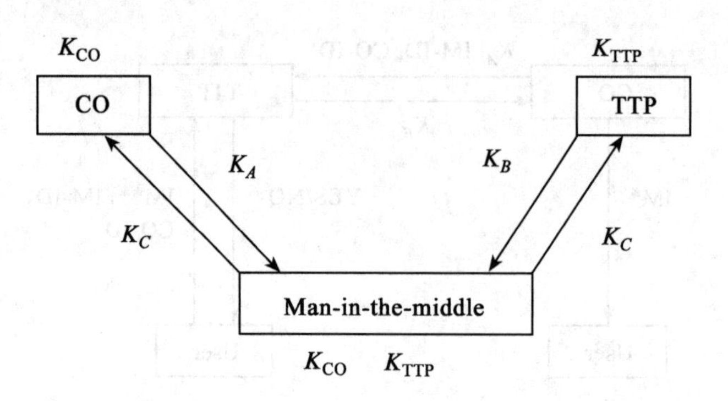

图 9.4　中间人攻击

等信息,虽然在网络环境下实现的时候会用到一些安全协议,但大都存在漏洞,攻击者会结合其他的攻击方式来达到攻击目的,一种好的方法是对这些信息进行签名和加密。

(3) 没有 CO-ID 的任何信息,且没有管理机制,没有在网络环境下惟一标识一个独立实体的数字证书,这样就为一些不法分子提供了方便,不法分子可以欺骗用户。

(4) 可以冒充是 TTP 如图 9.5 所示,在第一点介绍了中间人攻击,在 CO-TTP 和 User-TTP 之间同时应用中间人攻击,可以冒充 TTP;实行两次中间人攻击,TTP 可以被别有用心的攻击者冒充。

另外还包括可以加多重水印,TTP 和 CO 之间算法的分配和选择等问题,这些问题并不都是协议的问题。我们可以和密码学结合起来,设计一种安全协议,既保留 CO 和 TTP 共同生产共享密钥的优点,又不过多地影响效率,适当改变水印应用框架,消除以上提到的一些攻击,做到既应用了传统网络资源,又增加了安全性。

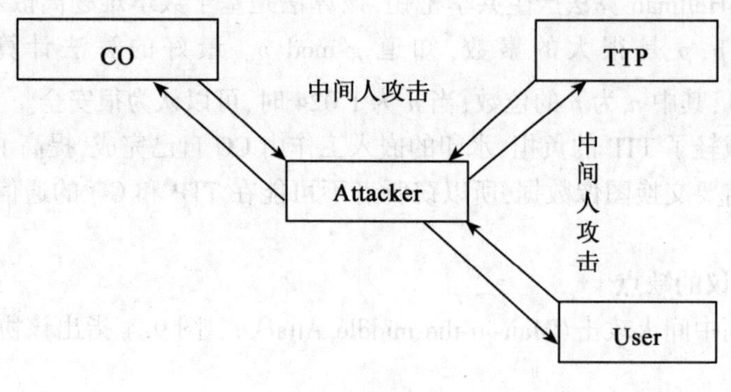

图 9.5　冒充 TTP

9.3　一种新的安全水印协议

9.3.1　一种安全水印协议

该协议要求应用数字证书技术,实现起来并不困难,可以使用已有的一些机构如数字证书签发、管理机构(Certificate Authority,CA),消除上面提到的一些攻击,通过分析,效率也能达到

要求。在这里假定CO和TTP都有对方的公开密钥证书,通过设立数字证书颁发和管理机构(CA)来实现,我们都知道CA是信息时代必需的基础设施,这样就不会增加太多的精力去设计CA,完全可以选择一个可信任的CA机构,最好是受政府监督和管理的,数字世界真正的用来标志一个实体的数字证书在这里被应用了,大大增强了其安全性,因为CA机构的一系列的职能,包括证书的审核、签发、管理、撤销等,再加上上述协议的应用,能很好地消除DHWM水印协议的薄弱点,保证安全性。如图9.6所示。协议描述如下:

(1) CO产生随机数X,并把X发给TTP;

(2) TTP产生随机数Y,并计算$K=g^{XY}\bmod p$,这里K就可以作为用来加载水印的密钥,然后对X,Y签名,并用K加密签名,即$E_K(S_B(X,Y))$,连同Y一起发给CO;

(3) CO接受Y,计算$K=g^{XY}\bmod p$,$D_K(E_K(S_B(X,Y)))$,验证TTP的签名,并把$E_K(S_A(X,Y))$,E_K(IM-ID,CO-ID)一同发给TTP;

(4) TTP解密得到IM-ID,CO-ID等信息,验证CO的签名。

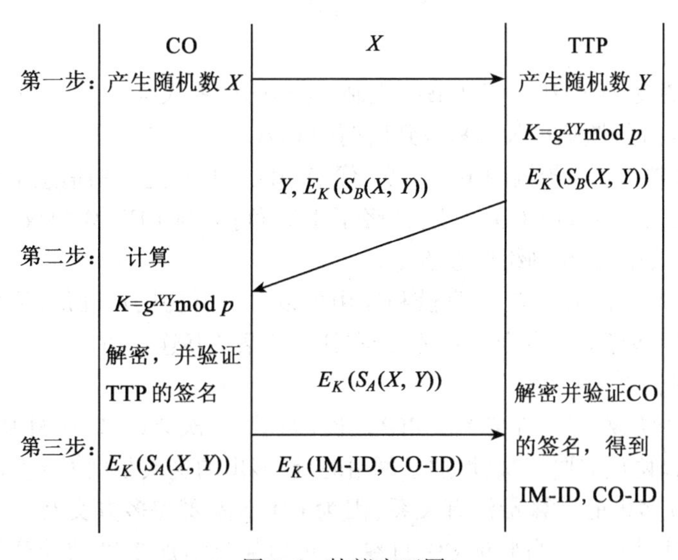

图9.6　协议交互图

安全协议框架如图9.7所示。

9.3.2　该协议的分析和评价

该协议保留了CO和TTP共同产生密钥的优点,不需要传输密钥,应用了数字证书技术,增强了安全性,而且便于管理,便于与其他系统互连互通,同时能消除对DHWM协议可能的攻击。在应用该协议的过程中,并不需要去设计CA,因为CA作为数字世界的基础设施能被利用。惟一的不足,是CO与TTP之间增加了一次会话。

1. 该协议的优点

(1) 用Diffie-Hellman算法生成共享密钥,可以认为很安全。

(2) 消除了中间人攻击,通过分析很容易发现中间人攻击对此协议没有效,一旦攻击者试图采用这种攻击,CO和TTP很容易发现受到攻击,攻击者不能达到目的。

(3) 应用了数字证书技术,数字证书是数字世界能惟一标志一个实体的凭证,由于CA有

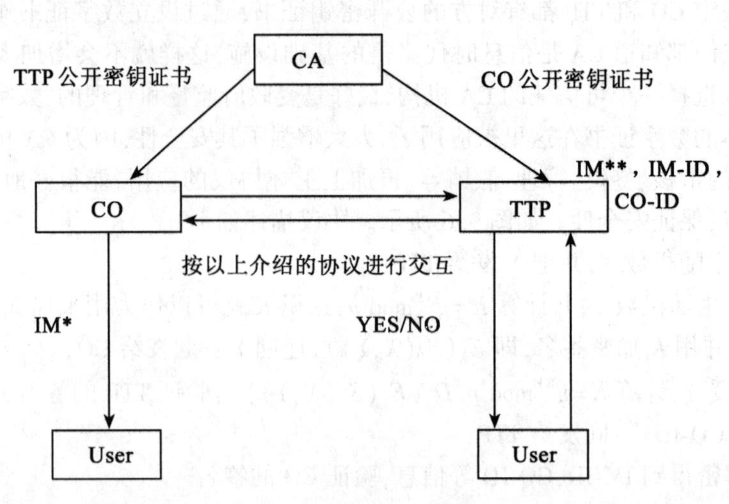

图9.7　安全协议框架

一套完整的审核、签发、管理和撤消证书的机制，这样的话就大大减少了CO在网络上进行欺骗的可能，即使CO进行欺骗也很容易找到所谓的CO。

(4) 在CO和TTP之间传输的不是明文，像IM-ID，CO-ID这样的信息不会被窃听到。

(5) 水印嵌入工作可以由CO完成，减轻了TTP负担，与DHWM协议一样不用在CO和TTP之间传输图像数据，提高网络服务质量。

(6) 由于有了数字证书，TTP的身份和作用可以对所有的用户确认，不可能冒充TTP，应用数字证书，符合网络环境下安全需要，便于和其他的系统互连互通。

2. 该协议的缺点

(1) 与DHWM协议相比，在CO和TTP之间增加了一次会话，DHWM协议CO与TTP交互需要两次会话，该协议需要三次，增加了网络时延，多出的这次是由CO发出的，增加了一部分计算量，对于CO多出的计算量没有关系，因为CO不需要和多方交互，主要是增加了TTP一部分计算量，这些计算量来自验证CO的签名，可以通过增加TTP的计算能力，提供并发控制机制来解决这个问题。

(2) CO和TTP都需要到CA处查询对方的公共密钥证书，增加了网络时延。

上述两个缺点随着网络速度的提高，网络服务质量的提高及计算能力的增强能得到解决，从而建立一套安全实用的水印协议。

总的来说，该协议符合网络环境下水印应用的要求，充分保证了安全性，同时应用了已有的安全基础设施，结合了数字证书技术，便于管理，便于与其他系统互连互通，具有实际应用价值。

9.4　水印应用一般性框架

前面给出了一种安全水印协议，本节在上述基础上给出水印应用一般性框架。前面介绍了水印的应用，数字水印主要应用是在网络环境下版权保护、防非法拷贝。如何在网络环境下实现这两个应用，如何通过一套安全的协议建立水印一般性框架，是应用数字水印技术的关键。以这个框架作为参考，设计实际应用的水印系统，同时在此基础之上建立相关标准。

9.4.1　媒体安全分发事物模型

该事物模型是基于可信任第三方 TTP 的,TTP 的作用是在用户与服务提供者之间提供验证结果,因为在网络环境下数字作品的传播需要完整的验证功能和监视功能,因此该事物模型由以下几个过程组成:

(1) 标记工作,也就是把一些与数字作品相关的信息和数字作品联系起来,例如作品的 ID 号,版权拥有者的 ID 号;

(2) 水印和数字指纹 (Fingerprinting,Fp),水印为版权标识,数字指纹是由版权所有者向分发给每个用户的拷贝中加入的惟一"指纹";

(3) 监视与验证,通过检查网络上的水印和数字指纹来追踪其合法性并验证作品的有效性。

9.4.2　水印应用一般性框架

水印应用一般性框架如图 9.8 所示。

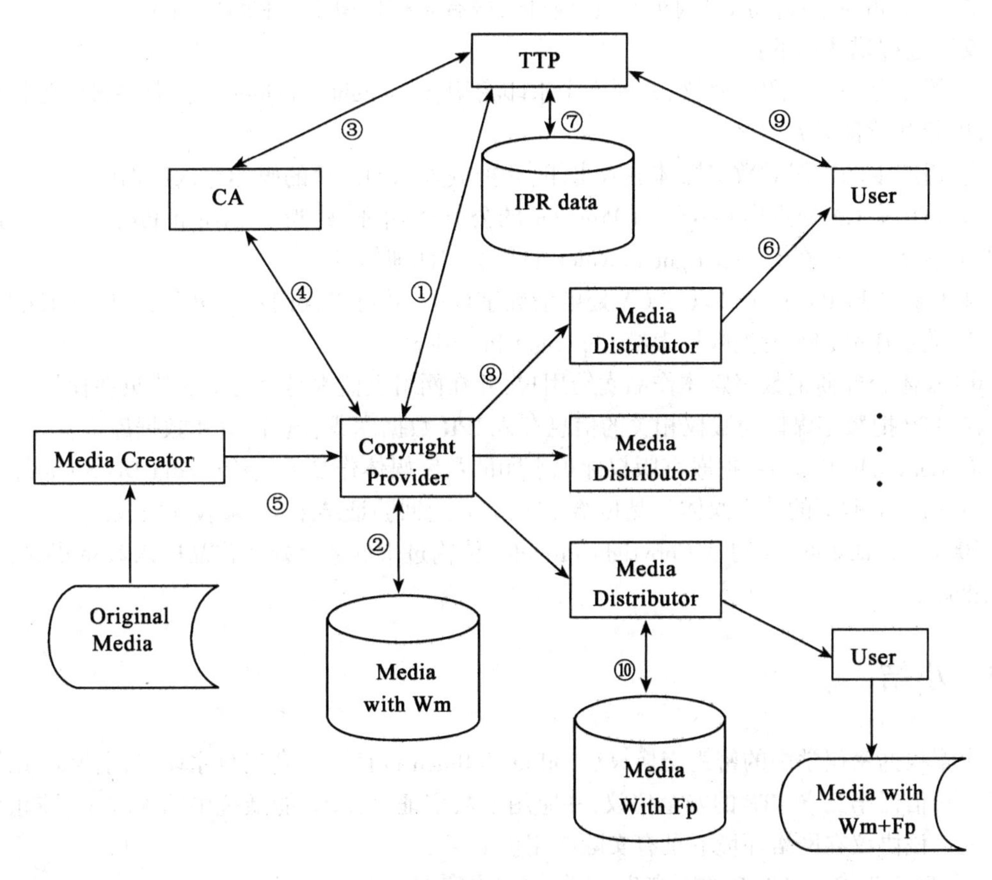

图 9.8　水印应用一般性框架

Media Creator:数字媒体的创作者。

Copyright Provider:版权提供者,买断了媒体创作者的版权,是通常意义下的发行者,

Copyright Provider 在数字媒体加入版权标识水印。

Media Distributor：媒体分发者，媒体分发者向用户购买的合法拷贝中加入惟一的数字指纹，并监视网络，防止非法复制。

TTP：可信任的第三方，建有 IPR 数据库，存储了各 Copyright Provider 版权信息等，同时可以验证用户购买的合法拷贝的版权。

CA：传统意义下的数字证书审核、签发、管理和撤销机构，Copyright Provider 和 TTP 可以到此查询对方的公共密钥证书，同时和 TTP 一起对提交数字作品的 Copyright Provider 进行管理和监督，应用上节介绍的协议，可以抵抗各种攻击，保证了水印系统的安全性。

User：购买数字作品的用户。

Original Media：没有嵌入水印的原媒体。

IPR Data：版权信息数据库，存有数字媒体的 ID 号，版权提供者的 ID 号，水印信息等。

Media with Wm：Copyright Provider 建立的数据库，存有嵌入了版权标识水印的数字媒体。

Media With Fp：Media Distributor 建立的数据库，存有从 Copyright Provider 分发过来的并嵌入有数字指纹的数字媒体。

Media with Wm+Fp：用户购买的数字媒体，嵌有版权标识水印和数字指纹。

交互过程描述如下：

① 按照上一节介绍的协议，共同产生水印密钥，Copyright Provider 提交数字媒体版权信息给 TTP，相互验证对方签名。

② 用产生的密钥对数字媒体嵌入水印，并把嵌入水印以后的媒体存入数据库。

③ TTP 从 CA 处查询 Copyright Provider 的公开密钥证书，当 Copyright Provider 进行欺骗时，TTP 能从 CA 处查到 Copyright Provider 的身份和详细信息。

④ Copyright Provider 可以在 CA 处申请数字证书，并可以查询到 TTP 的公开密钥证书。

⑤ 数字作品创作者把版权卖给 Copyright Provider。

⑥ 媒体分发商把数字媒体作品卖给用户，并在网络上监视是否有非法拷贝在使用。

⑦ TTP 把数字媒体与版权相关的信息存入 IPR 数据库或者查询 IPR 数据库。

⑧ Copyright Provider 把嵌有版权标识水印的数字媒体作品传输给 Media Distributor。

⑨ 用户把购买的数字媒体作品传给 TTP，TTP 返回验证结果，用来验证版权。

⑩ Media Distributor 对从 Copyright Provider 传输过来的数字媒体作品嵌入数字指纹，并存入数据库。

9.5 小结

本章根据密码学中的密钥交换算法 Diffie-Hellman 设计了一套安全水印应用协议，该协议是基于可信任第三方 TTP 的安全协议，并应用了数字证书技术，能抵抗中间人攻击，防止欺骗和冒充。该协议在网络环境下具有实际应用价值。

(1)密钥为 CO 和 TTP 共同产生，避免加载水印在 TTP 方执行。

(2)具有好的安全特性，能抵抗中间人攻击，防止欺骗和冒充。

(3)使用数字证书技术，便于与实用的安全技术结合，有利于与其他系统互连互通。

不足表现在 CO 与 TTP 增加一次会话。该协议可以应用到网络分发多媒体作品、版权保护、防止非法复制等实际网络系统中。根据实际应用需要，寻找或者设计合乎要求的水印算

法，在实验网络下模拟实现。

思 考 题

1. 什么是DHWM协议？它的优点是什么？

2. 在DHWM协议中，CO和TTP共同协商的密钥K_{IM}起什么作用？请结合Diffie-Hellman密钥交换算法简述K_{IM}的生成步骤。

3. 为什么DHWM协议不能抵抗中间人攻击？如何改进使之能抵抗这种攻击？

4. 简述水印应用一般性框架。

第10章 软件水印

软件版权和专利提供对智力财产的合法保护。但是，有关法律对软件保护含糊不清，没有明确规定软件的逆向工程和反编译是非法的。即使将来有明确的法律规定，对于法律的实施还是比较艰难的。

软件水印是保护软件所有者权益的有效技术。设计软件水印时，需要考虑三个主要问题：

(1)要求的数据率：相对于程序大小，水印最大的长度是多少。

(2)载体程序的存在形式：程序是中间层结构的虚拟机代码还是直接执行的二进制代码。

(3)可能的攻击模型：会遇到何种形式的反水印攻击。

根据不同的保护功能，软件水印可具体分为：验证水印(Validation Mark)、许可水印(Licensing Mark)、身份标识水印(Authoriship Mark)和指纹水印(Fingerprinting Mark)。验证水印通过生成文档的密码摘要来证明软件自发布之时起未被篡改过，如 Sun 公司在 2001 年开始支持对 Java 小程序进行数字签名；许可水印通常含有一个解密密钥，处于许可控制下的软件被加密，当许可水印被破坏时解密密钥随之失效，以此来控制软件的使用；身份标志水印通过在软件中嵌入作者的身份信息为其提供知识产权保护，也是感觉上最一般的软件水印的应用；指纹水印在软件中嵌入作者的身份信息为其提供知识产权保护，也是感觉上最一般的软件水印的应用；指纹水印在软件中嵌入软件的序列号和购买者信息，以防止通过某一合法分发渠道的非法拷贝或是用于收集关于分发渠道的统计信息。和数字水印领域类似，身份标志水印和指纹水印要求是鲁棒的，而验证和许可水印有脆弱性需求。

10.1 各种攻击

10.1.1 水印系统的攻击

水印系统的强度是数据率、秘密性、可恢复性的函数。数据率表示可以隐藏在载体介质中的数据量，秘密性表示嵌入的数据不可感知的程度，可恢复性指隐藏信息不受恶意攻击的影响的能力。

一般来说，没有任何水印方案可以抵御所有的攻击，通常同时使用多种保护技术以获得预计的抗攻击能力。

(1) 溢出攻击(Subtractive Attack)。攻击者试图探测水印的存在和大概位置，并试图在保留软件原有使用价值的前提下删除水印；

(2) 扭曲攻击(Distortive Attack)。如果攻击者可以定位水印，并愿意接受软件一定程度的质量下降的话，他可以对整个实体实施扭曲攻击，该攻击将作用于实体包含的所有水印。有效地扭曲攻击将使实体所有者无法检测出水印，但是被攻击后的实体依然对攻击者有利用价值；

(3) 附加攻击(Additive Attack)。攻击者试图将自己的水印信息嵌入实体中。攻击者的水印完全覆盖实体所有者的水印以至于所有者无法证明自己的身份,或是无法证明所有者的水印在攻击者之前嵌入。

(4) 共谋攻击(Aollusive Attack)。通过比较某程序不同的嵌入指纹水印后的拷贝来定位水印。

多数水印方案无法抵抗扭曲攻击。比如,图像变换(有损压缩)会扭曲图像,使水印无法恢复。

10.1.2 指纹系统的攻击

指纹类似水印,不同之处在于指纹把不同的秘密消息嵌入到每个载体消息中。这使我们不仅可以检查到侵权行为何时发生,而且可以跟踪到侵权者。通常的指纹包括商家、产品、客户的身份识别号。指纹无法抵抗共谋攻击。

10.2 软件水印

10.2.1 静态软件水印

静态水印存储在可执行应用程序里。在 Unix 环境下,水印通常存储在初始数据段(静态字符串)、文本段(可执行代码)、可执行部分的符号段(调试信息)。在 Java 中,水印可以存在于任何一个类文件中,其形式可以是:常量表、方法表、线性数字表等。

两种基本的静态水印为代码水印(Code Watermarks)和数据水印(Data Watermarks)。前者存储于可执行代码的指令部分,后者存储于任何其他的部分,如头信息、字符串部分、调试信息等。

1. 静态数据水印

数据水印由于易于构建和识别,所以普遍使用。例如,JPEG 的版权信息可以很容易地从 Netscape 中抽取:

```
>strings/usr/local/bin/netscape | \grep -I copyright
```

Moskowitz 提出了一种用数字水印方法将水印连同程序的关键代码段植入图像或其他多媒体介质中,然后将该图像存储在程序的静态数据段,图像的篡改将引起程序的失效,该方法已获得美国的专利,然而这种方法不具有普遍性。

静态水印极易受迷惑(Obfuscation)等扭曲攻击的影响。如最简单的例子,一个自动的代码迷惑装置可以将所有字符串分解为分布于可执行代码的子串,使得水印几乎无法被识别。

更复杂的抵御水印攻击的方法是把所有的静态数据转换为能产生这些数据的程序。

2. 代码水印

图像、声音水印利用人类听觉或视觉的缺陷,将水印藏在冗余字节中。代码水印的构造与此类同。例如,如果临近部分 s_1 和 s_2 不存在数据和控制结构的相关性,则可以颠倒它们的顺序。水印数据可以任意顺序放入 s_1 或 s_2 中。

此方法存在很多变种。如通过重组一个 m 分支的 case 语句,可以编制 $\log_2(m!) \sim O(m\log m)$ 的水印比特信息。Davidson 提出了一种类似的代码水印,软件的序列号被嵌入程序控制流程图的基本块序列中。

许多代码水印都易于遭受简单的扭曲攻击和附加攻击,如局部的性能优化或者是分支重组。另外,许多的代码迷惑技术也威胁到代码水印的识别,如 Davidson 的方法依赖于可以可靠识别一个控制流图的基本块,但是通过加入不透明真值预测分支(即位置永远为"真"的条件预测)极易破坏原来的基本块。

3. 静态水印的窜谋攻击

迷惑攻击实验表明所有的程序静态结构都可以通过迷惑变换得到改变。内嵌、外嵌、循环变形都是一些著名的优化策略,同时也轻易地毁掉静态代码水印。

对于把水印嵌入应用程序使用的图像中的软件水印方法是无法抵御窜谋攻击。此方法的思想是在图像中嵌入关键的代码片断。这段代码可以被抽取和执行,如果图像被篡改,则执行失败。

10.2.2 动态软件水印

如上所述,静态水印极易受到保留语义的代码转化攻击,动态软件水印将水印信息存储于程序的执行状态中,而不像静态水印存储于程序代码本身。这将使其易于抵抗代码迷惑攻击。

现有三种动态水印技术:Easter Egg 水印,数据结构水印(Data Structure Watermarks)和执行踪迹水印(Execution Trace Watermarks)。在这三种水印中,当输入特别的值 I 时,程序就会进入表示水印的状态。各个方法的区别在于水印具体嵌入程序状态的位置和水印的提取方式。

1. Easter Egg 水印

Easter Egg 水印的思想是,当程序的输入为一特别的值 I 时,水印相关的代码段将被激活,通常该代码会显示版权信息和不可预见的图像。比如,在 Netscape 4.0 中输入 URL'about:mozilla',就会出现喷火的怪兽。

Easter Egg 水印的主要问题是水印易于被定位。除非 Easter Egg 的作用非常精妙,否则一旦该输入序列 I 被发现,标准的代码调试技术即可跟踪到该水印在执行时的位置并将其除去。

2. 动态数据结构水印

动态数据结构水印的思想是,当程序的输入为一特别的值 I 时,把水印嵌入程序的状态(全局变量、堆栈数据)中。当 I 对应的代码执行完后,检查当前变量值提取水印信息。具体实现可以在调试状态下执行程序,提取水印。相对于 Easter Egg 水印,数据结构水印在特定输入条件下由于没有水印相关结构输出,且提取过程和原应用程序无关,具有一些优秀的性质。但是,其同样易受迷惑攻击。现在已有许多迷惑转化技术可有效地破坏动态状态,使得水印检测失效,这些技术可以将单个变量拆分为多个表示,反之也可将多个变量进行合并,它们也可拆分数组、改变面向对象程序的集成关系。

3. 执行踪迹水印

执行踪迹水印的思想是,当程序的输入为一特别的值 I 时,水印将嵌入程序的执行踪迹中,如指令或地址,通过监视程序执行的地址踪迹或执行的操作序列的性质来提取水印。该方法易受迷惑转化、代码优化等多种攻击。

10.2.3 动态图水印

除了 Easter Egg 水印,其他软件水印技术均无法抵抗通过实施保留语义的扭曲转化攻击。1999 年,Collberg 和 Thomborson 提出了一种全新的在动态数据结构中嵌入软件水印的技术,即

动态的图水印(Dynamic Graph Watermarking)。

该技术的中心思想是在动态建立的图结构的拓扑中嵌入水印信息。由于指针相互链接的影响,所以很难分析动态图结构。该方法可以有效地提高软件水印抵抗扭曲攻击的能力,从而进一步推动软件水印技术的发展。

10.3 对 Java 程序的软件水印技术

由于 Java 程序更易被实施恶意逆向工程攻击以及在各个领域的广泛应用,除了上述通用的软件水印技术外,还提出了很多针对 Java 程序的软件水印技术。Akito Moden 提出了一种较为有效的针对 Java 程序的水印嵌入方法,该方法的主要思想是在源程序中嵌入哑函数,并基于哑函数的直接码嵌入水印。所谓哑函数是指在程序中永远不会被调用的函数,由于 Java 虚拟机中的字节码检查器检查句法的正确性和类文件的类型一致性,所以如果简单地覆盖哑函数字节码的比特序列,将不能执行程序,因此水印的植入应保持句法正确性和类型一致性。就此使用了两种嵌入方法:①重写数值型操作数。数值型操作数是将数值压入堆栈,且在被重写时不会有句法错误和类型不一致。②替换操作码。一些操作码的互换不会引起句法错误和类型冲突,如 iadd 和 isub 的互换,因此可以利用该替换能力嵌入水印比特信息。该方案可以抵抗附加攻击、迷惑等扭曲攻击,然而其安全性建立在反复多次的嵌入水印信息的基础上。

10.4 小结

软件水印是将大量数字嵌入程序的过程,其基本要求包括:①数字在程序受到改变后能够可靠的检测出来;②嵌入信息对攻击者是不可感知的;③嵌入不降低程序的性能。

随着移动代理和电子商务应用等新的网络模式的不断发展,软件保护技术也引起越来越多的关注。由于传统的加密和签名技术不能直接适用于涉及软件安全的领域,很多方法尝试结合软件保护技术来解决这些安全问题,如 Intel 利用防篡改技术为其内容保护体系提供安全支持。目前移动代理等涉及代码安全保护的问题仍没有得到很好的解决,相信软件保护技术的研究也将为解决上述其他领域的安全问题提供帮助。

思 考 题

1. 什么是软件水印?设计软件水印时应考虑什么问题?
2. 对软件水印的攻击有哪些?
3. 软件水印可以分为哪几类?

第11章 数字权益管理

Internet使数据传递变得非常方便、快捷,这给数字媒体的发行带来了崭新的方式。与此同时,丰富的数字技术使人们可以很容易地创建、发行各种形式的数字内容,包括文本、图像、音频、视频、电子邮件、软件、游戏等。然而,人们也可以借助数字技术和Internet,免费并且没有任何质量损失地批量复制和发行受知识产权保护的内容和产品。未经授权的访问、复制、发行具有知识产权的产品使数字媒体业遭受着巨大的损失。数据显示,仅2002年外国的盗版行为就给美国的电影、音乐、软件、游戏等行业造成200亿~220亿美元的损失。在中国,盗版行为也严重影响了软件、游戏、音乐、电影等行业的发展。

在开放的网络环境下,数字媒体产业迫切需要有效的技术手段来保护知识产权和保障数字内容的创作者、出版商、发行商的商业利益。一些大的公司和出版商从20世纪80年代开始研究电子版权管理(ECM),在20世纪90年代欧盟资助的IMPRIBATUR和COPEARMS计划使这方面的研究扩展到了法律、技术和商业等方面,名称也变成了DRM(Digital Rights Management)。在1998年随着SDMI(Secure Digital Music Initiative)的建立,DRM开始成为热点。

DRM提供从数字内容的创作者到发行者到消费者的整个价值链的权益保护,并且结合了新的商业模式,为数字媒体业增加了商业机会。现在DRM技术已发展到了第二代。第一代DRM技术侧重于数字内容的加密,防止未授权的使用,即保证只把内容传递给付费用户。第一代DRM并没有实现全面的数字权益管理。第二代DRM则扩展到对基于有形或无形资源的各种权益进行描述、标定、交易、保护、监督和跟踪,以及对权益所有者的关系进行管理。即第二代DRM管理所有相关的权益,而不是局限于数字内容的访问控制。

11.1 DRM概述

11.1.1 DRM的概念

在给出DRM的概念之前,我们先给出另外两个概念:数字资源(Digital Assets)和数字权益(Digital Rights)。

数字资源是指数字形式的任何内容、服务和资源。

数字权益是指创建、发行、使用和管理数字资源的权益。

数字权益管理是指标定、描述、监督执行和管理数字资源的一系列软、硬件技术和服务。"数字权益管理"不单单指"数字权益"的管理,还指"数字式的权益管理",管理的权益不仅仅是版权,应该包括有关的所有权益。DRM技术有两种用途:一种是商业用途,即防止对数字内容的未授权使用及监督所授权的使用条款得以执行,目的是维护商业利益;另一种是非商业性的用途,重在保证内容的机密性,比如企业要限制对企业内部共享信息的访问,防止信息泄露

到企业外部。

11.1.2　DRM 的功能

DRM 在数字媒体商业中提供可信基础。为了理解 DRM 在数字媒体商业中的重要性,我们先来对比一下传统的媒体商业和基于 Internet 的媒体商业。传统的零售业务中买卖双方面对面接触,这种面对面的亲近性提供了多元的信任框架。但在基于 Internet 的商业中,买卖双方可能相距在很远的地方,甚至两个国家,面对面的亲近性不复存在了。为了实现交易,买方首先登录卖方的 Web 网站浏览商品信息,通过在线交易,然后下载得到数字内容(电子书、音乐、电影、软件等)。买方会有很多疑虑:在线付费安全吗?信用卡信息会不会被泄露?下载的内容是不是被篡改过?下载的是自己想要的内容吗?自己的设备支持下载内容的格式吗?自己读(播放)完的内容可以借给别人使用吗?卖方也会有疑虑:购买者会不会盗版这些内容或放在网络上共享呢?如果没有 DRM 系统,以上很多问题的答案都是否定的。DRM 通过在内容提供者与消费者间提供可信的基础,为数字媒体商业提供了有力的保护。

DRM 为数字媒体商业带来很多好处:①保护数字内容;②保护数字内容的发行;③确保数字内容的真实性;④提供数字签名,防止事后抵赖;⑤进行信任管理;⑥监督执行所授权的使用规则等。

11.1.3　端到端的 DRM 过程

DRM 对数字资源进行端到端(创作者到用户)的权益管理,过程如图 11.1 所示。

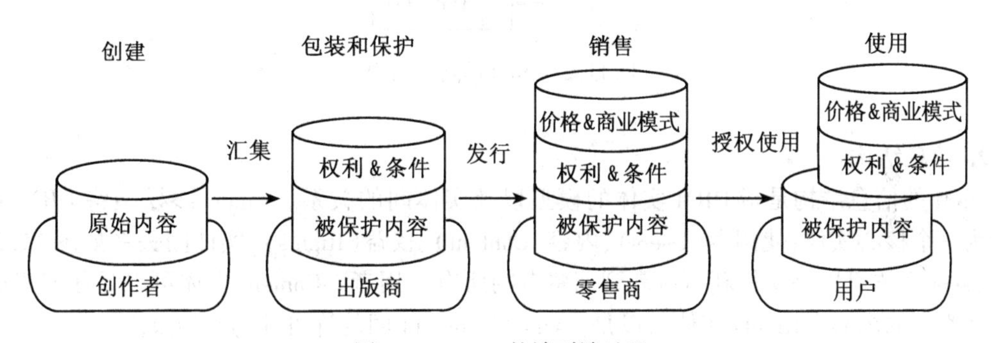

图 11.1　DRM 的端到端过程

11.1.4　DRM 系统的体系结构

在设计和实现 DRM 系统时需要考虑两类非常重要的体系结构:功能结构和信息结构。功能结构是指 DRM 系统实现端到端权益管理的高层模块或组件结构;信息结构是指 DRM 系统中的实体及实体间关系的结构。

1. 功能结构

DRM 的功能结构(如图 11.2 所示)包括三部分内容:

(1) 知识产权资源的创建:确认对知识产权资源所拥有的权益、复核权益、最终创建权益。

(2) 知识产权资源的管理:存储和管理知识产权资源的内容和元数据,并管理数字资源的交易。

(3) 知识产权资源的使用管理:管理交易后的知识产权资源的使用,包括管理使用许可

(阅读、编辑、打印、再发行、外借、使用期限、使用的软硬件环境等),追踪用户是否执行与许可相关联的使用条件。

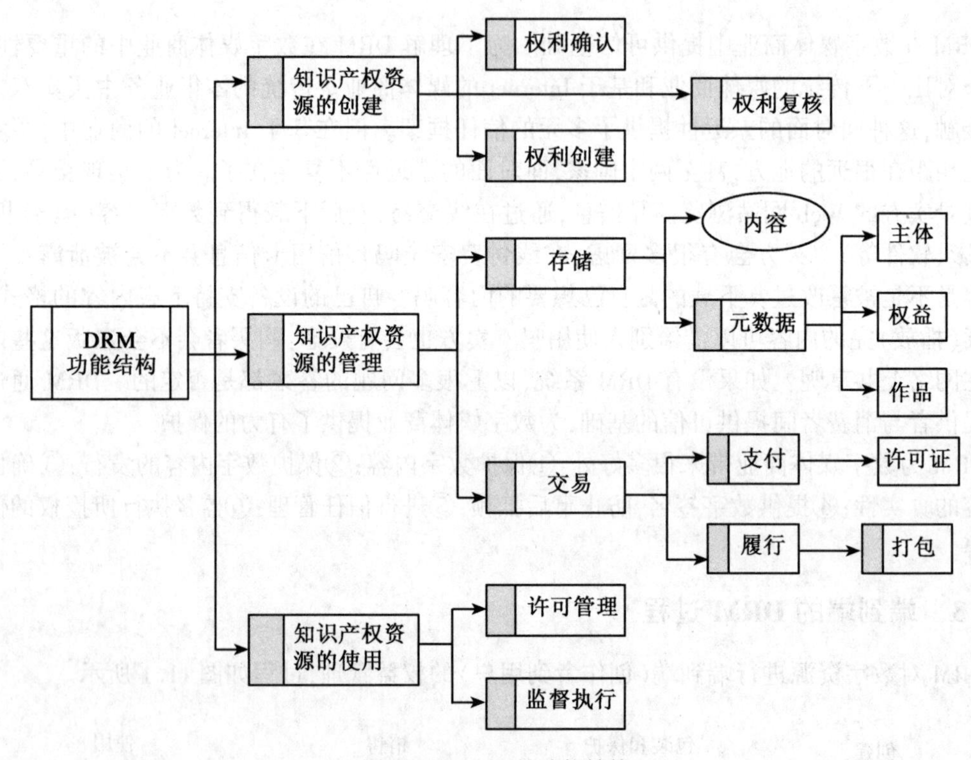

图 11.2　DRM 的功能结构

2. 信息结构

DRM 的信息结构是指 DRM 实体的模型以及实体间的关系。<indecs>模型将 DRM 实体抽象为三个核心实体:使用者(Users)、内容(Content)、权益(Rights),实体间关系如图 11.3 所示。Users 实体可以是从权利所有者到消费者的所有使用者。Content 实体可以是任何集成度的任何类型的内容。Rights 实体可以是 Users 和 Content 间的许可、限制、约束。

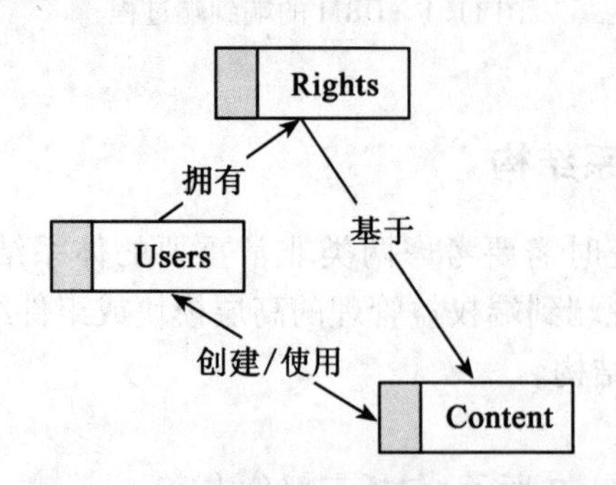

图 11.3　DRM 信息结构的核心实体模型

IFLA(International Federation of Library Association)建立了内容(Content)实体的模型,如图 11.4 所示。IFLA 模型在四个层次上表示内容(Content):Work, Expression, Manifestation, Item。

每一层代表内容所经历的不同阶段,对应不同的权利所有者。下面以作品"The Name of the Rose"为例说明四个层次的含义。

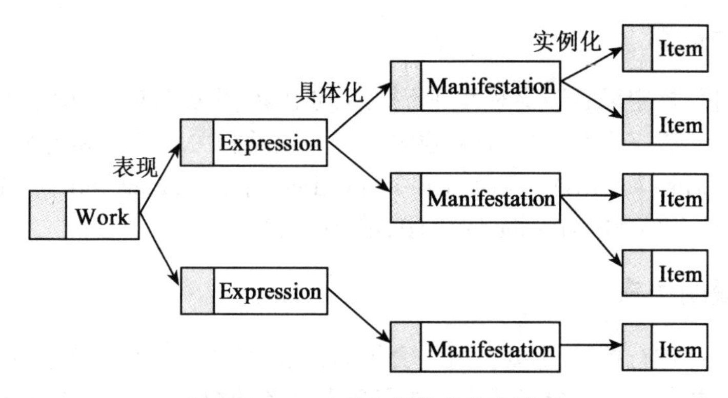

图 11.4　DRM 信息结构的内容模型

权益(Rights)实体可以是使用许可、使用限制、使用义务,以及其他任何与使用者(User)或内容(Content)相关的权益信息。图 11.5 为权益(Rights)实体模型。其中"使用许可"表示用户被允许做什么,"使用限制"表示关于使用许可的限制,"使用义务"表示用户必须做(或接受或提供)什么。

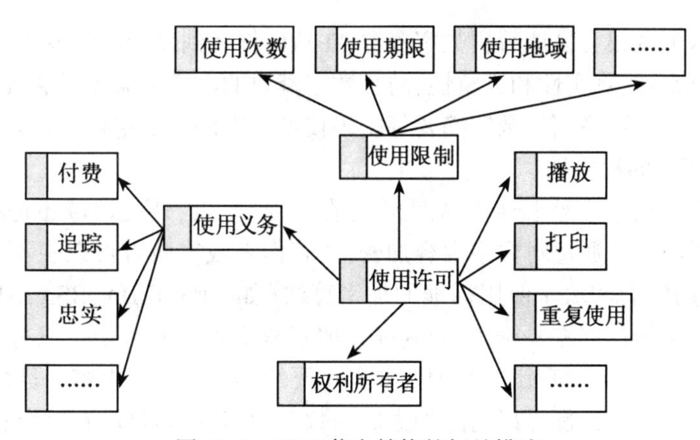

图 11.5　DRM 信息结构的权益描述

11.2　DRM 技术

DRM 技术包括资源标定技术、权益说明语言、密码技术、数字水印、可信计算、安全通信协议、访问控制、安全内容存储等。下面简要介绍 DRM 的关键技术。

11.2.1　资源标定

国际标准化组织(ISO)为传统的媒体(书籍、唱片、电影等)指定了标准的标识符,如书籍的标识符为 ISBN,音乐作品的标识符为 ISWC,唱片或录音带的标识符为 ISRC,电影的标识符为 ISRN。也需要建立一种标定机制,惟一地表示一种数字资源。目前,数字资源的标定已经有了一些开放的标准,如 DOI (Digital Object Identifiers), URI (Uniform Resource Identifiers), ISTC (International Standard Textual Work Code), DII(Digital Item Identification)。

11.2.2 资源元数据

对数字资源进行标定以后还要对其进行描述,如作者、出版日期、出版地等,这些描述信息称为元数据。除了对数字资源进行描述,也需要对与权益相关联的人和组织进行描述。目前已有多种元数据标准,如 ONIX, RDF (Resource Description Framework), DID (Digital Item Description), MARC (MAchine-Readable Cataloging records)等。

11.2.3 权益说明语言

为了对数字资源进行控制,需要设置一套规则,规定什么人在什么条件下可以做什么,实质上是对权益进行描述。一是要描述内容或服务提供者的权益,二是描述用户购买了内容或服务后的权益。为了方便描述信息被计算机理解,必须建立标准的权益描述语言。目前一些组织和公司提出了数字权益描述语言,有 ContentGuard 公司提出的 XrML (eXtensible Rights Markup Language), MPEG-21 提出的 REL (Rights Expression Language) 以及 ODRL(Open Digital Rights Language)组织提出的 ODRL 等。

11.2.4 资源的安全和保护

利用数字技术可以很容易地编辑数字资源,在从创作者到发行商到零售商的过程中,需要确保数字资源的秘密性、真实性和完整性,防止数字资源的内容被盗版或篡改。数字资源的安全保护需要借助加密、数字签名、数字摘要等密码技术。密码技术主要用在以下几个方面:

1. 确保数字资源的秘密性

加解密技术发展至今已经十分成熟,无论是在政府、军事、外交领域还是在商业和银行业等领域都得到广泛应用。通过对数字内容加密,使著作者或出版者可以在不安全的网络环境中安全地传递数字内容。DRM 使用标准的加密算法(如 DES, IEDA, RSA, AES 等)对数字内容加密。加密和解密操作都需要密钥,分别称为加密密钥和解密密钥。只有持有解密密钥的人才能还原这些内容,因此对密钥的管理是非常重要的环节。数字内容一旦被加密,必须有解密密钥才能还原它。任何人都可以访问加密后的数字内容,但如果没有解密密钥,这些内容就是杂乱无章的、人和设备无法理解的数据。

2. 确保数字资源的完整性

数字内容可以很容易地被篡改而不留任何痕迹,DRM 采用单向哈希函数(One way Hash Function)来确保数字内容的完整性。以任何长度的数字内容作为输入,由单向哈希函数产生一小段固定长度的信息。这段固定长度的信息被称为信息摘要(Message Digest)。对输入信息的任何微小改动,哪怕增加了一个空格字符,都会导致信息摘要的变化。这种技术称为数字摘要(Digital Digest)技术。对数字内容的任何篡改都会被察觉,所以可以确保数字内容的完整性。

在出版数字内容时,创作者(或出版商)首先生成原始内容的信息摘要,并把信息摘要保存在一个安全的地方,比如可信的第三方,用户可以很方便地访问信息摘要。用户如果需要验证所购买的数字内容的完整性,可以自己用单向哈希函数生成数字内容的信息摘要,然后和创作者(或出版商)所提供的信息摘要去比较,如果这两段信息摘要相同,则说明所购数字内容

未被篡改过。

3. 提供数字签名,防止事后抵赖

不论是在传统的商业中还是在电子商务中,要证明交易确实发生就必须有相关的证据。在传统商业中,销售发票或者签名的信用卡授权单据或者签名的支票等可以作为交易证据;在电子商务中则使用数字签名作为交易的证据。常用公钥密码体制实现数字签名。交易的一方用私钥加密交易的相关信息,加密前的交易信息(明文)和加密后的交易信息(密文)附在一起构成数字签名。任何人都可以查到签名人的公钥,用公钥可以解密该签名,如果解密后的内容和签名中的密文相同,则可确定签名有效。因为只有签名人才拥有私钥,任何人如果没有私钥都不能伪造数字签名,所以数字签名可以防止事后抵赖,实现传统签名的作用。

应该知道,单纯依赖密码技术并不能保证数字资源的绝对安全。说某种密码算法是安全的,并不是说它绝不可破,而是指计算上是安全的,即在当前的计算条件下要破解该算法所需的时间是相当漫长的(如数十亿年),或所耗财力相当巨大,与得到的结果相比是得不偿失的。数字内容提供商需要从更广泛的角度来考虑数字内容的安全问题,而不是局限于 DRM 技术。OEBF(Open E-Book Forum)认为应该从三个方面考虑数字内容的安全问题:技术、法律和社会。

11.2.5 权益监督执行

权益监督执行(Enforcement)是数字权益管理中的关键环节,权益监督执行的目的就是使用户按照权益描述去使用数字资源。在用户购买了数字资源获得使用权后,如果没有监督用户按照元数据中所描述的权益去执行,那么就不能阻止其将数字资源传递给其他人,任由其他人免费使用。

权益监督执行有两种功能:内容保护和权益信息保护。内容保护即指防止用户不按照权益描述使用数字资源,用户如果不遵照权益描述就不能使用数字资源。权益信息保护是指阻止用户修改、替换权益描述数据。内容保护功能的实现分为两类:追踪(Tracking)和阻止(Blocking)。

追踪是指记录数字资源的使用日志及监视日志以检测对数字资源的非法使用。追踪的方式只能用于事后,不能阻止非法使用行为,只能起威慑作用,所以不适合价值高的数字内容。追踪方式还要求用户有确定的身份,以利于事后查证,但这与实际情况中用户的匿名性有矛盾,所以追踪一般作为内容保护的辅助机制,而更主要的是借助阻止技术。

阻止是指保护内容免于被非法使用。阻止可以对内容提供更直接的保护。通常,合法用户会获得一个许可钥(License-key),有了许可钥才能使用数字资源。我们安装存储于 CD-ROM 上的软件时,常常需要输入 CD-key,其实 CD-key 就是许可钥的一个实例。阻止方式的内容保护可分为两类:非永久方式和永久方式。非永久方式是指只在第一次安装或使用时检验许可钥。非永久方式的阻止技术常用于控制软件的安装,对这种阻止技术的攻击常在于绕过许可钥检验模块。为了提高安全性,常对整个或部分内容加密,解密密钥即作为许可钥。攻击者即使绕过了许可钥检验模块也不能使用数字资源。但使用非永久方式的阻止技术时存在两个问题:许可钥的非法传播和通过许可钥检验后对数字资源的非法传播。所以主流的 DRM 系统都采用永久方式的阻止技术。

永久方式的内容保护需要借助于容器技术。用户一旦获得加密后的数字资源,只有符合一定的条件才能使用它,容器技术可以实现这个目的。容器技术即将数字内容置于“壳”中,不符合条件就不能访问。永久方式的内容保护一般使用 Server/Client 结构,发行者用 Server 端软件对数字内容加密,用户向 Server 端请求购买数字内容,Server 端将加密的数字内容传递给用户,用户用 Client 端软件解密。解密后用户可以在自己的机器上浏览(看或听)数字内容,但不能进行保存、截屏、打印、拷贝等操作,有时还要求只能在一台机器上使用数字内容,这些限制都由 Client 端软件实现。浏览器(Browser)如 Microsoft Internet Explorer, Netscape Navigator, Acrobat Reader, Macromedia Flash Player 等往往作为 Client 端软件,可以通过浏览器插件(plug-ins)实现容器技术。但插件方式容易受到软件攻击,更安全的方式是在操作系统内核层实现内容保护技术,并且增加认证机制。

11.2.6 信任管理

人类的很多活动都涉及信任,比如商业中交易双方的信任。人类面对面的活动容易建立信任关系,在集中控制的网络环境中也容易建立信任关系,但是在 Internet 这种分布式的环境下,信任问题变得复杂起来。在基于 Internet 的事务中,滥用和欺骗经常发生,所以需要一套安全服务、信任管理,来对抗这种威胁。在信息安全领域,信任是指期望或相信人或设备按照给定的策略没有恶意地执行声明要做的事。对系统的信任是指期望或相信系统是安全的或可以抵御恶意攻击。在 Internet 事务中,信任管理定义为:为了对事务做出评估和决策所进行的收集、整理、分析、提出相关安全证据的活动。

当前信任管理的实现方案有 PKI(Public Key Infrastructure),PolicyMaker,KeyNote 等。PKI 是基于公钥证书的方式,最常用的两个证书系统是 X.509 和 PGP(Pretty Good Privacy)。PGP 为 E-mail 系统提供安全认证,X.509 提供更广泛的安全认证。PolicyMaker 和 KeyNote 是 AT&T 实验室提出的信任管理系统。

11.2.7 可信计算

单纯依靠软件方式不足以实现数字资源的安全和权益管理。可信的 DRM 系统应该具有图 11.6 所示的系统结构。DRM 系统中安全硬件包括安全网络基础设施、防篡改设备、可信计算基、智能卡等。计算机信息系统可信计算基,计算机系统内保护装置的总体,包括硬件、固件、软件和负责执行安全策略的组合体。它建立了一个基本的保护环境并提供一个可信计算系统所要求的附加用户服务。

图 11.6 可信系统金字塔

11.3 DRM 应用

DRM 的应用相当广泛,可以用于需要许可、授权和访问控制的任何领域。如数字式娱乐、电子商务、电子书及电子出版、数字式图书馆、远程教育、健康记录管理、安全网络服务、企业管理、安全数据库管理、可信计算、隐私保护等。参与 DRM 研究的公司和组织包括:数字内容提供商,如 MPAA(MGM, Paramount, Sony, Universal, WB), Universal Music, RandomHouse 等;技术提供商,如 Microsoft,IBM, Intel,Cisco, SUN,ContentGuard, InterTrust 等;电子设备制造商如 Sony, Panasonic,Nokia,Matsushita,Phillips 等;服务提供商,如 NTT,Verisign 等;政府组织,如 NIST 等。

11.4　小结

目前,DRM系统还没有被所有的厂商接受,因为关于技术保护措施和DRM系统的一些问题还没得到解决。

(1) 一些DRM系统还比较脆弱,还不能保证不被破解。

(2) DRM系统降低了数字内容的易用性和对数字内容的需求,因为加入了限制手段,使用起来不方便。

(3) DRM系统似乎在使用限制上走得太远了,有些使用方式已被广泛接受,但在DRM系统中被禁止,比如有的电子书只被允许读一次,这显然与消费习惯不同。另外,在线确认中还会侵犯用户的隐私,因为需要跟踪用户的个人数据并将其传送给DRM管理者。

(4) 有许多不兼容的标准共存,应该实现不同DRM系统的互操作性。

思　考　题

1. 什么是DRM? 简述DRM系统的体系结构。
2. DRM有哪些应用领域?

第12章 视频水印

12.1 概论

早期的数字水印研究主要面向静态的数字图像对象。如今，作为互联网信息环境下的主要多媒体对象——视频数据越来越多地被考虑以数字水印技术手段来实现保护。视频水印可以理解为以视频为载体对象，加入可识别的数字信号或模式，且不影响视频数据的视觉质量，又能达到用于视频数据对象的版权及内容保护等目的的技术手段。视频水印发展的两个主要源动力来自视频的版权保护问题及内容真实性和完整性保护问题。但从广泛意义上来讲，其应用领域又不局限于这两点。就目前所提出的应用情况来看，可包括以下范围：

1）版权保护（copyright protection）：为保护知识产权，视频数据的拥有者加入代表版权信息的水印到数据中去，并通过密钥控制其安全性，当出现版权纠纷或盗版行为时，水印能被提取作为版权所有者所有权的证明（图12.1）。视频版权保护是目前业界最关注的视频水印应用，其中如何保证水印的鲁棒性是研究的关键技术。

2）视频指纹（fingerprinting）：为追踪非法盗版源，出品人可在不同的产品中加入不同的ID或序列号（图12.1～图12.3），如发现未经授权的用户，根据指纹标记可确定来源，从而知道破坏协议非法提供拷贝给第三方的使用者。视频指纹技术的难点在于如何提高抵抗各种共谋攻击的能力。

3）拷贝保护（copy protection）：这种应用的一个典型的例子是DVD防拷贝系统，即将水印信息加入DVD数据中，这样DVD播放机即可通过检测DVD数据中的水印信息而判断其合法性和可拷贝性（图12.4），从而保护制造商的商业利益。这种应用的基础建立在水印信息和播放系统之间的对应绑定关系上。

4）广播监测（broadcast monitoring）：在商业广告中嵌入水印，一个自动监测系统能判断广告是否如合约履行。电视制品亦可受到广播监测系统的保护。新闻广告寸秒寸金，极易受到知识产权侵害。广播监测系统能监视所有频道，并能发现指证电视台的违反合约行为。

5）数据认证（data authentication）：在视频数据中加入脆弱水印，能提供数据是否被篡改和改动的位置的信息。视频数据认证是视频水印技术的重要应用方向，它是对视频数据的原始性、真实性及完整性的保护。

6）标题和注释（indexing）：作为视频文件的索引，注释可以水印的形式加入视频内容中；作为电影或新闻的索引，作者及注释可以水印形式加入，从而被搜索引擎搜索时使用。这种视频水印技术可用到视频检索或视频编辑中去。

7）安全的隐秘通信（covert communication）：利用水印技术传送秘密信息。视频载体数据量大且冗余信息多，是理想的隐秘通信信道。

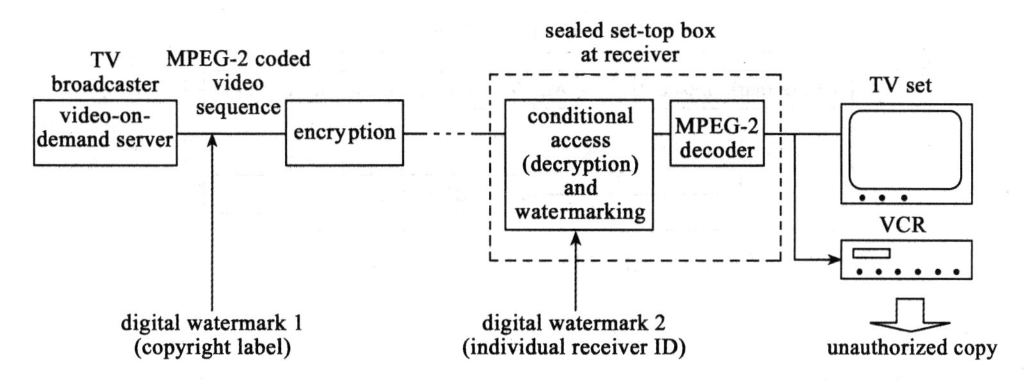

图 12.1 视频广播数字水印版权保护与追踪方案

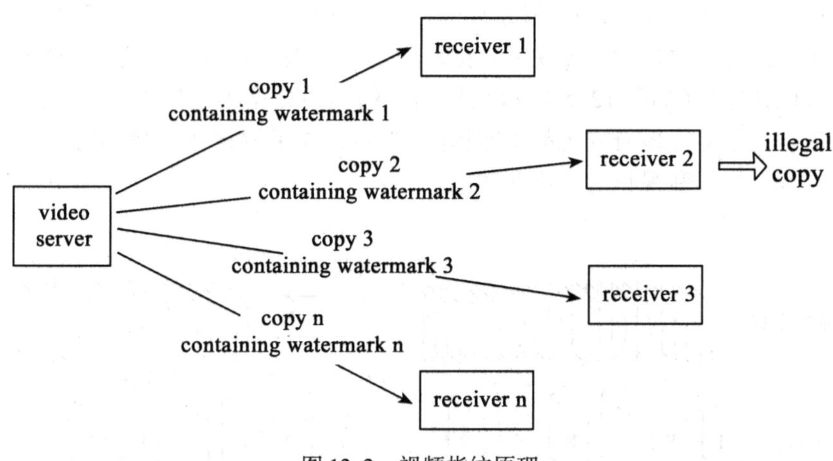

图 12.2 视频指纹原理

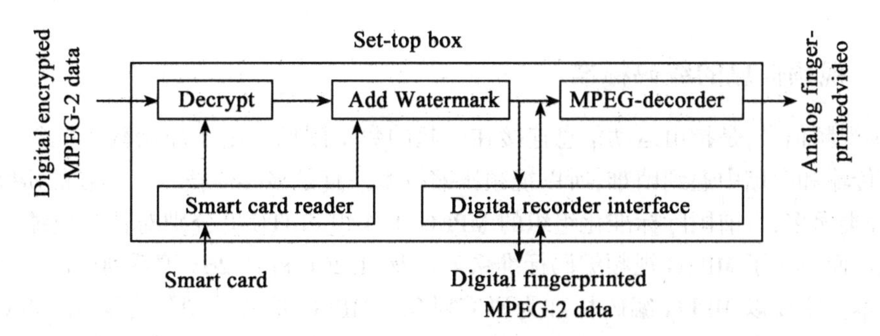

图 12.3 视频点播系统中具有加指纹功能的机顶盒方案

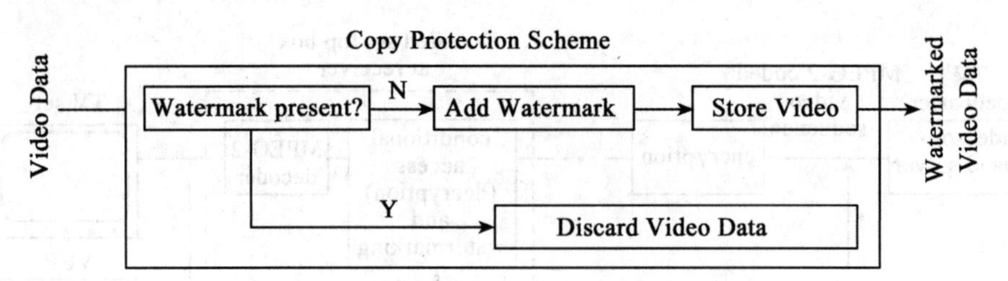

图 12.4　数字视频录制设备的拷贝保护方案

12.2　数字视频特点

视频水印是数字水印技术中的热点和难点。由于视频信息的复杂性,且在存储和传输过程中往往以压缩的形式出现,所以视频水印算法的设计也要考虑到视频信息的这些特点。视频信息可分为原始视频数据和压缩视频数据两大类。一般可以这样认为,原始视频相当于时间轴上的连续图像序列(如图 12.5 所示);压缩后的视频数据则是以特定的压缩标准而存在的比特数据流。为了更好地研究视频水印算法,必须首先了解视频信息的特点。这里主要介绍视频信息的编码标准和视频时空掩蔽效应。

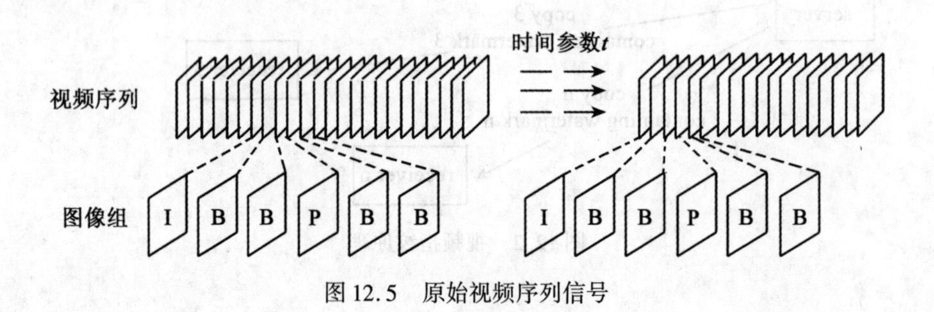

图 12.5　原始视频序列信号

12.2.1　视频信息的编码标准

数字视频信号,是指由运动信息连接在一起的数字图像。由于原始数字视频信号数据量较大,在传输和存储中遇到困难,所以视频压缩技术一直是多媒体技术工作者的研究对象。压缩技术种类繁多,目前国际标准化组织的 MPEG 工作组和 ITU-T 分别对视频压缩技术进行了标准化,从而诞生了 MPEG 视频编码标准系列以及 H.261 和 H.263 等系列标准。由于基本原理一致,本文主要以 MPEG 编码标准为研究对象。MPEG 是活动图像专家组(Moving Picture Exports Group)的缩写,成立于 1988 年。目前 MPEG 已颁布了多个活动图像及其伴音编码的正式国际标准,MPEG-1 和 MPEG-2 是其中的两个。MPEG-1 标准是在数字存储介质中实现对活动图像和声音的压缩编码,编码码率最高为每秒 1.5 兆比特,标准的正式规范在 ISO/IEC11172 中。MPEG-1 是一个开放的、统一的标准,在商业上获得了巨大的成功。尽管其图像质量仅相当于 VHS 视频的质量,还不能满足广播级的要求,但已广泛应用于 VCD 等家庭视像产品中。MPEG-2 标准是针对标准数字电视和高清晰度电视在各种应用下的压缩方案和系统

层的详细规定,编码码率从每秒3兆比特~100兆比特,标准的正式规范在ISO/IEC13818中。MPEG-2不是MPEG-1的简单升级,MPEG-2在系统和传送方面作了更加详细的规定和进一步的完善。MPEG-2特别适用于广播级的数字电视的编码和传送,被认定为SDTV和HDTV的编码标准。

MPEG视频编码系统原理及关键技术概括地说,就是利用了图像中的两种特性:空间相关性和时间相关性。一帧图像内的任何一个场景都是由若干像素点构成的,因此一个像素通常与它周围的某些像素在亮度和色度上存在一定的关系,这种关系叫做空间相关性;一个节目中的一个情节常常由若干帧连续图像组成的图像序列构成,一个图像序列中前后帧图像间也存在一定的关系,这种关系叫做时间相关性。这两种相关性使得图像中存在大量的冗余信息。如果我们能将这些冗余信息去除,只保留少量非相关信息进行传输,就可以大大节省传输频带。而接收机利用这些非相关信息,按照一定的解码算法,可以在保证一定的图像质量的前提下恢复原始图像。

MPEG-1和MPEG-2都采用了基于离散余弦变换/运动补偿(DCT/MC)的混合编码方案(图12.6)。这种编码方案使用了三项基本技术。第一项技术是运动补偿,这是因为视频中的动态图像的每一帧和它的前帧都有很多相似之处,可以近似地从前一帧来构造。第二项技术是变换编码,它基于以下两个事实:一是人眼对高频可视信息不敏感;第二项技术是变换编码能够把图像的能量相对集中,从而可以用较少的数据位来表示图像。DCT的压缩技术可以减少空间域的冗余度,它不仅用于帧内压缩,也用于帧间残差数据的压缩。第三项技术是熵编码,在运动补偿和变换编码后,对得到的数据进行哈夫曼编码。

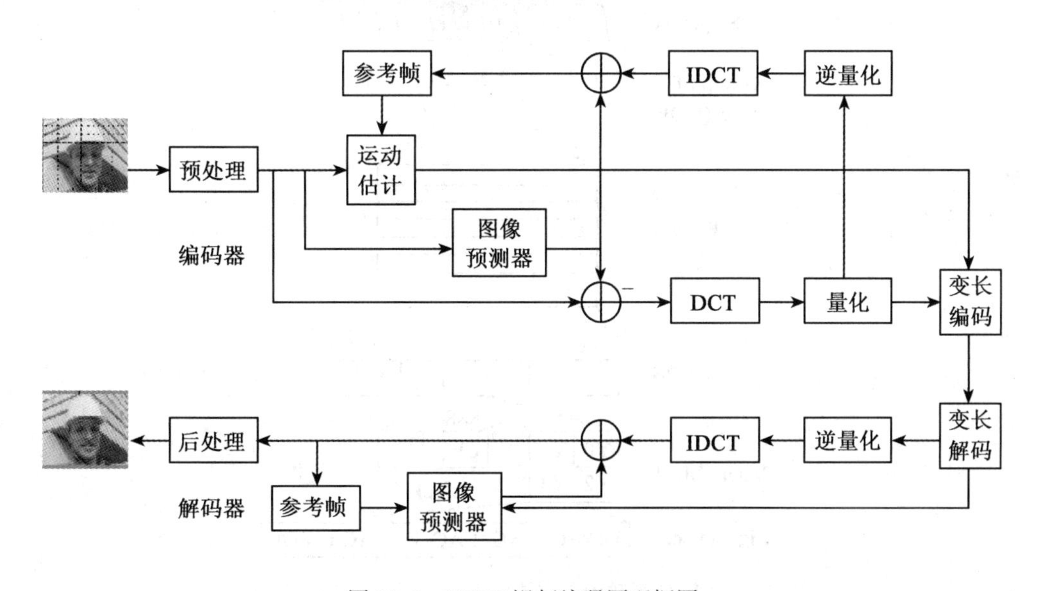

图12.6 MPEG视频编码原理框图

视频数据中,动态图像的每一帧有三种基本编码类型:I帧或称为帧内编码帧,这种图像不参考任何其他图像进行编码(图12.7);P帧或称为前向预测编码帧,这种图像用到了前面的I或P帧的运动补偿;B帧或称为双向预测编码帧,这种图像编码时用到了来自前面和后面的I或P帧的运动补偿。图像内的编码单元是宏块,在每个图像内,宏块按顺序编码,从左到右且从上到下。每个宏块由6个8×8大小的块组成:4个亮度块,一个Cr色度块和一个Cb色度块。编码的过程如下:第一步,为给定的宏块选择编码方式,这依赖于图像类型、局部区域中运动补偿的有效性和块中的信号特性。第二步,根据编码方式的不同,使用过去的参考图像或将来的参考图像来估计运算运动补偿预测值,从当前宏块中的实际数据中减去这个预测值得到帧间预测误差信号。第三步,把误差信号分成 8×8 块,并对每个块完成离散余弦变换(DCT),对经过 DCT 变换后的 DCT 系数进行量化,对两维块按"之"形顺序进行扫描,以形成一维量化系数串。第四步,对每个宏块的附加信息和量化系数进行编码。最后对量化系数数据进行变长编码,得到的 MPEG 视频流分层语法表示如图 12.8 所示。

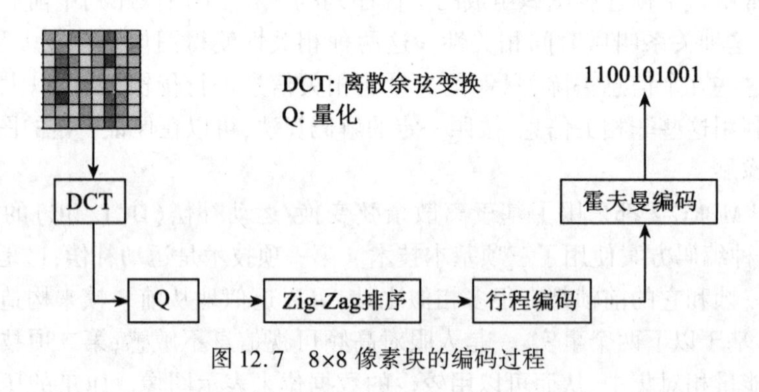

图 12.7　8×8 像素块的编码过程

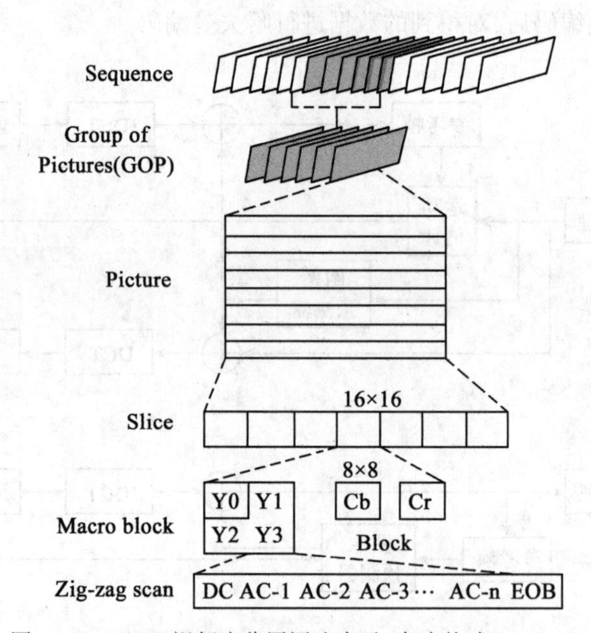

图 12.8　MPEG 视频流分层语法表示(色度格式 4∶2∶0)

12.2.2　视频信息的时空掩蔽效应

数字水印技术正是利用了人眼所感知的有限性,来达到隐藏信息的目的。视频水印的载体对象对于人眼是运动的画面,充分研究视频信息所具有的三维特性即在空间和时间上被人眼所感知的强弱和掩蔽效应,对于在提高水印鲁棒性和水印容量以及保证视觉质量等目标之间达到最佳结合至关重要。在视频序列中,二维空间方向对于人眼的掩蔽效应可以借鉴静态图像的情况。这一类的研究工作相对要多一些,一般是纹理复杂或者是边缘区域的掩蔽效应比平滑区域的要强,能量高的低频掩蔽系数比能量低的高频系数掩蔽阈值要大。而在一维时间方向上的掩蔽效应(也称运动掩蔽效应),需要考虑人眼对于运动画面中不同性质的区域的敏感程度。一般来讲,运动剧烈的视频区域相比运动缓慢的视频区域有较好的掩蔽效果。此类研究工作仅局限于视频对象。充分考虑视频的运动性质会大大改善加水印视频的视觉质量,在相关文献中还提出了利用视频运动信息构造水印的方法。随着对人类视觉系统的深入研究,视频信息对于人眼的掩蔽效应模型将会更为精确地建立,从而将会有更好的视频水印的性能。

12.3 数字视频水印要求

数字视频水印具有广泛的价值,不同的使用目的其相应的要求也会有所不同,总体来说一般应具有:

- 鲁棒性(robustness):指水印能经得起非恶意处理或恶意攻击。在保证数据对象的使用价值的前提下,无法擦去水印信号。用于认证的脆弱性水印例外,它要求对数据改动的敏感性。
- 安全性(security):即使水印算法已知,只要水印参数未知,在未经授权不知密钥的情况下仍然无法解读水印或者甚至无法检测到水印的存在。使用密钥机制是保证水印安全的途径。
- 不可感知性(imperceptibility):应包括视觉上不可感知和统计特性不可感知。可视水印例外。
- 盲检测性(oblivious):视频载体的容量之大,要保留所有的原始视频用做恢复水印不太符合实际应用。除了极少数的方案外,目前研究的主要是盲检测视频水印技术。
- 可证明性(vindicability):水印应具有能作为呈堂证供的有力工具的效应。
- 低复杂度(low complexity):作为实时动态的视频流,要求考虑到嵌入和检测算法的复杂度以及针对日用消费用户(如 VOD 接收用户群)的成本,要能保证视频水印方案的实用性。

从视频载体的特殊性角度出发,目前视频水印面临主要来自于以下三个方面的问题和挑战:

1. 经受各种非恶意的视频处理

视频数据是一种特殊的多媒体数据,在传输、存储或播放过程中,会经过许多特定的视频处理。设计视频水印算法,不能不考虑这些不影响视频内容的非恶意处理。和静态图像水印相比,视频水印可能经受的处理要多得多,而且这些视频处理在应用中都是必要的。

Photometric 处理:这一类处理包含了所有导致视频帧像素发生了改变的正常操作,例如在视频数据传输过程中可能引入的噪声导致视频像素的细微改变。同样地,在视频数据的数字模拟之间相互的转换过程中也会导致视频信号的些许失真。另外一个常见的处理就是为增大对比度使用的 Gamma 校正。为适应视频数据传输和存储中的数据量,会采用重编码等转码操作;由于压缩率发生了改变,会引入一定的像素失真,这对于事先加入的视频水印信号的性能会产生影响。不同视频标准之间的转换,例如 MPEG-1、MPEG-2 或者 MPEG-4 到目前流行的网络流媒体视频标准 H.264/AVC 等,也同样会造成视频像素的改变。为修复低质量的视频信号,会考虑采用视频帧内和帧间的滤波。色度重采样(4∶4∶4, 4∶2∶2, 4∶2∶0)也是降低视频存储量的重要处理方法。以上这些正常的视频处理操作均会或多或少地改变视频像素值,对视频水印产生一定的影响。

空间解同步(几何失真):首先,许多视频水印的嵌入和提取的对应关系是严格地基于视频信息空间结构上的同步的。这一点和大多数静态图像水印技术对于二维空间位置的敏感性是一致的。然而,许多非恶意的视频处理会对加水印视频信号带来视频帧图像空间上的去同步影响,从而对视频水印的提取性能产生影响。视频显示比例(4/3, 16/9 和 2.11/1)之间的改变和空间分辨率(NTSC, PAL, SECAM 等标准)的改变都会带来视频图像空间上的去同步效果。其次,在无线广播环境的低质量视频中会出现位置抖动现象,也会影响视频像素的空间位置。另外一个代表性的例子是手持摄像机对视频的拍录转换过程。手持摄像机对原视频进行拍录得到的视频可能导致的两种去同步失真:由于摄像机未对准视频画面引起的线性失真,以及拍摄过程中的镜头变形引起的弯曲变形失真。在对视频水印的空间去同步影响进行研究时,可以以 12 个参数确定的变形模型对手持摄像机拍录过程中存在的失真来进行建模。

时间解同步:视频信息在时间方向上的去同步处理同样的会影响视频水印信号。这种情况一般由于视频帧率的改变而导致的。例如,一个视频水印系统的密钥机制在每一帧加入水印信息时都采用不同的密钥,如果视频帧率发生了改变,密钥序列和每一视频帧对应的关系就被打乱。这样,视频水印的提取会因错误的密钥而失败。视频帧率是常见的视频处理,所以视频水印的设计要考虑这种因素。

视频编辑:随着视频制作和处理技术的发展,视频编缉已成为视频产品商业化中必不可少的环节。例如,剪切结合和剪切后插入内容再结合都是运用得很多的视频编缉处理。在插播广告时,需要用到剪切插入结合技术在一段电视节目中插入广告视频内容。在视频节目制作中,两段视频场景的衔接转换需要 Fade-and-dissolve、wipe-and-matte 等视频效果处理技术,目的是使它们之间的过渡切换显得更自然和平滑。以上处理可看做时间上的视频编缉。空间上的编辑处理则是指在视频流的每一帧中加入额外的视觉内容。这些包括图像覆盖如字幕、标识的插入,或者是画中画之类的一些技术。视频编缉技术对视频水印的影响很大,现有的大部分视频水印技术的性能会遭到破坏。

表 12.1 给出了各种提到的非恶意的视频处理技术,这是在学习视频水印技术时和为了研究视频水印如何应付此类视频处理带来的影响所需要了解的。当然,我们也须认识到,现实应用中更多的视频常规处理在表中未提及。在静态图像水印测试中,我们用到了 Stirmark 来实现各种各样的局部的、随机的几何失真。在视频水印测试中,Stirmark 可以把视频看做一幅幅图像来处理实现几何失真,但是在时间方向上会出现明显的视觉痕迹。因此,为更好地对视频水印性能进行测试研究,需要发展适用视频的类似测试软件。

2. 实时性

实时性要求是视频水印算法的特殊要求。在静态图像水印方案中,水印的嵌入和检测滞后数秒钟是可以允许的。而在实际应用中,在视频中嵌入和检测水印信息一般不允许大量的耗时。视频信号以较高的帧速播放才能获取视觉上平滑的效果(约 25 帧每秒)。对于一个水印嵌入或者是检测来讲,也同样应该至少能够保持这种速度或者更快的帧率。在广播监控应用中,检测者必须做到实时检测。在 VOD 环境下,视频点播服务器也被要求能以与视频传输同样的速率嵌入数字指纹水印信息,这种数字指纹水印用于区别不同的用户身份。因此为满

足实时性要求，视频水印算法的复杂度应该设计得尽可能低。

如果水印信息能直接嵌入到视频流（如 MPEG 视频流）中，则避免了对视频数据的完全解压缩、重压缩的过程，大大降低了运算的复杂度。所以，设计与视频编码标准结构相适应的视频水印是很有效的思路。本章后面介绍的一种基于 MPEG 的变长码（VLC）的快速视频水印算法就是属于此类思想的实时视频水印方案。另外一种获取实时性的方法可以通过拆分计算量来实现。其基本思想就是在水印嵌入之前一次性地执行完运算量大的操作，换取检测端的简单运算量。这也可看做一种预处理措施。Philips 研究院的 Just Another Watermarking System (JAWS) 是提出这种算法的代表。JAWS 视频水印算法最初用于广播监控，实际上成为了 DVD 应用中的最主要视频水印算法。

表 12.1 **非恶意视频处理的情况**

Photometric	– 加噪，DA/AD 转换 – Gamma 校正 – 转码和视频格式转换 – 帧内或帧间滤波 – 色度采样（4：4：4，4：2：2，4：2：0）
空间解同步	– 显示比例调整（4/3，16/9，2.11/1） – 空间分辨率改变（NTSC，PAL，SECAM） – 位置抖动 – 手持摄像机拍录
时间解同步	– 帧率改变
视频编辑	– 剪切结合和剪切插入结合 – Fade-and-dissolve and wipe-and-matte – 图像覆盖（字幕、标识） – Picture-in-Picture

3. 共谋攻击

共谋攻击是在静态图像水印算法中已经考虑到的一种特殊水印攻击。它是指一个恶意的使用者群通过共享他们的信息（如不同的加水印数据），来产生非法的内容（如不含水印的数据）。共谋攻击将在两种截然不同的情况下有成功的可能性。

- 共谋攻击类型 I：相同的水印嵌入到不同数据的不同拷贝中。共谋者们能够通过统计平均每个单独加水印数据的方法从中估计出水印信息。这就意味着只需减去水印就可以得到不含水印的数据对象。
- 共谋攻击类型 II：不同的水印嵌入到相同数据的不同拷贝中。共谋者们只须叠加手中大量的拷贝，就能统计平均出不含水印的数据对象。这是因为统计独立的水印信息的平均值趋于 0。

共谋攻击问题在视频水印中显得更为重要，因为视频相比静态图像来讲几乎多了一倍的共谋风险。在视频水印算法研究中，需要考虑两种共谋攻击。它们分别是视频间共谋和视频内共谋。

- 视频间共谋：是指一个拥有加水印视频产品的使用者群互相勾结以获得一个不加水印的视频对象。例如，在视频版权保护应用中，相同的版权水印被加入到该版权所有的不同的视频产品中，因此遭受共谋攻击类型 I 的风险较大；而在数字指纹应用中，会在相同视频产品中加入的水印来区别不同的用户，因此遭受共谋攻击类型 II 的风险较大。视频间共谋要求拥有大量加入相同水印的不同视频产品拷贝，或者是加入不同水印的相同视频产品的拷贝，目的是获得不含水印的视频内容。

- 视频内共谋：这是视频水印对象中才会出现的情况。我们知道，视频序列可以看做一个连续的静态图像序列。如果相同的视频水印加入到每一视频帧，在同一视频内遭受共谋攻击类型 I 的风险也较大，这是因为视频内存在大量的内容不同的视频帧（可从场景运动剧烈的视频中获取）。另一方面，如果不同的水印加入连续的视频帧中，则遭受共谋攻击类型 II 的风险也会较大。这是因为连续的视频帧具有高度相似性，几乎可以看做是相同的（尤其是在静止场景中）。因此，视频内共谋是设计视频水印时要考虑到的特殊情况。

12.4 视频水印的分类

近年来，世界各国从事水印技术研究的人员在视频水印方面进行了大量的工作。到目前为止，视频水印算法根据外观和应用、嵌入域、算法模式、嵌入阶段等方面分类，一般有以下几种情况。

1. 按外观和应用来分

由外观区分包括可见视频水印和不可见视频水印。不可见视频水印根据应用目的不同又可分为鲁棒视频水印、脆弱视频水印和半脆弱视频水印，如图 12.9 所示。

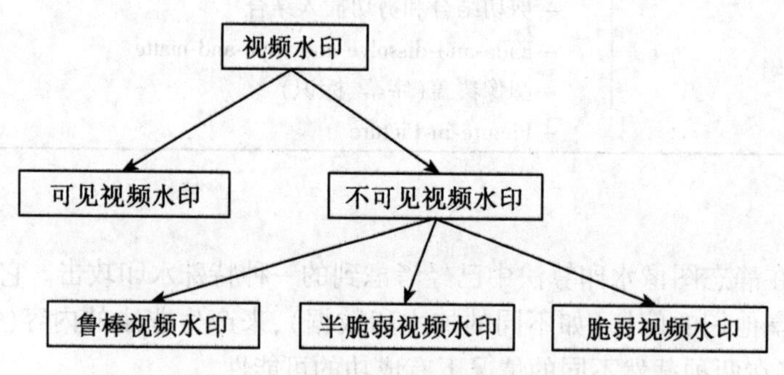

图 12.9 视频水印的外观和应用分类

最直观的分类可分视频水印为可见和不可见的情况。一般视频水印均为视觉上不可感知的，可见水印是一种特殊水印。由于它的实现算法及要求和一般情况大为不同，也有水印学者将它不列为水印范畴。在电视画面上的版权标记（如台标）是一种可见水印。不可见水印的范围较广，可分为鲁棒、脆弱和半脆弱三类。大体上讲，鲁棒水印用于版权保护等方面，而脆弱和半脆弱水印用于视频或多媒体数据的完整性检验。脆弱水印对于数据对象的细微改动高度敏感，因此它不允许对视频载体的任何处理；而半脆弱水印正是为解决多媒体内容鉴定而设计的：它一方面允许对视频的常规处理（如压缩），同时又能检测对视频内容的恶意篡改。

2. 按算法嵌入域来分

视频水印算法按嵌入域可分为空间域、变换域（FFT，DCT，DWT，FRACTAL 等），如图 12.10 所示。

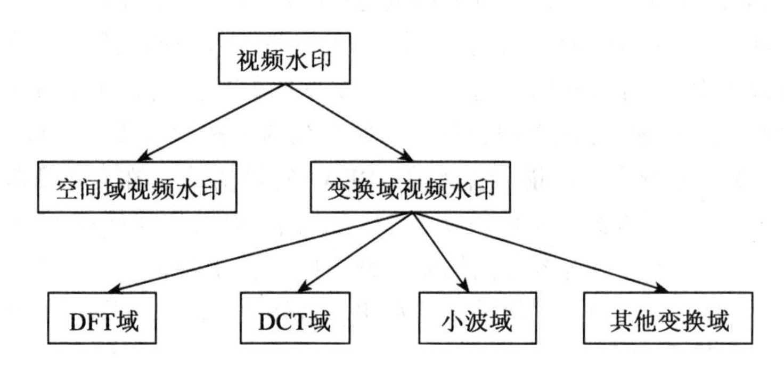

图 12.10　视频水印的算法实现域分类

水印算法的经典分类可划分为空间域和变换域两大类。空间域水印的代表有 LSB 算法、Patchwork 算法等。LSB 算法将水印信号替换视频载体信号的最不重要位,该算法简单、嵌入数据量大但鲁棒性欠佳,经过视频压缩等操作后很易丢失水印信息。Patchwork 算法通过改变载体的统计特性,与所嵌水印之间构成一种映射关系;该算法嵌入位也比较低,对共谋攻击抵抗力弱。

与空间域算法相比,变换域算法鲁棒性明显优越,且透明性更强。对频域算法来讲,我们一般将水印加入中频段,这样在人类视觉感知度和鲁棒性之间找到一个折中,因此对噪声攻击有良好的鲁棒性。更重要的是,某些变换域特性能更符合人类视觉多通道的特性,在水印设计时被优先考虑。近年来小波变换的应用,极大地推动了水印技术和视频压缩等各方面的发展。

3. 按算法模式来分

视频水印算法实现的模式统一可划分为相关性视频水印算法和非相关性视频水印算法,如图 12.11 所示。

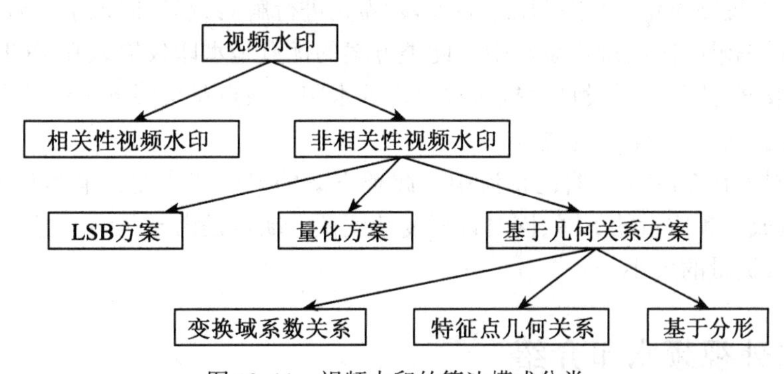

图 12.11　视频水印的算法模式分类

在选择的某一具体域内,水印添加的具体数学模式亦可多种多样:可根据水印比特选择最不重要位的修改(LSB);也可添加调制有水印信息的噪声信号,然后通过检测相关性提取水印;还有系数的重组;系数的删除;数据部分的扭曲变形,块相似性的加强,等等。然而,所有的这一切修改必须遵循人类视觉的不可察觉的前提下,即应小于 JND(Just Noticeable Difference)。因此通常为良好的结合鲁棒性和视觉不可见性,可根据人类视觉系统模型(HVS)在保持一定嵌入能量的前提下最小化水印存在带来的视觉质量的影响。另外采用扩频编码、纠错编码等方法对水印比特进行处理也是提高水印鲁棒性的手段。

总的来讲,水印技术大体可分为相关性水印和非相关性水印两大部分。前者通过添加伪随机噪声到水印载体中,后者由相同伪随机信号对加水印信号作相关性检测来提取水印比特。同时,后者还可粗略分为 LSB 方法水印和基于几何关系的方法的水印。在基于几何关系的分类中,有一种基于 DCT 系数舍弃的能量差水印(DEW)算法方案。在与可比较的实时视频水印方案(如基于 MPEG 编码方案的水印算法)对比分析中,得出它在计算复杂度、水印负载容量,以及对转换码攻击的鲁棒性等各方面均要优越一些。基于特征点集合关系和基于分形编码的水印算法,它们都可大致归于几何关系的水印。另外,图像抖动技术,图像直方图,量化方案也均可应用到水印技术中去。

4. 按嵌入阶段来分

按嵌入阶段可分为原始视频序列(可参照静止图像水印技术),视频编码阶段的系数中,压缩视频比特流(MPEG 系列等),如图 12.12 所示。

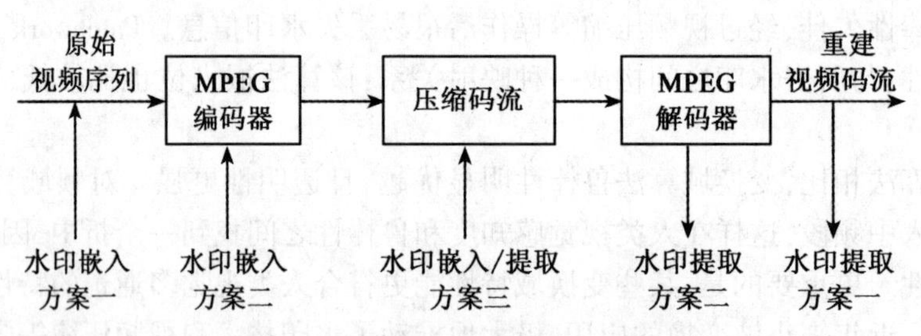

图 12.12 视频水印接嵌入阶段分类

水印直接嵌入在原始视频序列中。此类方案的优点是:水印嵌入的方法比较多,原则上数字图像水印方案均可以应用于此。缺点是:会增加视频码流的数据比特率;经 MPEG 压缩后会丢失水印;降低视频质量;对于已压缩的视频,需先进行解码,然后嵌入水印后,再重新编码。

水印嵌入在编码阶段的量化系数中。此类方案的优点是水印仅嵌入在 DCT 系数中,不会增加视频流的数据比特率;易设计出抗多种攻击的水印。缺点是会降低视频的质量,因为一般它也有一个解码、嵌入、再编码的过程。

水印直接嵌入在 MPEG 压缩比特流中。此类方案的显著优点是没有解码和再编码的过程,因而不会造成视频质量的下降,同时计算复杂度低。缺点是由于压缩比特率的限制而限定了嵌入水印的数据量的大小。

12.5 国内外视频水印介绍

我们分别从面向原始视频和面向压缩域视频两方面来介绍目前具有代表性的视频水印研究工作。

12.5.1 面向原始视频水印

原始视频水印是指对未压缩的视频数据进行处理,包括直接在原始视频序列的空间域加入水印和在对原始视频数据的变换或编码处理过程中加入水印的方法。

1. 原始像素域水印

爱立信研究院的 Frank Hartung 提出了借鉴扩频通信的基本思想,在未压缩视频中嵌入数字水印,这是典型的空间域扩频水印算法(如图 12.13 所示)。美国 Villanova 大学的 B. G. Mobasseri 将视频看做是时间轴上的比特面序列,通过伪随机形式的二维序列的水印信息来替换不同的视频帧中的不重要比特面,达到水印的嵌入。水印的安全性由替换位置和水印信息的随机化来保证,同时由于运用了直接扩频,水印取得了一定的稳健性。飞利浦研究院的 Ton Kalker 教授等鉴于广播监控的特点,提出了所谓的 JAWS (Just Another Watermarking System) 水印方案。该算法具有不可见,对广播传输链中的正常操作具有鲁棒性、误警率低、高速传输中有较大负载率,以及低复杂度和能实时检测的特点。JAWS 将视频看成一系列的静态图像,在数个连续的帧中嵌入相同的水印。这里同样利用了扩频的基本思想,将水印看做一个加性噪声信号。水印嵌入时,为了在图像活动较多和较少的区域(即纹理较多和较少的区域)采用不同的嵌入强度,算法采用了局部缩放因子,还引入了水印的平移对称性来防止图像的偏移。

视频信号的线性扫描如图 12.13 所示。

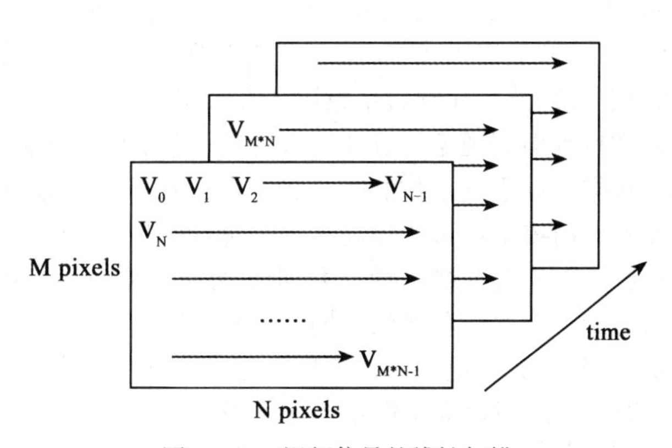

图 12.13 视频信号的线性扫描

哈尔滨工业大学的牛夏牧教授等人提出了一种具有几何变换鲁棒性的动态图像水印技术,将一个时间轴上的模板嵌入到动态图像序列中的每个水印最小段(Watermark Minimum Segment)内。利用预先嵌入的时间轴模板,可以恢复受几何仿射(affine)变换攻击后的含水印动态图像帧。另外,牛夏牧教授等人还提出利用视频内容的帧间和帧内信息来保证水印的不可见性和鲁棒性。他们设计了一个精确的有效的块分类器,运动信息和空间域的纹理复杂度被用来判别水印嵌入合适的位置。同时,在嵌入过程中用到了比特面替换的方法。而水印提取时,基于多帧的提取机制保证了水印能够正确地从视频的一小段中恢复出来。

天津大学的张春田教授等人提出了一种空间域视频水印自适应检测算法。该算法充分利用视频解码过程中提取的附加信息,根据水印信息在视频编码过程的损失程度,对重建视频图像中的每个像素计算其可信度因子,并以此实现对传统相关检测算法的改进。该算法能够在既定的水印嵌入算法条件下,进一步提高系统提取和检测水印信息的精度。

北京邮电大学的杨义先教授等人提出在原始视频帧中实现扩频水印方案。使用二值图像作为水印,采用每帧索引的办法,并且利用相邻帧的统计相关性来嵌入水印。对于丢帧、帧重组以及共谋攻击有很强的鲁棒性。水印提取时不需要用到原始视频。

复旦大学的李晓强等人针对空域水印算法鲁棒性较差的问题,提出了一个基于多通道的彩色图像水印方案:利用发送分集技术的思想,把相同的水印信息经过伪随机调制、交织编码后嵌入到彩色图像的红、绿、蓝三个颜色通道,然后使用两种简单方案提取水印信息,降低了误码率;从理论上定性地分析了算法的有效性,同时用大量实验结果表明,该算法在提高水印容量的前提下,改善了彩色图像中传统空域水印方案的鲁棒性,并且水印提取算法的计算量较小,可应用于实时视频水印方案中。

中国科学技术大学的俞能海等指出,很多文献中提到的从数据流中提取单帧图像进行处理的视频水印的算法,与静态图像的水印方法如出一辙,没有充分利用视频文件的各种特性,而且对帧平均、视频压缩等常见的运动图像攻击方法十分敏感。针对这些问题,以非压缩视频文件为实验对象,结合人类视觉模型和彩色图像场景分割的方法,提出并实现了一种基于视频时间轴的数字水印盲检测算法。

直接在像素域进行水印嵌入和提取,主要是为了降低水印处理的复杂度,但是在鲁棒性方面会有较大缺陷。除了特殊的情况,一般考虑在视频变换域嵌入水印的算法较多。

2. 视频变换或编码中加入水印

此类算法在原始视频的某个变换域(DCT、DWT、DFT 或 DHT)进行水印的处理。可以有三种情况:(1)将原始视频看做三维信号,对其进行三维变换,然后加入水印;(2)将视频流看成静态图像的序列,在单帧图像上嵌入水印,或者利用序列图像之间的关系嵌入水印;(3)将视频以块为单位进行频域变换,然后在频域系数块嵌入水印。

中山大学的黄继武教授等根据视觉特点和信号特性,提出了一种基于小波变换域的自适应视频水印算法。水印根据 2-D 小波系数的特点嵌入在低频子带系数中,以获得较好的鲁棒性。为了在保证不可见性的前提下尽可能提高水印分量的强度,根据物体的运动和视频信号内容的纹理复杂度将低频子带中的系数进行分类,根据分类结果,自适应地调整嵌入水印的强度。这是国内变换域自适应视频水印算法的早期代表性工作。

在视频三维变换域中嵌入水印,也是改善鲁棒性能的方法。北京邮电大学的张立和博士等利用 Gabor 基函数波形类似人视觉皮层简单细胞的感受野波形的特性,结合视觉通道中心频率具有对数频程关系的特点,从视觉系统时空多通道模型角度出发,提出一种三维塔式 Gabor 变换视频水印算法。西安电子科技大学的李英等也提出了一种基于三维小波的视频水印空时算法。它利用了视频场景镜头分割技术和三维小波变换的空时多分辨水印嵌入策略,以及根据最大似然准则的水印检测算法。针对视频的版权保护,作为版权标志的水印图像先用两个序列扩频预处理成一个图像序列,扩频后的水印图像序列自适应地嵌入到视频镜头的三维小波系数上。该算法充分利用了视频序列良好的空时多分辨特点,水印算法可靠。仿真实验证明,该算法对视频水印的几种特殊攻击具有很强的鲁棒性。

最近,山东大学的孙建德博士等人利用独立特征量提出一种新的盲视频水印方案。该方案利用独立分量分析方法根据相邻的视频帧提取相应的运动分量,并且把这些运动分量进行小波变换,采用邻近特征值平均法,将水印嵌入到运动分量中。运动分量是视频的重要特征,压缩的处理对于它的影响较小,因此可以提高鲁棒性。基于帧的运动分量的提取避免了基于块的重复性操作,小波域的水印嵌入可以将水印带来的影响分散到整个帧上,具有良好的不可见性。仿真结果表明,该方法能够保证很好的视频质量,对于常见的视频处理有较好的鲁棒性,能够进行水印的盲检测, 虚警概率小。实际上,这是一种在原始视频中利用视频帧运动信息嵌入水印的方法。

在变换域嵌入水印,可以综合利用人类视觉特性、视频序列固有的时间和空间特性、频域变换和通信领域的最新技术,来提高水印的鲁棒性, 而且算法不受具体编码标准的约束(MPEG-2 基于 8×8 块,而 MPEG-4 基于对象),因此在变换域嵌入水印,一直是研究的热点。

12.5.2 面向压缩域视频水印

压缩域视频水印算法(如图 12.4 所示)包括针对 MPEG 压缩域视频的 DCT 系数加入水印,运动矢量水印以及其他压缩域参数水印(脸部参数水印)。其中 DCT 系数中加入水印的方法又可根据部分解码的程度分为系数域、VLC 域以及比特位域水印算法。DCT 块层中不同域的表示如图 12.15 所示。

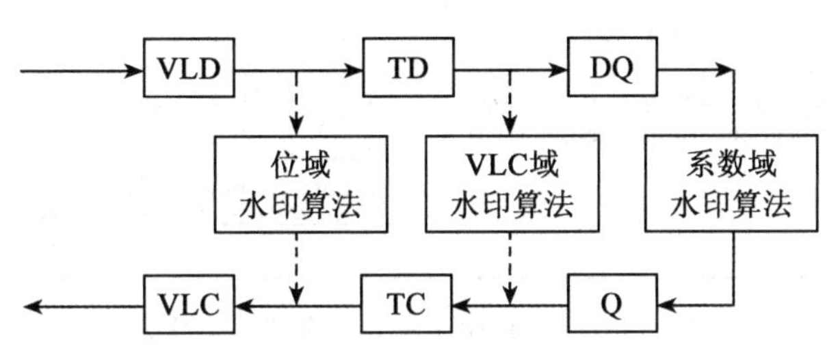

图 12.14 压缩域的视频水印算法分类

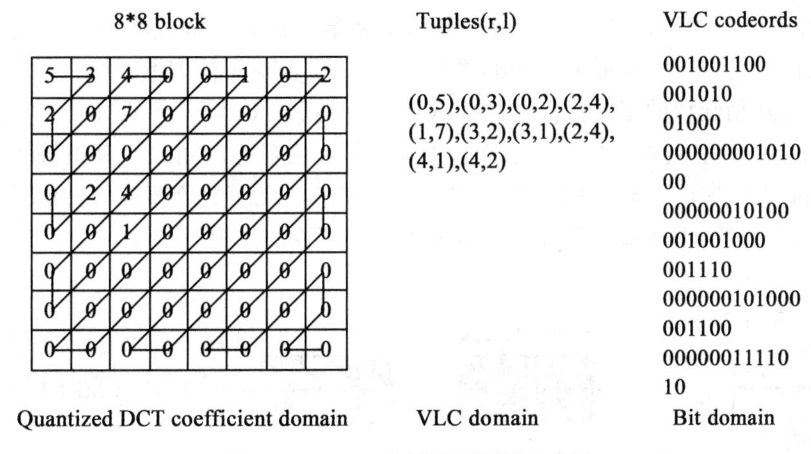

图 12.15 DCT 块层中不同域的表示

1. DCT 系数水印(K&Z、DEW,VLC)

在视频信息的 DCT 系数中嵌入水印是主流的视频水印方法,这类算法较成熟。通过改变 DCT 系数的关系来嵌入水印,德国国家信息技术研究中心的 J. Zhao 等人提出了一种基于分块 DCT 系数关系的水印嵌入算法,其思想如图 12.16 所示。首先将图像按 8×8 的块进行分割并作 DCT 变换,接着利用伪随机的方法选出所有 DCT 块的一个子集,对这一子集中的每一块进行嵌入。在嵌入点的选择上,算法考虑到对块内低频系数进行嵌入将影响到水印的不可察觉性,而嵌入到高频成分上的信息易受到攻击,因此将中频系数作为嵌入点。台湾大学的 C. T. Hsu 等人将此算法做了改进后用于视频水印。第一,在视频水印的帧内块嵌入中,与 J. Zhao 算法相同;第二,在视频水印非帧内块的嵌入中,运用时间方向上的掩蔽效应。算法结合 MPEG 编码预测结构,能获取更好的鲁棒性和不可感知效果。但最大的缺点是:因为攻击者易于推测水印的嵌入位置(某些固定的中频位置),导致安全性不够好。

另外,荷兰 Delft 理工大学的 G. Langelaar 等提出利用 DCT 系数舍弃来构造水印的差分能

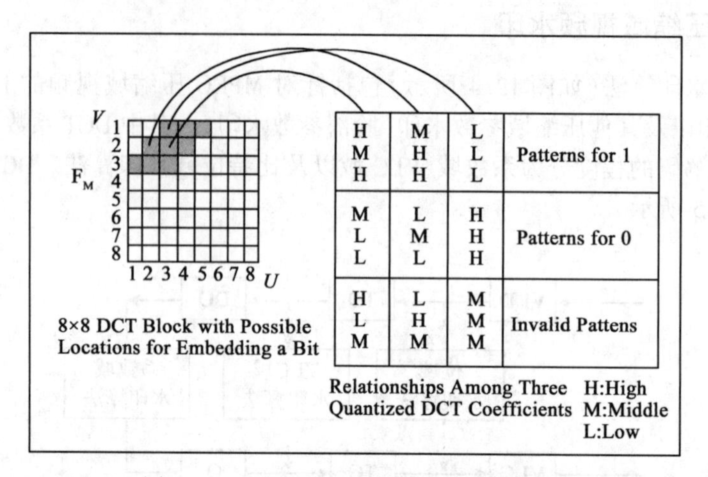

图 12.16　基于 DCT 系数关系的水印算法

量水印(Different Energy Watermarking)算法,是目前典型的压缩域视频水印算法之一(如图12.17所示)。该方法初始为静止图像水印设计,后来应用到 MPEG 视频水印的 I 帧。这种方法基于在压缩数据流中有选择性的丢弃高频 DCT 系数。该算法首先将视频帧的 8×8 大小的像素块伪随机置乱,这个操作形成算法的密钥,并且该操作对于像素块的统计特性是空域随机的,因此可以去除相邻块的相关性。通过引入块的上半部(A)与下半部(B)的高频 DCT 系数的能量差,在每一块中嵌入一位信息,这也是本水印方法名称的由来。其中嵌入位由能量差 $D=E_A-E_B$ 的符号来决定。该算法的实时性能、对抗 MPEG 压缩的鲁棒性等方面是目前视频水印算法中比较优越的,本章随后将在下一节详细介绍其算法流程。

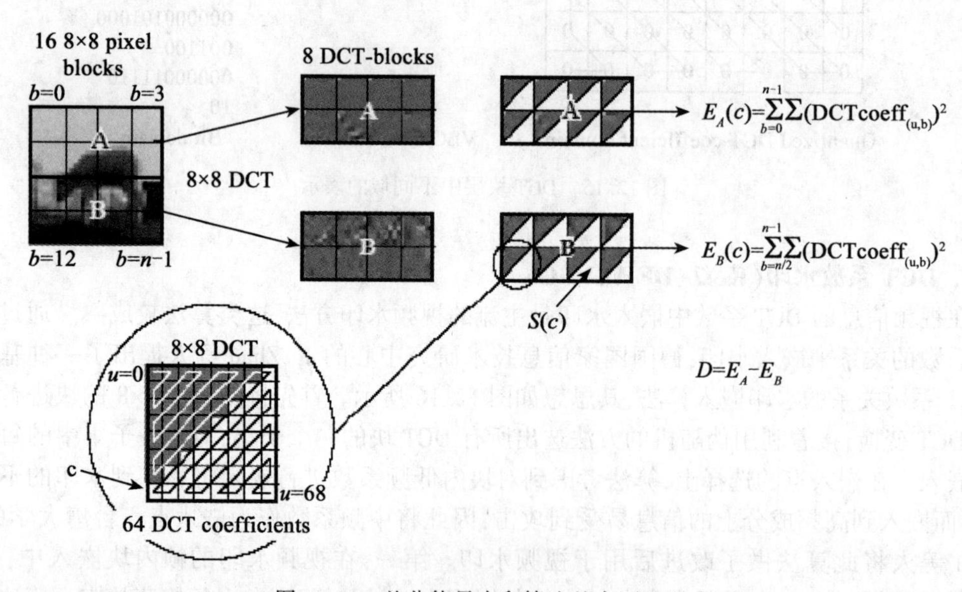

图 12.17　差分能量水印算法基本原理图

G. Langelaar 等人利用 LSB 算法的思想,在 MPEG 码流的 VLC 码字中嵌入水印。MPEG 视频码流基本由连续的可变长编码流(VLC)组成(表 12.2 所示)。因为 MPEG 标准使用具有

相同游程长度、相同 VLC 尺寸仅相差一个量化级别的 VLC 码字,该算法能通过相似 VLC 码字之间的替换来达到二元水印比特的嵌入(如图 12.18 所示)。算法具有 LSB 水印的普遍特点:实时性良好,数据量大,但是鲁棒性稍差。

表 12.2　　**MPEG-2 标准中的 VLC 码对照**

Table 1. Example of lc-VLCs in Table B. 14 of the MPEG-2 Standard.

Variable Lengch Codc	VLC size	Run	Level	LSB of Level
0010 0110s	8+1	0	5	1
0010 0001s	8+1	0	6	0
0000 00001 1101s	12+1	0	8	0
0000 0001 10000s	12+1	0	9	1
0000 0000 1101 0s	13+1	0	12	0
0000 0000 1100 1s	13+1	0	13	1
0000 0000 0111 11s	14+1	0	16	0
0000 0000 0111 10s	14+1	0	17	1
0000 0000 0011 101s	15+1	1	10	0
0000 0000 0011 100s	15+1	1	11	1
0000 0000 0001 0011 s	16+1	1	15	1
0000 0000 0001 0010 s	16+1	1	16	0

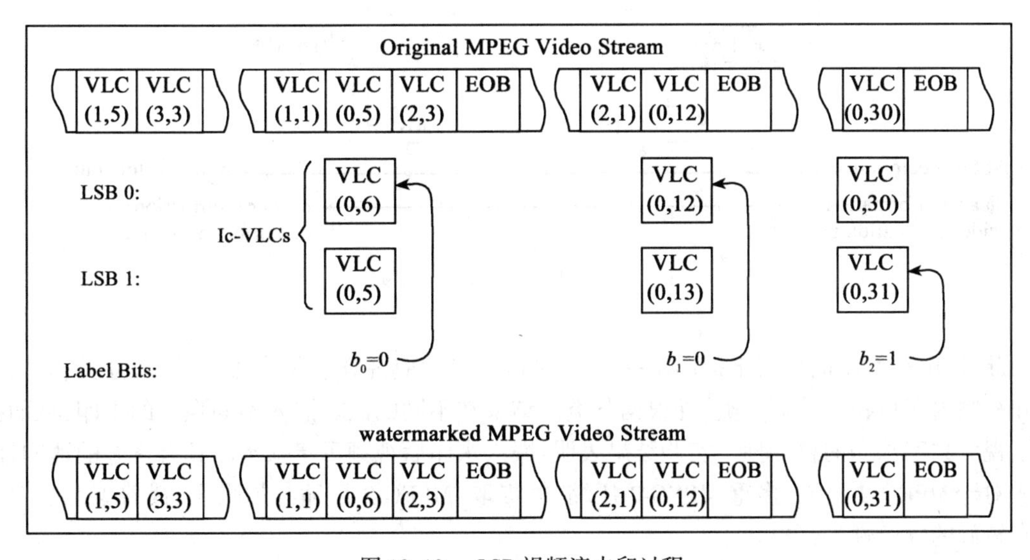

图 12.18　LSB 视频流水印过程

Hartung 和 Girod 主要侧重于用于视频指纹应用的压缩视频水印算法研究。他们直接使用扩展频谱方法在视频中嵌入一个加性水印。水印信号使用一个和视频帧相同尺寸的伪随机噪声信号与水印信息比特调制而成。对每一压缩的视频帧,首先对应的水印信号实施 8×8 DCT 变换,然后把 DCT 变换处理后水印信号的 DCT 系数叠加到视频帧的 DCT 系数上。对 I 帧、P 帧和 B 帧都实施这种操作。恒定位率的实现通过比较每一嵌入水印后的 DCT 系数与水印嵌入前的 DCT 系数编码后所需的比特数。由于变长码编码,嵌入水印后的系数编码的比特数或多于或少于嵌入前所需的比特数。如果嵌入水印后的 DCT 系数编码需要更多的比特数,而视频序列的位率又不可以增加,则该系数将不用于水印嵌入。由于水印信息固有的冗余性,只要有足够的系数用于水印嵌入,水印信息仍然可以全部嵌入。由于混合视频编码的迭代结构产生的视觉瑕疵可以使用“漂移”来避免,所以视频序列嵌入水印之后和之前的运动补偿误差可以通过添加一个“漂移”补偿信号来纠正。图 12.19 为该视频水印的嵌入过程示意图,视频流必须被解析,并且水印信号要进行 DCT 变换处理。然而,这种水印方案不需要完全解码和重新编码。这种水印方案与所有基于 DCT 混合压缩算法兼容,如 MPEG-2、MPEG-4 和 ITU-TH.263。从部分解压视频中恢复水印是通过计算伪随机噪声序列与检测载体的相关性。水印对标准的信号处理是鲁棒的,其改进水印检测器后的版本还可以抵抗某种程度的几何失真,如平移、缩放和旋转等。

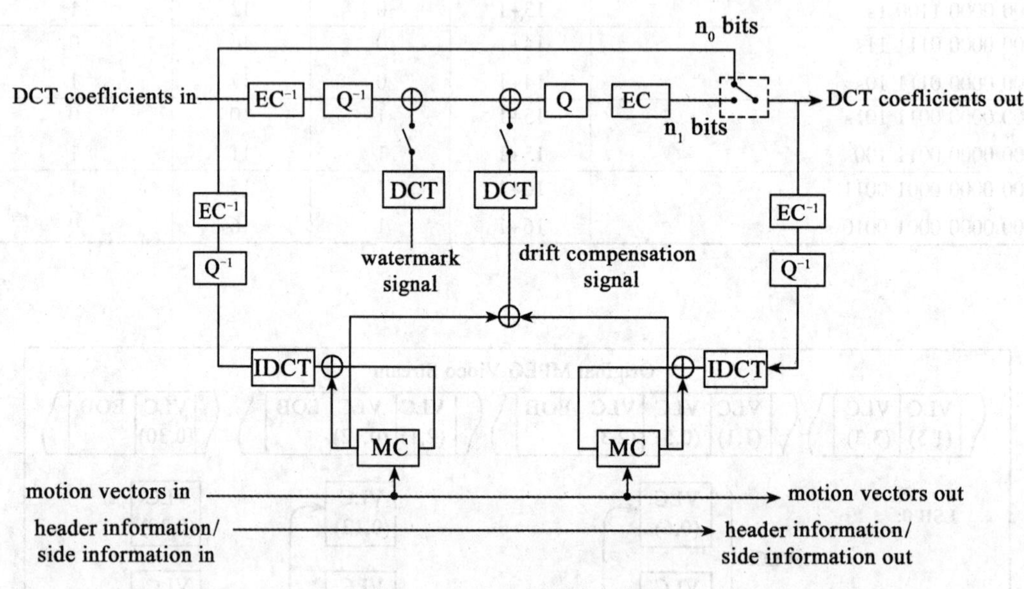

图 12.19 H&G 视频水印方案

此外,山东大学向辉博士提出了一种 DCT 域的自适应视频水印算法,根据帧分类、运动分类和视频内容将视频数据分类,并根据分类的结果在不同的区域嵌入不同强度的水印,从而提高了视频数字水印的鲁棒性。实验结果表明:嵌入水印后视频重建帧水印具有良好的透明性;算法对于 MPEG-2 压缩、多重 MPEG-2 压缩、帧提取、MPEG-2 压缩与加噪声、裁剪等混合攻击具有较好的鲁棒性。

清华大学的吴国威教授等人对数字视频广播中的水印技术进行了研究,提出了一种 MPEG-2 码流域的视频水印算法,考虑人眼视觉特性,通过对特定位置 DCT 系数进行修改,以实现水印的嵌入。算法关键在于根据视频帧的不同特性,实现了检测阈值的动态选取,因此优化了检测性能。算法复杂度低,易于实现,并具有较高的鲁棒性。

基于 DCT 系数的压缩视频水印充分结合视频的编码结构,最大的优点是保证了水印处理的实时性,而且易于针对 MPEG 压缩处理预先设置水印的鲁棒性强度(基于 DCT 系数关系的水印)。但大多数水印算法基于 8×8 的块结构,对于同步攻击(块同步攻击、空间几何变形)较

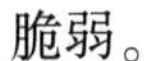

脆弱。

2. 运动矢量水印

Alpvision 公司的 Kutter 等人提出一种在压缩视频中的运动矢量中嵌入/提取水印的算法。该算法利用改变运动矢量的奇偶对应关系来实现水印嵌入,算法易于实现和实时操作且容量大,但是水印对于视频常规处理的稳健性较差。

上海交通大学的李介谷教授等人将这种对应关系原则选择性地应用到具有最大幅值的运动矢量上。后者在加水印后在视频视觉质量上相比前者有所改进,但是水印算法的鲁棒性能没有改变,仍然比较容易受到滤波或再压缩等处理的影响。

针对运动矢量水印鲁棒性改善,欧洲电信的 Yann bodo 和 Jean-Luc 提出了一种基于分层结构的运动矢量水印。算法利用穷举搜索匹配算法和分层结构的运动分析将水印信息扩展到多个层次的运动矢量上,从而提高了水印的鲁棒性。需要注意的问题是,该算法属于半盲水印算法,而且由于多层次的匹配搜索导致计算量成倍地增大,所以不宜于视频水印的实时操作。另外,运动矢量的改动单纯利用数学投影来决定,而没有考虑实际的局部视频视觉效应,因此在视频画面中可能会带来可察觉的"人为痕迹"。

浙江大学的朱仲杰博士等人根据运动矢量的特征值,提出了一种运动矢量水印算法。水印算法简单、快速,能满足视频编码的实时性要求,与现有的视频压缩标准有很好的兼容性。水印提取具有盲检功能,无需原图像,水印嵌入不影响 I 帧的图像质量,且容量大。但是该算法本质上还是建立在运动矢量的奇偶关系上的,没有考虑鲁棒性因素。

运动矢量水印的大多数算法具有实时性、大容量、视觉质量等特点,却几乎没有考虑鲁棒性(对码率转换);少数针对鲁棒性做了工作,但是在视觉质量和实时性方面大打折扣。

3. 其他形式的压缩视频水印(脸部参数水印等)

Frank Hartung 早期提出的在 MPEG-4 的脸部运动参数中嵌入水印的算法,仍然采用了扩频通信的思想。在 MPEG-4 中定义了一个一般的脸部,并能够通过脸部运动参数(Facial Animation Parameter,FAP)运动起来。水印的基本思想是将1比特的水印信息散布到多个 FAP 中,水印检测用相同的伪随机序列进行相关运算,判断水印的存在。该算法存在的主要问题包括:需要原始宿主信号,且水印提取出来的速率不是均衡的;在水印嵌入和提取的处理中如何考虑人类视觉系统的特性。

压缩域算法一般实时性良好,而且易于做到对 MPEG 压缩鲁棒。其缺点是水印信息受 MPEG 编码结构限制,一旦解码恢复到空间域,或重新编码,或经受其他视频处理(几何失真等同步攻击)后,水印的提取势必会受到影响。

12.6 DEW 视频水印算法实例

直接在原始视频像素域加入水印的方法并不实用。鉴于实际应用环境中的视频特点,一般会考虑对原始视频做变换后,或者直接在压缩视频中嵌入水印信息。因此,我们介绍具有代表性的 DEW 视频水印算法,该算法既能针对原始视频在压缩编码过程中嵌入水印信息,也能直接面对 MPEG 压缩视频流添加水印。

12.6.1 DEW 算法原理

差分能量水印算法将 L 位的水印信息 $b_j(j=0,1,2,\cdots,L-1)$ 嵌入至 MPEG 压缩视频码流中的I帧。水印信息中的每一标记位都有其特定的水印嵌入区域,由 n 个 8×8 亮度块的 DCT 系数矩阵组成。水印标记区域中 8×8 亮度块的 DCT 系数矩阵的个数决定了标记比特率,即水印的嵌入率。当 n 值越大时,水印的嵌入率也就越低。我们选择 n 为 16 进行算法描述。此外,当视频码流系数不是 DCT 变换值而是原始像素时,需要对原始像素值进行 DCT 转换进行预处理。

下面我们来说明水印嵌入的过程。通过在水印标记区域中引入"能量差"将水印位被嵌入到视频I帧中。所谓"能量差"即是指水印标记区域中上半部分 DCT 系数值(由区域 A 表示)和下半部分 DCT 系数(由区域 B 表示)的"能量"差值。而"能量"则是指在水印嵌入区域中特定子集的 DCT 系数的平方和。该子集为图 12.20 中的白色三角形区域,用 $S(c)$ 表示。

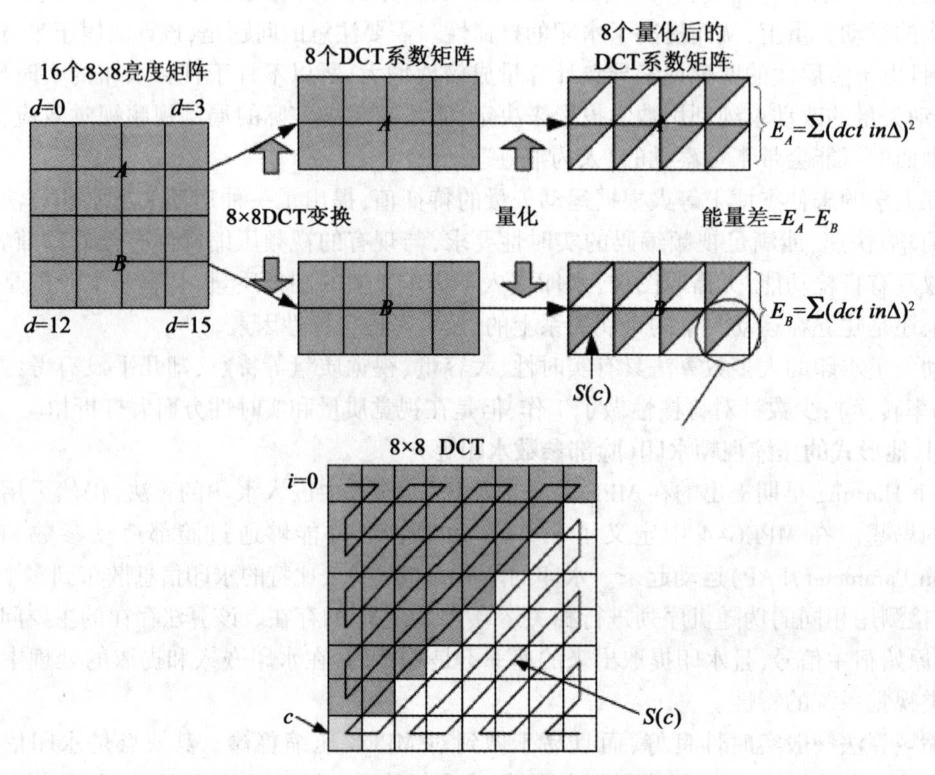

图 12.20 16 个 8×8 DCT 系数矩阵中能量差定义

我们定义在区域 A 中的 8 个 DCT 系数矩阵中 $S(c)$ 区域的总能量为:

$$E_A(c,n,Q_{\text{jpeg}}) = \sum_{d=0}^{n/2-1} \sum_{i=S(c)} ([\theta_{i,d}]\, Q_{\text{jpeg}})^2 \tag{12.1}$$

上式中,$\theta_{i,d}$ 为区域 A 中 Z 形扫描的第 d 个 DCT 系数矩阵序号为 i 的 DCT 系数值。而$[\,]Q_{\text{jpeg}}$ 表示在计算能量 E_A 前,JPEG 压缩的视频码流的 DCT 系数可选的用标准 JPEG 压缩标准[ ]中的质量因子 Q_{jpeg} 进行量化。对于 MPEG 压缩视频码流中的I帧也可以采用类似的方法。预量化仅仅用于计算能量,而并不是用于在实际的压缩视频码流中嵌入水印。区域 B 中的能量也按照上式进行相同的定义。

区域 $S(c)$ 的大小是由 Z 形扫描 DCT 系数矩阵中临界序号 c 来确定的,为:

$$S(c) = \{h \in \{1.63\} \mid h \geqslant c\} \tag{12.2}$$

适当地选择临界点对水印信息嵌入的鲁棒性和不可见性都有非常大的影响,在下一节中将说明这个问题。此处,我们假定已经选择了合适的临界序号,则区域 A 和区域 B 中的能量差 D 表示为:

$$D(c,n,Q_{\text{jpeg}}) = E_A(c,n,Q_{\text{jpeg}}) - E_B(c,n,Q_{\text{jpeg}}) \tag{12.3}$$

图 12.20 是计算当 $n=16$ 时的能量差的全过程。

定义标记位值为能量差的符号值,即标记位“0”定义为 $D>0$,而标记位“1”定义为 $D<0$。因此在水印嵌入的过程中必须通过调整 E_A 和 E_B 的值来嵌入水印。假定须嵌入标记位“0”,则将区域 B 中 $S(c)$ 区域 DCT 系数值设为 0 ,因此:

$$D = E_A - E_B = E_A - 0 = + E_A \tag{12.4}$$

当须嵌入标记位“1”,则将区域 A 中 $S(c)$ 区域 DCT 系数值设为 0 ,因此:

$$D = E_A - E_B = 0 - E_B = - E_B \tag{12.5}$$

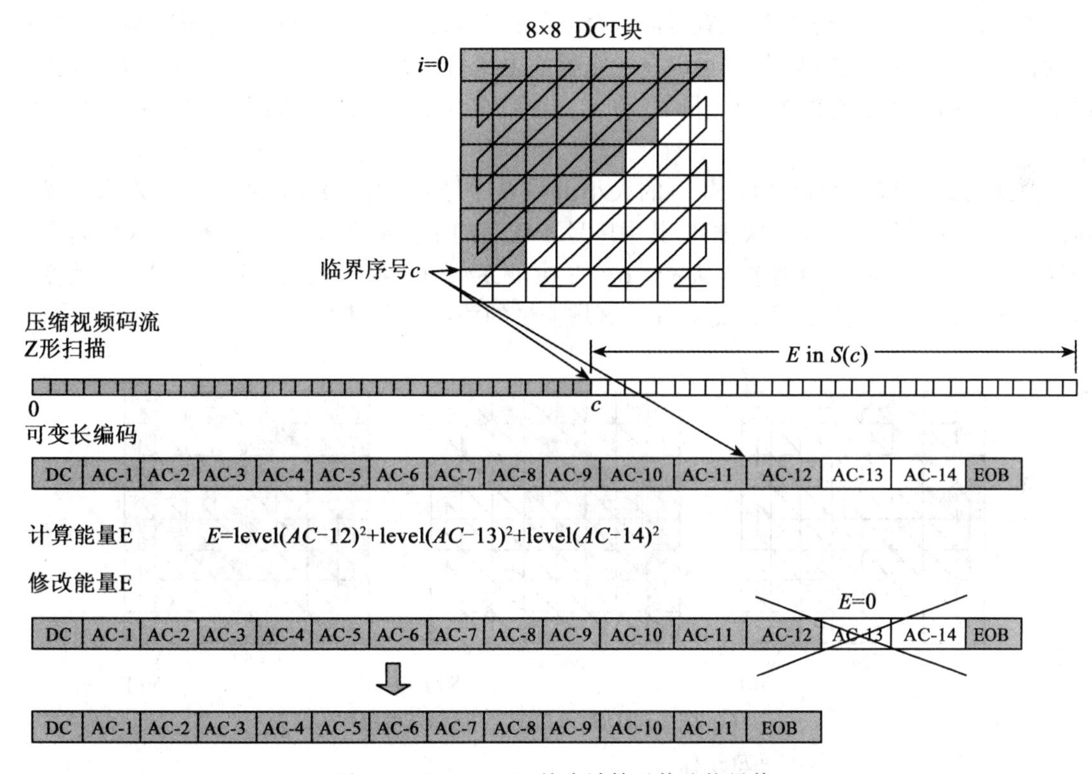

图 12.21　8×8 DCT 块中计算及修改能量值

我们可以看出,由于区域 $S(c)$ 的选择是按照 Z 形扫描获得的,因而我们可以在压缩视频码流上直接计算能量差 D 以及修改 E_A 和 E_B 的值。计算时通过改变 DCT 系数块中 EOB 的位置将 DCT 系数设为 0,而无须进行再次的编码过程,大大节约了计算量。图 12.21 中描述了该计算过程。通过丢掉高频 DCT 系数来嵌入水印有其特定的优点。首先由于在压缩视频码流中没有修改或添加 DCT 系数,则在系数域中的编码过程可以被省略,其复杂性大大降低了。其次,仅仅丢掉高频系数不会增加原始压缩视频码流的长度,如需保证其原始长度,也可以通过添加零位来实现。

12.6.2 参数选择及流程描述

1. DEW 算法的参数选择

由式(12.2)和式(12.3)可以知道区域 A 和 B 中的能量大小受到以下几个因素的影响：

- 域 A 和 B 中的图像内容；
- 在每个水印嵌入区域中所包含的 n 的大小；
- 预量化 JPEG 质量因子 Q_{jpeg}；
- $S(c)$ 区域的大小。

如果水印嵌入区域中的图像内容平滑并且只使用了直流系数进行编码，那么交流系数将为零，其能量将大于具有较多纹理和边缘的图像内容。而 n 值越大时，水印嵌入区域中包含的 DCT 块也就越多，由能量是各 DCT 块中能量的叠加可以简单推出总能量也就越大。

可选的预量化 JPEG 质量因子 Q_{jpeg} 对水印抵抗再编码攻击的鲁棒性有影响。所谓再编码攻击就是将已嵌入水印的压缩视频码流完全或部分解码，然后以低码率进行再次编码。通过设置合适的 Q_{jpeg} 大小，DEW 算法可以在一定程度上抵抗再编码攻击。当 Q_{jpeg} 越小时，其抵抗再编码攻击的能力也就越强，但能量 E_A 和 E_B 也就越小，因为大部分的高频系数被量化为零了。

由式(12.2)我们知道区域 $S(c)$ 的大小由临界序号 c 决定。8×8 DCT 块中 Z 形扫描的 DCT 系数按序号从 0～63 依次排列，其中序号 0 代表的是直流系数，而序号 63 代表的是最高频的交流系数。$S(c)$ 区域则包含从 c 到 63 的 DCT 系数值。在图 12.22 中给出了当 c 值变化时 $S(c)$ 区域大小的变化以及 c 值和 $S(c)$ 区域能量的关系示意图。

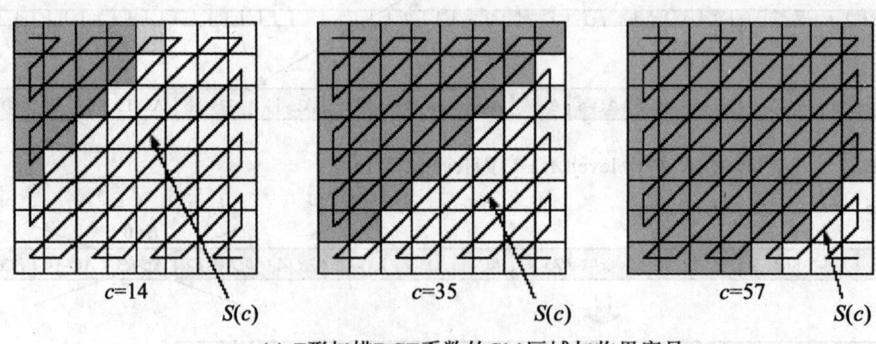

(a) Z形扫描DCT系数的$S(c)$区域与临界序号c

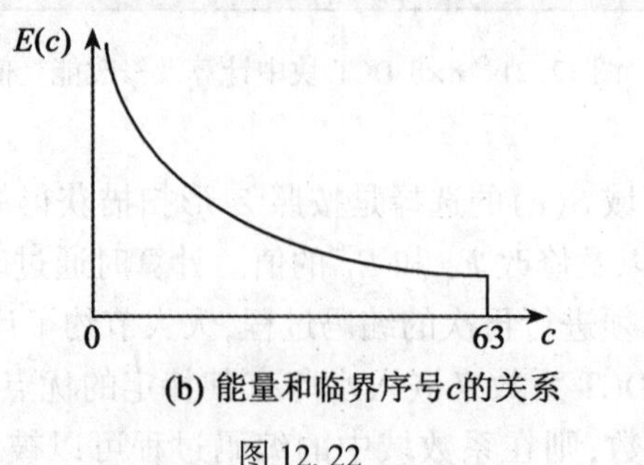

(b) 能量和临界序号c的关系

图 12.22

为了将水印嵌入，必须强制性地得到能量差，因此在水印嵌入的过程中必须丢掉区域 A

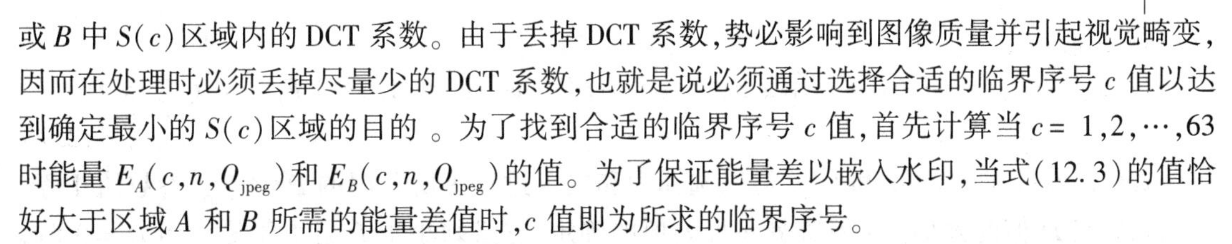

或 B 中 $S(c)$ 区域内的 DCT 系数。由于丢掉 DCT 系数，势必影响到图像质量并引起视觉畸变，因而在处理时必须丢掉尽量少的 DCT 系数，也就是说必须通过选择合适的临界序号 c 值以达到确定最小的 $S(c)$ 区域的目的 。为了找到合适的临界序号 c 值，首先计算当 $c=1,2,\cdots,63$ 时能量 $E_A(c,n,Q_{\text{jpeg}})$ 和 $E_B(c,n,Q_{\text{jpeg}})$ 的值。为了保证能量差以嵌入水印，当式(12.3)的值恰好大于区域 A 和 B 所需的能量差值时，c 值即为所求的临界序号。

为了保证图像质量，必须避免丢掉低频的 DCT 系数，因此设定临界序号 c 值大于一个最小值 $c_{\min}$，以公式给出如下：

$$c(n,Q_{\text{jpeg}},D,c_{\min})$$
$$=\max\{c_{\min},\max\{g\in 1.63\}\mid(E_A(g,n,Q_{\text{jpeg}})>D)\Lambda(E_B(g,n,Q_{\text{jpeg}})>D)\}\} \tag{12.6}$$

下面我们举例说明。在图 12.23 中，需在 $n=2$ 的水印嵌入区域 DCT 块中嵌入水印比特 $b_0=0$，且能量差 $D=500$。在区域 A 中，当 $c=35$ 时，$E_A>D$；而在区域 B 中，当 $c=36$ 时，$E_B>D$。这就说明临界序号的最小取值为 35。由于需嵌入比特 0，则区域 B 中临界序号后的 DCT 系数值被置为零。

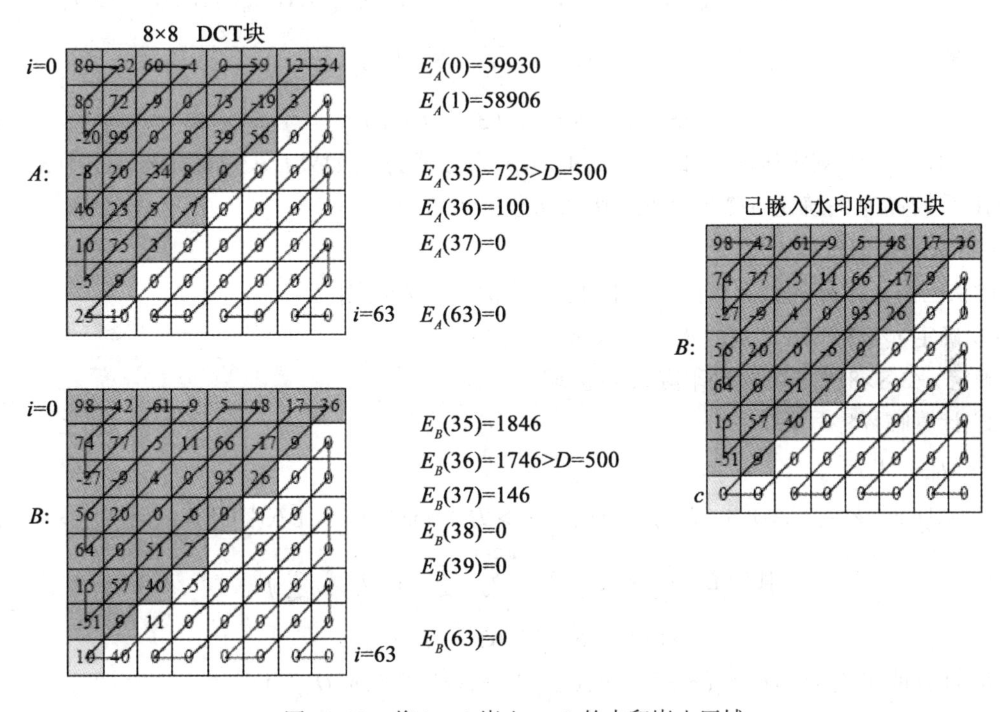

图 12.23 将 $b_0=0$ 嵌入 $n=2$ 的水印嵌入区域

在已嵌入水印信息的视频图像中提取比特时，我们需再次找回临界序号 c 值。首先，需计算当 $c=1,2,\cdots,63$ 时所有的能量值 $E_A(c,n,Q_{\text{jpeg}})$ 和 $E_B(c,n,Q_{\text{jpeg}})$。在水印嵌入的过程中，区域 A 或 B 中的部分 DCT 系数被置为零，因而先找到在区域 A 和 B 中使得式(12.3)计算所得的能量值大于 D' 的最大 Z 形编码的序号值。而实际的临界序号值可由下式确定：

$$c(n,Q_{\text{jpeg}},D')$$

$$= \max\{\max\{g \in \{1.63\} \mid (E_A(g,n,Q'_{\text{jpeg}}) > D'),\max\{g \in \{1.63\} \mid E_B(g,n,Q'_{\text{jpeg}} > \text{D}')\}\}\} \tag{12.7}$$

式(12.7)中的参数 D'和 Q'_{joeg} 可以选择为和嵌入过程中所采用的 D 和 Q_{jpeg} 参数值相等。检测临界点 D'值的大小会影响临界序号 c 值的确定,它必须小于 D 且大于零。当 $D'=0$ 时,只有在无噪声影响的情况下才可正确提取水印信息;一旦收到噪声影响,临界序号的值将会比实际值要大。D'的大小决定了有多少的能量可以被看做噪声。事实上,D'和 Q'_{joeg} 并不是固定值,而会随图像变化而变化,提取过程中必须选择合适的 D'和 Q'_{joeg} 。可靠的方法就是事先以几位固定的水印比特值进行测试。

2. 算法的流程描述及实验

(1)水印嵌入过程

欲将水印信息 L 中的 b_j 嵌入压缩视频码流的 I 帧图像,则

① 确定 $n/2$ 个 8×8 DCT 块的水印嵌入 A 区域。

② 计算临界序号 c 值:

$$c(n,Q_{\text{jpeg}},D,c_{\min})=\max\{c_{\min},\max\{g\in\{1.63\}\mid(E_A(g,n,Q_{\text{jpeg}})\Lambda(E_B(g,n,Q_{\text{jpeg}})>D))\}\}$$

$$\text{其中 } E_{A,B}(c,n,Q_{\text{jpeg}})=\sum_{d=0}^{n/2-1}\sum_{i\in S(c)}\left([\theta_{i,d}]_{Q_{\text{jpeg}}}\right)^2$$

$$S(c)=\{h\in\{1.63\}\mid(h\geqslant c)\}$$

③ 如果 $b_j=0$,则将区域 B 中 $S(c)$ 内的 DCT 系数置为 0;如果 $b_j=1$,则将区域 A 中 $S(c)$ 内的 DCT 系数置为 0;确定 $n/2$ 8×8DCT 块的水印嵌入 B 区域。

(2)水印提取过程

欲从已嵌入水印的视频帧图像中提取出水印信息位 b_j,则

① 确定 $n/2$ 8×8DCT 块的水印嵌入 A 区域;

确定 $n/2$ 8×8DCT 块的水印嵌入 B 区域。

② 计算临界序号 c 值:

$$c(n,Q_{\text{jpeg}},D')$$

$$= \max\{\max\{g \in \{1.63\} \mid (E_A(g,n,Q'_{\text{jpeg}}) > D'))\max\{g \in \{1.63\} \mid E_B(g,n,Q'_{\text{jpeg}} > D')\}\}\}$$

$$\text{其中 } E_{A,B}(c,n,Q_{\text{jpeg}})=\sum_{d=0}^{n/2-1}\sum_{i\in S(c)}\left([\theta_{i,d}]_{Q_{\text{jpeg}}}\right)^2$$

$$S(c)=\{h\in\{1.63\}\mid(h\geqslant c)\}$$

③ 计算能量差 D :$D=E_A(c^{(\text{extract})},n,Q'_{\text{jpeg}})-E_B(c^{(\text{extract})},n,Q'_{\text{jpeg}})$

如果 $D>0$, 则 $b_j=0$;否则 $b_j=1$。

以测试 MPEG 视频码流"sheep-sequence"实验 DEW 算法,可以由表 12.3 中看出选取不同的水印承载块数 n,在码率变化下对 DEW 水印算法中的不同性能的影响。图 12.24 是原始视频帧画面和不同码率情况下(4Mb/s 和 8Mb/s)嵌入水印前后的帧差的视觉效果。图 12.25 说明不同的切断点 C 分别对应的满足要求的 8×8DCT 系数块百分比率。水印带来的视觉退化可由 ΔMSE 表示(图 12.26),码率改变对水印的影响在图 12.27 中可以看出。

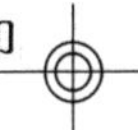

表 12.3　　DEW 算法执行中的参数选择以及对水印性能的影响

视频码率(Mbit/s)	n	舍弃比特(Kbit/s)	误码率(%)	水印嵌入率(Kbit/s)
1.4	64	1.6	24.6	0.21
2.0	64	4.6	0.1	0.21
4.0	64	3.8	0.0	0.21
6.0	32	7.2	0.0	0.42
8.0	32	6.6	0.0	0.42

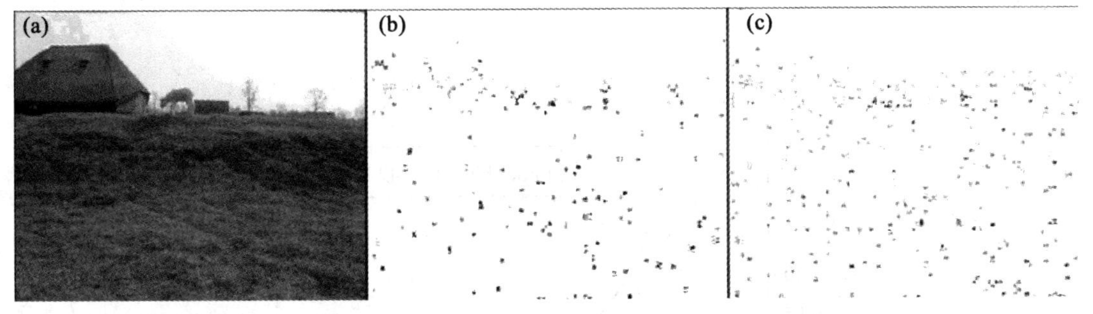

(a)原始视频 I 帧；　　(b)水印前后帧差(4Mb/s)，水印嵌入率 0.21Kbit/s(n=64)；
(c)水印前后帧差(8Mb/s)，水印嵌入率 0.42Kbit/s(n=32)

图 12.24

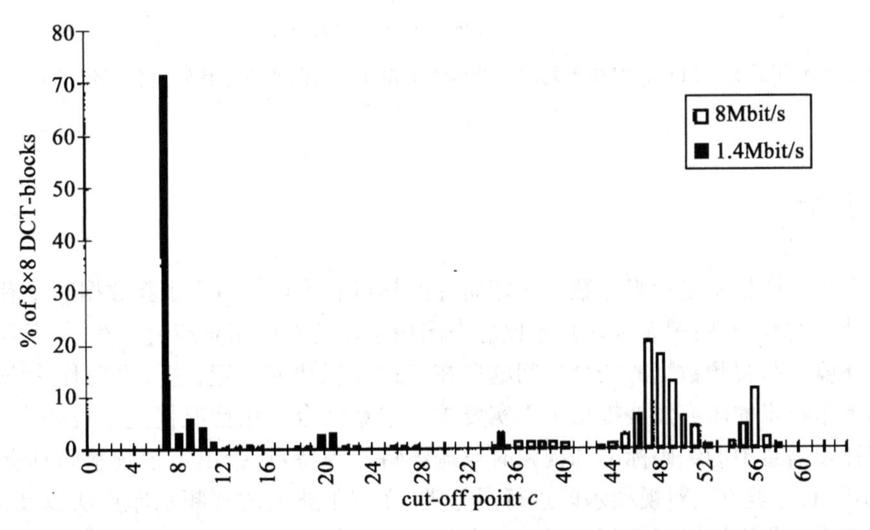

图 12.25　在 MPEG-2 序列以 1.4 and 8 Mb/s 码率编码情况下，不同的切断点 C 分别对应的满足要求的 8×8 DCT 系数块百分比率

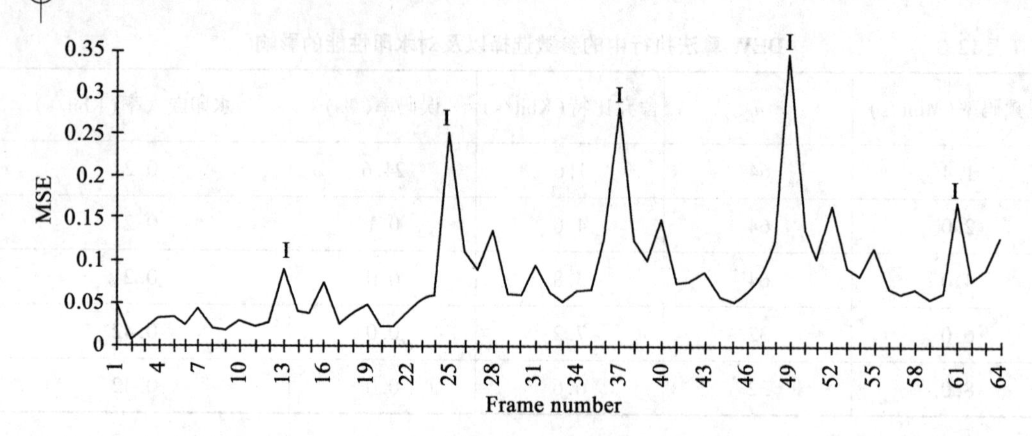

图 12.26　加水印后的"sheep-sequence"压缩视频相比原始压缩视频，每帧的视觉退化指标 ΔMSE（视频码率 8 Mbit/s，水印嵌入率 0.42 Kbit/s）

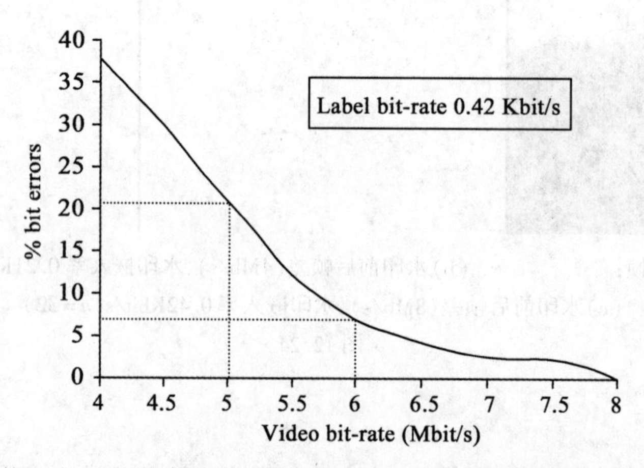

图 12.27　加水印后的 MPEG-2 视频序列以初始码率 8Mbit/s 向低比特率转码过程中带来的水印误码率

12.7　小结

数字视频水印技术是多媒体数字水印研究的热点和难点。由于视频数据的特有结构以及和编码相结合的复杂性，视频水印技术比静态图像水印的发展相对滞后。然而，当今快速发展的互联网环境使得视频数据的安全性问题摆在了迫在眉睫的位置，这势必对作为潜在解决手段的视频水印技术的研究发展提出了现实要求。本章结合应用情况概述了视频水印技术，介绍了数字视频信息中的编码标准和视频时空掩蔽特性等特点，指出了视频水印具有的特点和难点，按不同的分类方法对视频水印进行了分类，介绍了典型的视频水印算法以及优缺点，并分析了其性能。作为针对视频版权保护和内容认证等诸多应用，视频水印是一种被寄予厚望的技术手段。就目前来看，视频水印研究正致力于解决应用中所存在的难点问题，并努力实现产业化。相信在不久的将来，视频水印技术能够在多媒体信息安全应用中起到切实的关键作用。

思 考 题

1. 为何可以将视频水印技术看做是静态图像水印技术的延续？但是二者之间有何主要区别？

2. 视频水印算法按照嵌入阶段分为哪几类？每一类别的水印算法各有何优缺点？

3. 一般如何评估视频水印算法的优劣？包含哪些指标？

4. MPEG 视频压缩数据分几层？简述各个层中典型的压缩视频水印算法。

5. 采用第二代水印思想的目的在于提高水印的鲁棒性，如抵抗几何失真；在实际视频水印设计中如何考虑第二代水印的思想？

6. 利用 Matlab 或 C 语言实现一个简单的 DEW 水印算法。

第13章 音频水印

互联网技术的迅速发展和音频压缩技术的日益成熟使得以MP3为代表的网络音乐在互联网上广泛传播。但是,肆无忌惮地复制和传播盗版音乐制品使得艺术作品的作者和发行者的利益受到极大损害。在这种背景下,能够有效地实行版权保护的音频数字水印(Digital Audio Watermarking)技术变得越来越重要,已成为一个十分热门的研究领域。

数字音频水印技术将具有特定意义的信息嵌入到原始音频中而不显著地影响其质量。根据不同的应用,嵌入的水印数据可以是版权信息、序列号、文本(如音乐或艺术家的名字)、一个小的图像甚至是一小段音频。水印隐藏在宿主音频数据中通常不为人所感知,此外还必须能够抵抗常规音频信号处理以及某些恶意的攻击。

一个好的音频水印算法应该具备如下性质:

(1) 水印必须嵌入到宿主音频数据中,否则很容易被修改或除去。

(2) 水印必须具有感知透明性,即不能对原始音频的质量产生明显的影响。

(3) 为保证水印的安全性,一般在嵌入过程和检测过程中要使用密钥。

(4) 水印应该对MP3有损压缩、低通滤波、噪声、重采样等音频信号处理具有鲁棒性。

(5) 嵌入和检测的计算代价要足够小以进行实时处理。

(6) 在大多数情形下,水印检测不应该需要原始音频,即进行盲检测,因为寻找原始音频是十分困难的。

(7) 水印算法最好是公开的,即安全性应依赖于密钥的选择而不是对算法进行保密。

设计一个水印系统满足以上全部要求是很困难的。有些性质如鲁棒性、透明性和数据容量之间是相互矛盾的,因此,在这些要求中寻找最佳平衡是水印系统设计的目标。

13.1 音频水印特点

在音频中加入水印,要考虑到音频载体信号在人类听觉系统、音频格式以及传送环境等方面的特点。与图像和视频相比,音频信号在相同的时间间隔内采样的点数少。这使得音频信号中可嵌入的信息量要比可视媒体要少。并且由于人耳听觉系统(HAS)比人眼视觉系统(HVS)敏感得多,因此听觉上的不可知觉性实现起来要比视觉上困难得多。

13.1.1 人类听觉系统

人耳的机理相当复杂,它就像一个频率分析仪,能够探测到从10~20 000 Hz的声音。描述人类听觉系统的感知特性一般从下面三个方面来分析:响度、音高和掩蔽效应。

(1) 对响度的感知。

声音的响度即声音的强弱。在物理上,声音的响度使用客观测量单位来度量,即声压单位dyn/cm^2(达因/平方厘米)或声强单位W/cm^2(瓦特/平方厘米)。在心理上,主观感觉的声音

强弱使用响度级“方(phon)”或“宋(sone)”来度量。这两种感知声音强弱的计量单位是完全不同的两个概念,但它们之间又有一定的联系。

当声音弱到人耳刚刚可以听见时,称此时的声音强度为“听阈”。例如,1kHz 纯音的声强达到 10^{-16}W/cm^2 时,人耳刚能听见,此时的客观响度级定义为零 dB 声强级,而主观响度级定义为零方。另一种极端的情况是声音强到人耳感到疼痛,我们称这个阈值为“痛阈”。例如,当频率为 1kHz 的纯音声强达到 120dB 左右时,人耳感到疼痛,此时主观响度级为 120 方。实验表明,“听阈”和“痛阈”都随频率变化。图 13.1 说明了人耳对响度的感知随频率变化的特性。图中最上面的一条曲线是“痛阈”随频率变化的曲线,最下面的一条曲线是“听阈” 随频率变化的曲线,这两条曲线之间的区域就是人耳的听觉范围。由图 13.1 可见,1kHz 的 10dB 的声音和 200Hz 的 30dB 的声音,在人耳听起来具有相同的响度。

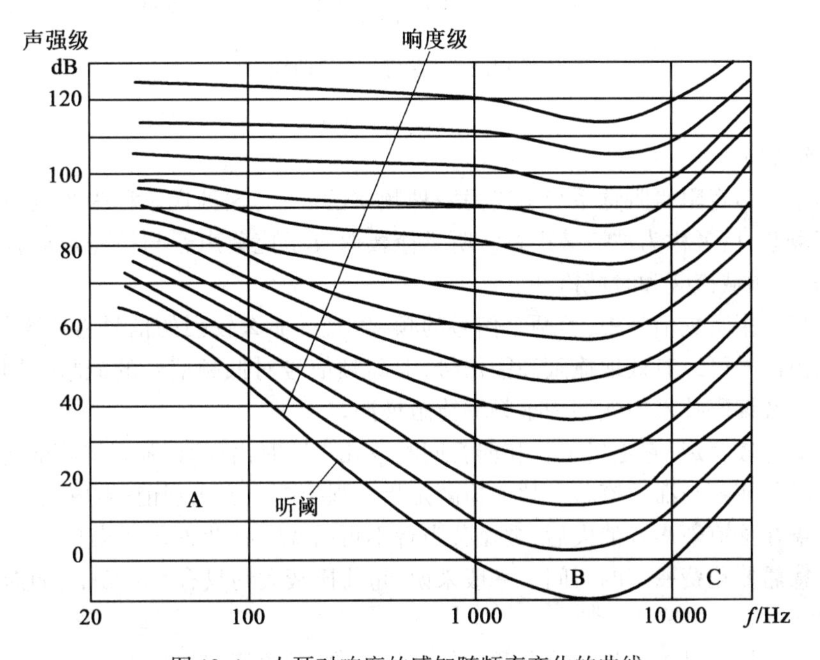

图 13.1 人耳对响度的感知随频率变化的曲线

图 13.1 还说明人耳对不同频率的敏感程度有差别,其中对 2 ~ 4kHz 范围的信号最为敏感,幅值很低的信号都能被人耳听到。而在低频区和高频区,能被人耳听到的信号幅值要高得多。

音频信号主要包括电话质量话音、宽频话音和宽频声音。这三类音频信号的频率范围分别是:电话质量话音 300 ~ 3 400Hz,宽频话音 50 ~ 7 000 Hz,高质量的宽频声音 20 ~ 20 000 Hz。

(2)对音高的感知。

客观上用频率 f 来表示声音的音高,单位为 Hz。而主观感觉的音高单位则是“Mel(美)”。它们也是两个不同又有联系的概念。主观音高与客观音高的关系可用下式表示。

$$\text{Mel} = 1\,000\log_2(1+f)$$

人耳对响度的感知有一个从听阈到痛阈的范围,对频率同样也有一个感知范围。人耳可以听见的最低频率约为 20Hz,最高频率约为 18 000Hz。图 13.2 就反映了人耳对响度感知能力随着信号频率变化的规律。

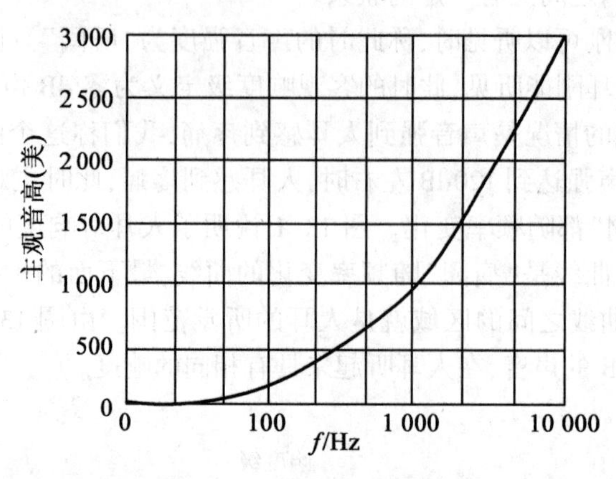

图 13.2 “音高-频率”曲线

(3)掩蔽效应。

一种频率的声音阻碍听觉系统感受另一种频率的声音,这种现象称为听觉掩蔽效应。前者称为掩蔽声音,后者称为被掩蔽声音。听觉掩蔽取决于掩蔽声音与被掩蔽声音的幅值与时域特性,可分为频域掩蔽和时域掩蔽。

频域掩蔽是指听觉信号中,若两个信号的频率相近,那么较强的信号将淹没较弱的信号。实验证明低频信号可以有效地掩蔽高频信号,但高频信号对低频信号的掩蔽作用不明显。在当代高质量声音编码技术中就使用了频率掩蔽模型。

时域掩蔽比较直观,它是指强音和弱音同时或几乎同时出现时,强音屏蔽弱音的现象。时域掩蔽包括超前掩蔽与滞后掩蔽。超前掩蔽是指在强掩蔽声音出现前,被掩蔽声音不可听见。滞后掩蔽是指在强掩蔽声音消失后,被掩蔽声音不可听见。产生时域掩蔽的主要原因是人的大脑处理信息需要花费一定的时间。一般来说,超前掩蔽大约只有 5 ~ 20ms,而滞后掩蔽可以持续 50 ~ 200ms。

(4) 对于频域信号中的相位分量和幅值分量,人耳对幅值和相对相位更为敏感,而对绝对相位不敏感。

(5) 人耳对不同频段声音的敏感程度不同,通常人耳可以听见 20Hz ~ 18kHz 的信号,对 2 ~ 4kHz范围内的信号最为敏感,在此范围内幅度很低的信号也能被听见,而在低频区和高频区,同样低幅度的信号就可能无法被听见。即使对同样声强级的声音,人耳实际感觉到的音量也是随频率而变化的。

(6) 人类听觉系统对声音文件中附加的随机噪声敏感,并能觉察出微小扰动。

(7) 人类听觉系统有很大的动态范围及较小的分辨范围, HAS 能察觉到大于 100 000 000 : 1的能量,也能感觉大于 1 000 : 1 的频率范围,对加性随机干扰也同样敏感。可以测出音频文件中低于 1/10 000 000(低于外界水平 80dB)的扰动。因此,较大的声音可屏蔽较小的声音。

13.1.2 音频文件格式

对高质量数字音频的描述样本最流行的格式是 16 比特线性量化,如:Windows 中的 WAV

格式音频文件和 AIFF 音频交换文件格式。另一种对较低质量声音的流行版本是采用 8 比特 μ 律的对数分度。这些量化方法使信号产生了一些畸变,在 8 比特 μ 律中显得更为明显。

一般声音的流行采样频率包括 8kHz, 9. 6kHz, 10kHz, 12kHz, 16kHz, 22. 05kHz 和 44. 1kHz。采样频率影响数据隐藏,因为它给出了可用频谱的上限(如果信号的采样频率为 8kHz,则由采样定理,引入的修改分量的频率不会超过 4kHz)。对于大多数已有的数据隐藏技术而言,可用的数据空间与采样频率的增长至少呈线性关系。需要考虑的是由有损压缩算法(如 ISO MPEG-AUDIO)引起的变化。这些变化彻底改变了信号的数据结构,它们仅仅保留了听者能感觉到的特性部分,也就是说,它听起来与原来的相似,即使信号在最小平方意义上完全不同。

13.1.3 声音传送环境

音频信息隐藏是指通过对声音文件作一些修改来嵌入信息,如作者信息、产品序号、提示旁白等,这种修改的作用效果类似于向声音文件中添加噪声数据。一般而言,此类修改必须做到不可觉察和难以在不损坏原始信号的情况下去除。其实由环境因素引起的声音变形也很常见,如周围的噪声、电路中的信号干扰等,且易被听者所忽略。尤其是在将模拟声音信号转换到数字音频时需要进行 A/D 转换,这就不可避免地要引入量化噪声。

一个数字格式的声音文件可在多种环境中传送。在图 13.3 中描述了几种可能的形式。第一种为无损传输,如图 13.3(a)所示,即信号是在未作修改的环境中传送的,因此相位和幅值都没改变。在第二种情况中(图 13.3(b)),信号以更高或更低的采样率重新采样,未改变相位和幅值,但改变了时域特性。第三种情况是将信号转换成模拟的形式来传送(图 13.3(c))。在这种情况下,即使认为模拟线路是无干扰的,相位、幅值和采样率都改变了。最后一种情况如图 13.3(d)所示,当环境有干扰存在时,信号将被非线性地传送,从而导致相位和幅值改变,以及引起回声等。

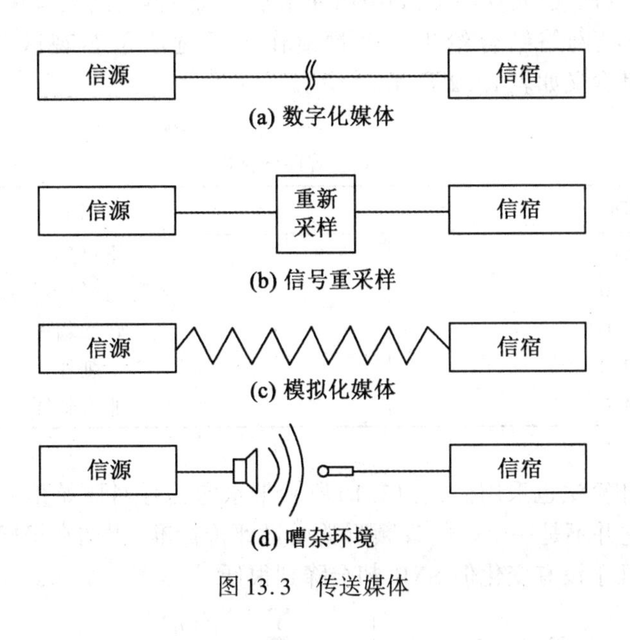

图 13.3 传送媒体

13.2 音频水印算法评价标准

13.2.1 感知质量评测标准

1. 主观感知质量评测标准

在音频水印中,一个常用的主观评价指标称为平均观点分(Mean OpinionScore,MOS),即测试者根据音频的好坏,给音质打分。一般按五分制评分。显然,得分为5或接近于5意味着两个音频数据之间几乎没有差别。MOS分值的含义如表13.1所示。此外,在ITU-R BS.1116中也定义了一个主观评分标准——主观听觉质量区分度(SDG)。

表13.1 **MOS主观评分标准**

分数	音频质量	描述
5	优异	相当于在专业录音棚的录音质量,语音非常清晰。
4	良	相当于长距离PSTN网上的语音质量,语音自然流畅。
3	中	达到通信质量,听起来仍有一定困难。
2	差	语音质量很差,很难理解。
1	不能分辨	语音不清楚,基本被破坏。

2. 客观感知质量评测标准

ITU-R推荐的BS. 1387音频质量听觉评测标准通常用于音频编码器的质量评价,但也可作为一个很好的客观听觉质量评价标准用于音频水印技术。BS. 1387有基本版和高级版两种,基本版使用基于FFT的人耳模型,高级版使用基于滤波器组的人耳模型。在两种情况下,模型输出变量与神经网络结合给出一个量值作为听觉质量客观区分度ODG(Objective Difference Grade),其含义如表13.2所示。

表13.2 **ODG客观评分标准**

ODG	描述
0.0	不可感觉
-1.0	可感觉但不刺耳
-2.0	轻微刺耳
-3.0	刺耳
-4.0	非常刺耳

早期的音频水印算法也采用公式(13.1)所示带水印信号对原始信号的信噪比(SNR)来度量感觉质量,但它并不是一个好的音频听觉质量评价标准,比如在极轻微的同步攻击下即使听觉质量实际上几乎没有变化但SNR却会降到很低。

$$\mathrm{SNR}=10\cdot\log_{10}\left\{\frac{\sum_{n=0}^{N-1}x^2(n)}{\sum_{n=0}^{N-1}[x'(n)-x(n)]^2}\right\} \tag{13.1}$$

13.2.2 鲁棒性评测标准

鲁棒性的级别包括以下几种:零级(没有鲁棒性)、低级、中级、中高级、较高级、高级和最高级。比特率是指在单位时间内可靠地植入宿主信号中的水印数据量,例如比特数/秒。鲁棒性可用提取出的水印误码率(BER)来衡量。设嵌入和抽取的水印序列长度为 B 位比特,则 BER 按如下公式计算:

$$\mathrm{BER}=\frac{100}{B}\sum_{n=0}^{B-1}\begin{cases}1, & w'(n)\neq w(n)\\0, & w'(n)=w(n)\end{cases} \tag{13.2}$$

大多数的文献在测试其鲁棒性时使用自己的测试音频和测试方法,除非重新实现算法,否则比较不同的算法性能几乎是不可能的。但是实现出来的算法也许和原始的不同甚至比原始的算法要差,因此建立共同的测试工具和标准是十分必要的。STEP 2000、SDMI 和 Stirmark for Audio 是目前公认的音频水印算法鲁棒性的测试规范和标准化测试工具。

13.2.3 虚警率

虚警率是指在没有嵌入水印的媒体中检测出水印的概率。计算虚警率十分困难,目前的办法一般是建立一个模型再估计它的值。但这样会产生两个问题:首先现实的水印技术难以模拟;其次,建立模型就需要理解算法的细节,而这通常是商业机密,尽管它违反了 Kerckhoffs 准则,有一种直观的方法就是根据大量实验进行统计,但这又经常由于实验数量巨大而不现实。

13.3 音频水印分类及比较

13.3.1 经典的音频信息隐藏技术

音频信息隐藏技术之间的区别主要体现在数据嵌入/提取方案的不同,早期的方法主要有以下四种:最不重要位方法、扩展频谱方法、相位编码方法、回声隐藏方法。分别介绍如下:

1. 最不重要位方法

最不重要位(LSB-Least Significant Bit)方法是一种最简单的数据嵌入方法。任何秘密数据都可以看做是一串二进制位流,而音频文件的每一个采样数据也是用二进制数来表示。这样,可以将每一个采样值的最不重要位,大多数情况下为最低位,用代表秘密数据的二进制位替换,以达到在音频信号中编码进秘密数据的目的。

为了加大对秘密数据攻击的难度,可以用一段伪随机序列来控制嵌入秘密二进制位的位置。伪随机信号可以由伪随机序列发生器来产生。这样收发双方只需要秘密地传送一个初始值(作为密钥),而不需要传送整个伪随机序列值。只有合法用户才能得到该密钥,根据 Kerchoff 法则可知系统是安全的。任何不知道密钥的第三方都无法提取出秘密数据。

最不重要位(LSB)法的特点是:本身简单易实现,音频信号里可编码的数据量大;采用流加密方式分别对数据本身和嵌入过程进行加密,其安全性完全依赖于密钥,如果选择伪随机性能好的密钥产生机制,则可以做到"一次一密";信息嵌入和提取算法简单,速度快。但是,它主要的也是最致命的弱点是对信道干扰及数据操作的抵抗力很差。事实上,信道干扰、数据压缩、滤波、重采样、时域缩放等都会破坏编码信息。

为了提高鲁棒性，可将秘密数据位嵌入到载体数据的较高位，对应于音频信号中的低频分量。但这样带来的结果是大大降低了数据隐藏的隐蔽性（因为人耳对低频信号更敏感）。为了改善这一点，可以在嵌入过程中根据音频的能量进行数据嵌入位选择的自适应，当然这种方法对平均能量比较高的音频样本更有效。此外，在变换域中进行音频信息嵌入也能获得较强的鲁棒性。

2. 扩展频谱方法

借鉴扩频通信的思想，可以在编码音频数据流时把秘密数据分散在尽可能多的频率谱分量中以达到隐藏数据的目的。

扩频通信方式有很多，常用的有直序扩频编码方法（DSSS）。DSSS 算法中采用对称密钥体制，即用相同的密钥来编码和解码。该密钥是伪随机噪声，理想伪随机噪声是白噪声，它在频率范围里有良好的频率响应。密钥用来编制信息，把序列调整成扩频序列。秘密数据被载波和伪随机序列所放大，后者有很宽的频谱。结果，数据的频谱被扩散到可能的波段中。然后，扩展后的数据序列被弱化，并作为加性随机噪声叠加到音频源文件中。不同于后面将要介绍的相位编码方法，DSSS 产生了音频的附加随机干扰。为使得干扰小到听不见，可以弱化扩频码（不修改）至大约原音频文件动态范围的 0.5%。

Boney 提出了一种适用于音频水印的扩频方法。他们选用的是一个伪随机序列，且为了利用 HAS 的长期或短期掩蔽效应，对该序列进行若干级的滤波。为利用 HAS 的长期掩蔽效应，对每个 512 点采样的重叠段，计算出它的掩蔽阈值，并近似地采用一个 10 阶的全极点滤波器，对 PN 序列进行滤波。利用短期掩蔽效应，即根据信号相应的时变能量，对滤波后的 PN 序列做加权处理。这样在音频信号能量低的地方可削弱水印。另外，水印还要经过低通滤波，即用完全音频压缩和解压实现低通滤波，以保证水印可抵御音频压缩。嵌入水印的高频部分，可使水印更好地从未经压缩的音频片段中检测出来，但压缩过程会将它去除掉。他们用“低频水印”和“误码水印”来表示水印的两个空间成分。利用原始信息和 PN 序列，采用相关性方法，则可通过假设检验将水印提取出来。实验结果显示了该方法对 MP3 音频编码、粗糙的 PCM 量化和附加噪声的鲁棒性。

3. 相位编码方法

相位编码（Phase Coding）是最为有效的编码方法之一。它充分地利用了人类听觉系统（HAS）的一种特性：即人耳对绝对相位的不敏感性及对相对相位的敏感性。基于这个特点，将代表秘密数据位的参考相位替换原音频段的绝对相位，并对其他的音频段进行调整，以保持各段之间的相对相位不变。

当代表秘密数据的参考相位急剧变化时，会出现明显的相位离差。它不仅会影响秘密信息的隐秘性，还会增加接收方译码的难度。造成相位离差的一个原因是用参考相位代替原始相位而带来了变形；另一个原因是对原始音频信号的相位改动频率太快，因此必须尽量使转换平缓以减小相位离差带来的音频变形。为了使得变换平缓，数据点之间就必须留下一定的间距，而这种做法导致的影响是降低了音频嵌入的位率。为了增强编码的抗干扰能力，应将参考相位之间的差异最大化，因此通常选用“$-\pi/2$”代替“0”，用“$\pi/2$”代替“1”。

为了使相位离差的影响得以改善，需要在数据转换点之间留有一定的间隔以使转换变得平缓，但这又会减小带宽。因此必须在数据嵌入量和嵌入效果之间取折中。一般说来，相位编码的嵌入量为 8～32bps。当载体信号是较为安静的环境，则只可得到 8bps 的信道能力。当载体信号是较为嘈杂的环境，可增大嵌入量，得到 32bps 的信道能力。

4. 回声隐藏方法

回声隐藏(Echo Hiding)是通过引入回声将秘密数据嵌入到载体数据中。它利用了音频信号在时域中的后屏蔽作用,即弱信号在强信号消失之后变得无法听见。它可以在强信号消失之后 50~200ms 作用而不被人耳觉察。载体数据和经过回声隐藏的隐秘数据对于人耳来说,前者就像是从耳机里听到的声音,没有回声。而后者就像是从扬声器里听到的声音,由所处空间诸如墙壁、家具等物体产生的回声。

在回声隐藏的算法中,编码器将载体数据延迟一定的时间并叠加到原始的载体数据上以产生回声。编码器可以用两个不同的延迟时间来分别嵌入"0"和"1"。在实际的操作中用代表"0"或"1"的回声内核与载体信号进行卷积来达到添加回声的效果。要想使嵌入后的隐秘数据不被怀疑,并且能使接收方以较高的正确率提取数据,关键在于选取回声内核的参数。每一个回声内核有四个可调整的参数:原始幅值、衰减率、"1"偏移量及"0"偏移量。偏移量对隐秘的效果至关重要,它须选在人耳可分辨的阈值之下。一般范围取在 50~200ms 之间。大于 200ms 会影响秘密数据的不可感知性,小于 50ms 会增加数据提取的难度。因此,"1"偏移量及"0" 偏移量都须设置在这个阈值之下。另外,将衰减率和原始幅值设置在人耳可感知的阈值之下能保证秘密信息不被察觉,衰减率较大程度地影响了数据提取的正确率。一般来说,如不考虑传输过程中信号的衰减及干扰,衰减率选在 0.7 能获得最高的正确率。若考虑传输过程中信号的衰减及干扰,则衰减率一般要选在 0.8 以上才能获得较好的正确率,但相应地,隐秘的效果会有所下降。

如果要嵌入多位数据,可先将载体数据分段,然后按如上所述的方法将各段分别与"0"内核或"1"内核卷积来嵌入相应的数据位"0"或"1",最后将嵌入数据后的各段信号组合起来。但在实际操作时,为了改善隐秘的效果,对该方法稍作改进:先将整个载体信号分别与"0" 内核及"1"内核卷积,得到两个隐秘的信号。然后根据待嵌入的数据构造一个"0"提取信号及"1"提取信号,分别与上面两个信号相乘。最后将它们简单相加,得到最终的隐秘信号。

接收方提取嵌入数据的关键在于回声间距的检测。因此要利用倒谱的数学特性:将多项乘积运算转换成和运算,频域的乘积等同于时域的卷积。先计算回声信号的倒谱,再用倒谱将回声从原始信号中分离出来。因为倒谱每 δ 秒重复一次,且代表回声的脉冲幅值与载体信号相关度很小,所以它们很难被检测。解决这个问题的方法是利用倒谱的自相关。自相关给出了信号在每一延迟信号的能量,在 δ_0 或 δ_1 处会各出现一个能量尖峰。因此确定法则就是检测在 δ_0 和 δ_1 处的能量并选择能量更高的那一个。

回声隐藏将秘密数据作为载体数据的环境条件,它对一些有损压缩算法具有一定的鲁棒性。回声算法虽然得到了较好的透明性,但它并没有达到令人满意的误码率,而且信道噪声、人为篡改都会提高误码率。为了改善这个缺点,可以使用一些辅助技术。例如使回声内核的参数—衰减率随着音频信号的噪声级别变化而变化,当音频信号较为安静时,则降低衰减率,当音频信号较为嘈杂时,适当地增大衰减率。为补偿信道噪声,可使用冗余和纠错编码的方法。此外,其数据嵌入量比较低,一般为 2~64bps,典型值为 16bps。

13.3.2 变换域的音频信息隐藏技术

近年来对 MP3 格式的数字音乐制品进行版权保护的需求,激发了对变换域音频信息隐藏技术的广泛研究。变换域信息隐藏技术有许多空域信息隐藏技术所不具备的优点,最突出的一点是其鲁棒性得到了加强。

1. 傅氏变换域方法

傅氏变换域(DFT)方法首先对音频信息进行傅氏变换,然后选择其中的某些傅氏变换系数来进行数据嵌入,即用表示秘密数据序列的频谱分量来替换相应的傅氏变换系数。当数据嵌入位置选择在中频段,即避开最敏感的低频范围(2～4kHz)时,则能够达到较强的不可感知性。如果嵌入数据量不是很大且其幅度相对于当前的音频信号比较小,则该技术对噪声、录音失真及磁带的颤动都具有一定的鲁棒性。

2. 离散余弦变换域方法

离散余弦(DCT)域中的信息隐藏方案在图像领域中得到了深入的探讨,这是因为 DCT 变换常常被认为是对音频和图像信号进行变换的准最佳变换,其变换特性接近于 KLT。应当注意的是 DCT 变换也是为了增强音频水印的鲁棒性。在嵌入时,有选择性地嵌入秘密数据,可以给定一个阈值 T_1,在 DCT 系数大于 T_1 的位置嵌入数据,而在接收方给定阈值 T_2,将 DCT 系数大于 T_2 的位置认为是可能嵌入了数据,于是在这些地方提取数据。实验表明,这种方法在秘密数据的隐蔽性上得到了较好的效果。它对加噪、滤波等攻击具有一定的鲁棒性。实际应用中接收方为了正确地提取数据,必须预先从发送方得到一些秘密信息,如秘密数据的长度、数据隐藏的强度、秘密数据的位置等。

3. 小波变换域方法

随着新一代视频压缩标准 MPEG-4 的推出,小波域信息隐藏技术日益受到重视。与其他的信息隐藏技术相比,小波水印显现出良好的鲁棒性,在经历了各种处理和攻击后,如加噪、滤波、重采样、剪切、有损压缩和几何变形等,仍能保持很高的可靠性。对于水印的添加而言,小波变换的类型、水印的种类、水印添加的位置以及水印的强度,这四大要素决定了水印添加算法的类型。其中水印的类型一般是预先就确定的,狭义来说决定算法类型的是水印添加的位置和水印的强度两大要素,同时它们也决定了算法的性能。而在水印的提取过程中,要求上述各要素与添加的过程保持一致,否则就无法将水印提取出来。在音频水印中将秘密数据嵌入到小波域系数中可以获得较好的鲁棒性。

13.3.3 MP3 压缩域的音频信息隐藏技术

MP3 格式的音频信息目前很流行。对 MP3 音频信息隐藏技术的研究主要集中在水印技术方面。音频水印在基于 PCM 上做的工作较多,虽然其中很多方法声称具有足够好的水印鲁棒性,但实验表明 MPEG 的编解码能消除大多数水印,这是因为水印嵌入和 MPEG 压缩基于同一个原理:人的听觉生理—心理特性。这就意味着不得不损失一定的声音质量在音频数据可感知部分嵌入水印或者直接在 MPEG 数据流上进行水印嵌入。

目前,围绕 MP3 格式音频信息隐藏技术的研究很多,归纳起来主要有三大类,分别介绍如下。

1. 方案1

该方案中将 MP3 文件先解压,然后嵌入水印,最后将含有水印的码流重新压缩成 MP3 文件,如图 13.4 所示。这样就能将水印嵌入到 MP3 文件,但是压缩/解压缩过程需要较长的时间,因而不太适合在线实现。此方案中,可以利用很多较为成熟的算法,只要其水印能够抵抗 MP3 压缩,如前面介绍过的 LSB 方法、扩频方法、相位编码、回声隐藏及其改进方法。其中大多数算法借助于心理声学计算自适应地进行水印嵌入,就可以在鲁棒性和不可见性或嵌入率和失真度方面达到较为满意的折中。

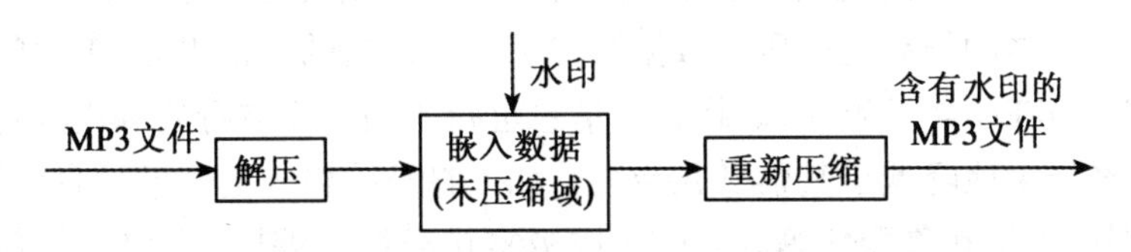

图 13.4 方案 1—还原到未压缩域进行数据嵌入

2. 方案 2

此方案是在 MPEG 编码过程中将水印嵌入进去,直接形成含有水印的 MP3 文件,如图 13.5 所示。

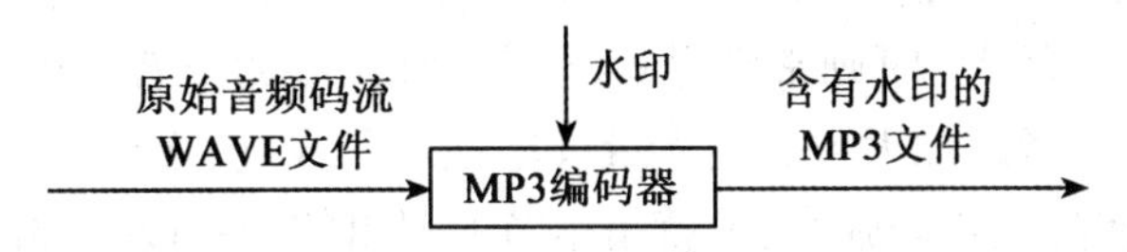

图 13.5 方案 2—在 MP3 编码过程中进行数据嵌入

在 F. A. P. Petitcolas 设计的软件 MP3 Stego 中,水印数据首先被压缩、加密,然后隐藏在 MP3 位流中。嵌入过程发生在 Inner_loop(层 III 编码的核心过程)。由于变量 part2_3_length 包含了 MP3 位流中 Main_data(尺度因子和哈夫曼编码数据)。通过基于 SHA-1 生成伪随机序列来随机选取要嵌入水印的 part2_3_length 变量值。但是这个方案的鲁棒性很差,只要通过解压和再压缩就能将水印信号去除掉。同样,由于嵌入是在压缩过程中完成的,所以也是个耗时的嵌入策略。

3. 方案 3

此方案(如图 13.6 所示)是直接对 MP3 文件进行水印嵌入,这样不用进行编解码,速度上有了保证,有利于在线实现。在(Stanford 等(或 et al.),1997)方案中,辅助信息被用来作为水印嵌入的区域。很显然,只要通过解压和再压缩就能轻易地将水印信号去除掉。而且,采用了辅助信息降低了可用的比特率,还可能引起同步的混乱。

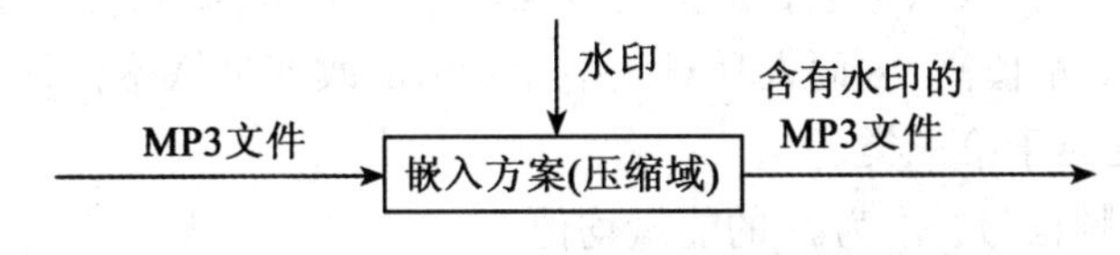

图 13.6 方案 3—在 MP3 文件中进行数据嵌入

有一类方法,提出在尺度因子(Scale Factor)中嵌入水印。首先,从 MPEG 文件中提取尺度因子,利用一组(三个模式:0,1,同步字符)调制欲嵌入的信息产生水印信号,通过相应的算法改变尺度因子的模式,把水印信号嵌入进去,再把新的尺度因子放回 MPEG 文件中。其中部分方案不需要原始文件,利于网上的快速解决方案;而其他方案则需要原始文件。由于层 I,II,III 的尺度因子略有不同,对于各层的算法就会有所区别。

从应用方面看,音频信息隐藏有两个主要应用:隐秘通信和版权保护。其中前者注重信息的隐秘性和嵌入量,而后者则更强调鲁棒性。目前已开发出的音频水印产品大多是局限于非压缩域中,而越来越多的作品是以压缩数据格式出现和传播的(如 MPEG-1 中的第 1、2、3 层压缩,MPEG-2 音频、MPEG-4 音频等)。将音频信息进行压缩过程本身要利用人耳听觉系统的某些特性,因而已经极大地降低了其信息冗余度。如何在压缩格式的音频信息中隐藏信息,使其具有满意的数据嵌入量和鲁棒性等方面已构成极富挑战性的课题。为此,已有多篇文献提出了一些改进的音频信息隐藏技术,典型的有:空域自适应、内容自适应、统计特性自适应、听觉感知特性自适应、扩频和频域嵌入技术相结合,以及采用纠错编码技术,等等。

13.4 DCT 域分段自适应音频水印算法实例

由人耳的时域掩蔽效应,在安静的环境(信号的能量较小)中我们能听见微小的响动,而当环境嘈杂(信号的能量较大)时则常常觉察不到相对较低的声音。因此,可以利用此特性,当音频信号比较嘈杂时,考虑加大数据嵌入量或增强水印强度,而当音频信号较为安静时,则适当减小数据嵌入量或降低水印强度,这就是本节所提出的利用段分类的 DCT 域自适应音频水印算法的基本思想,该水印算法可以应用于版权保护的音频水印嵌入,也是对 DCT 域隐藏算法的一种改进。

水印编码的主要工作过程如下:

第 1 步——分段。将原始音频信号分为长度为 N 的段。

第 2 步——分类。利用听觉系统 HAS 的掩蔽效应,将声音段分为三类。

第 3 步——水印嵌入。首先对各段数据进行 DCT 变换,然后根据各段的分类结果,不同强度的水印分量被嵌入到不同声音段中的部分 DCT 低频系数中,最后对各段数据进行 IDCT 变换。

第 4 步——重构。将变换后的各段信号组合成隐秘信号。对于接收方来说,主要是检测水印是否存在。

13.4.1 声音段分类方法

假设我们将音频信号分为三类:第一类是能量较高的,根据 HAS 的屏蔽效应,人耳对其中能量值的改变敏感性最弱,可以考虑叠加强度较强的水印分量;第二类是能量较低的,因为对其修改的修改量之相对幅值高,因而人耳对其中能量值的改变最敏感,所以能叠加的水印分量强度应最弱;其他情况属于第三类。

令 f_k 为第 k 段音频信号,m_k 为 f_k 的能量均值。

当 $m_k>T_1$ 时,$f_k \in R_1$

当 $m_k<T_3$ 时,$f_k \in R_3$

若以上两种情况都不满足,则 $f_k \in R_2$。

T_1,T_3 为门限值,由实验确定。本章的实验中取 $T_1=0.03$,$T_3=0.01$(经归一化处理之后)。

13.4.2 水印嵌入

水印嵌入的过程大致可分为以下四步:

1. DCT 变换

假设在第一步中,原始音频信号被分为长度为 N 的 K 个互不重叠的音频信号段 $f_k(x)$, $0 \leqslant x \leqslant N-1, k=0,1,\cdots,K-1$。

那么,对 $f_k(x)$ 做 DCT 变换,得到 $f_k(u)$。

$$F_k(u) = \mathrm{DCT}\{f_k(x)\}, 0 \leqslant x \leqslant N-1, 0 \leqslant k \leqslant K-1 \tag{13.3}$$

2. 产生水印

任何水印信号都可看做一个二值序列 V。为了保证水印的不可感知性,可以用一种混沌二值序列 C 将 V 调制成一个伪随机序列 W。即

$$W = V \oplus C \tag{13.4}$$

其中 $W=\{x_i, 0 \leqslant i \leqslant L-1\}, L=l \times K$。$l$ 为每个音频段嵌入的水印子序列长度。

3. 水印分量嵌入

水印分量采用如下方法嵌入到音频段的 DCT 系数中。

$$F_k'(u) = \begin{cases} F_k(u) + \beta \times x_i & l \times K \leqslant i < l \times (K+l), \quad u \in S_k \\ F_k(u) & \text{其他} \end{cases} \tag{13.5}$$

将含有水印的序列 W 嵌入到 DCT 系数的低频分量中。S_k 具有 l 个元素,选自 $F_k(u)$ 的低频分量。β 为拉伸因子,根据段的类别而定。

$$\beta = \begin{cases} 0.06 & f_k(x) \in R_1 \\ 0.03 & f_k(x) \in R_2 \\ 0.01 & f_k(x) \in R_3 \end{cases} \tag{13.6}$$

本章中选择 l 个 DCT 低频系数来嵌入水印,是因为:

- 低频系数集中了信号的大部分能量,对信号来说较为重要,嵌入水印具有足够的鲁棒性。
- 低频系数通常有较大的值,水印信号嵌入后对音频信号的影响较小,有利于保证不可见性。

上述两点可以由图 13.8 中对播音“书山有路勤为径,学海无涯苦作舟”(如图 13.7 所示)所作的频域分析中可见一斑。

需要注意的是 l 不宜取太大,否则会影响水印的不可感知性和鲁棒性。

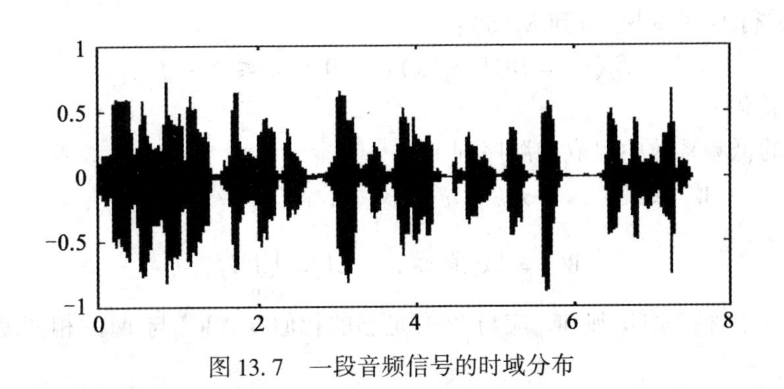

图 13.7 一段音频信号的时域分布

4. DCT 反变换

对 DCT 域中调整后的各段进行 DCT 反变换。即

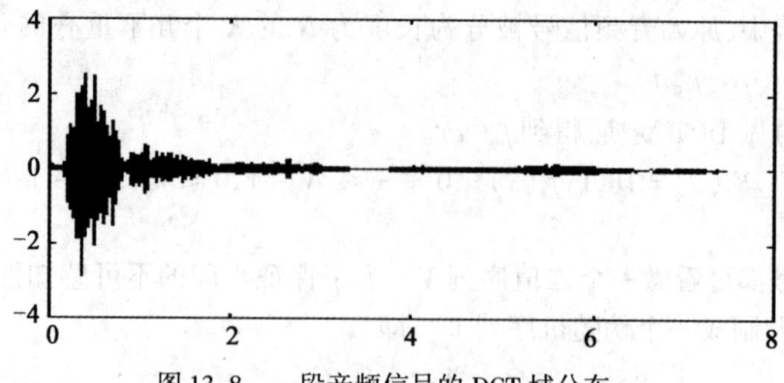

图 13.8　一段音频信号的 DCT 域分布

$$f_k'(x) = \mathrm{IDCT}\{F_k'(u)\} \tag{13.7}$$

13.4.3　水印检测

水印检测基于相关检测技术。水印检测方案可用图 13.9 来说明。

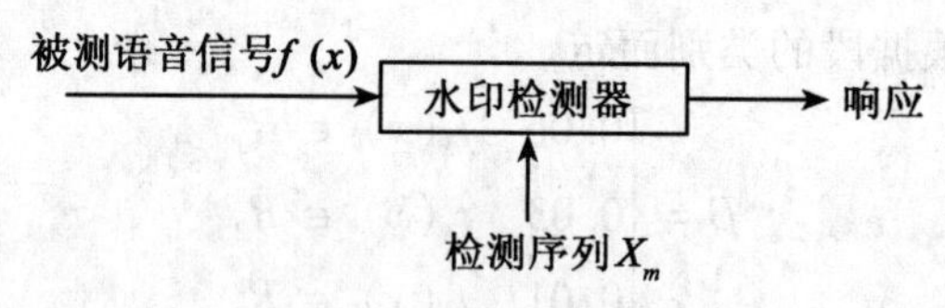

图 13.9　水印检测方案

具体步骤如下：

(1) 信号 $f^*(x)$ 与原始音频信号 $f(x)$ 的差值为

$$e(x) = f^*(x) - f(x), \quad 0 \leqslant x \leqslant N-1 \tag{13.8}$$

将差值信号 $e(x)$ 分为互不重叠的段 $e_k(x)$，段的大小与水印编码时的一样。

$$e(x) = \bigcup_{k=0}^{K-1} e_k(x), \quad 0 \leqslant x \leqslant N-1 \tag{13.9}$$

(2) 差值信号分段做 DCT 变换。

对 $e_k(x)$ 进行 DCT 变换，得到 $E_k(u)$：

$$E_k(u) = \mathrm{DCT}\{e_k(x)\}, \quad 0 \leqslant u \leqslant N-1 \tag{13.10}$$

(3) 相关检测。

从 $E_k(u)$ 的低频系数中提取待测序列 W^*：

$$W_k^* = \{x_i^*, \quad l \times k \leqslant i < l \times (k+1)\} = E_k(u)\mid_{u \in S_k} \tag{13.11}$$

$$W^* = \{x_i, 0 \leqslant i < L\} = \bigcup_{k=0}^{K-1} W_k^* \tag{13.12}$$

如果 $f^*(x)$ 中含有水印，则 W^* 应与 W 有足够的相似度。W^* 与 W 的相似度按(13.13)式计算：

$$\rho(W^*, W) = \sum_{i=0}^{L-1} x_i^* x_i \Big/ \sum_{i=0}^{L-1} (x_i^*)^2 \tag{13.13}$$

若 $\rho(W^*, W) > T_5$，可以判定被测音频信号中有水印存在；否则没有水印。此处 T_5 为判断

阈值，其选取要同时考虑虚警概率和漏警概率。T_5 减小，漏警概率降低而虚警概率提高；T_5 增大，虚警概率降低而漏警概率提高。

13.4.4　仿真结果

研究中对一段采样率为22.05kHz，每个样本8位数据，长度大约为4秒的话音信号进行了该方案的仿真实验。话音的内容是"书山有路勤为径，学海无涯苦作舟"，其时域信号分布见图13.7。水印编码过程中各参数选取如下：$T_1=0.03$，$T_3=0.01$，$N=128$，$l=7$，T_5 设定为13。水印信号的长度为3 000位，水印检测器检测相似度为19.8845。

主观听觉效果表明，该算法保证了良好的水印隐秘性。由图13.10、图13.11可见，原始信号与嵌入水印后的隐秘信号有一点差异，但主观听觉对其并不敏感。

为了测试该算法的鲁棒性能，我们采用混沌模型产生了1 000个混沌二值序列 X_m 用于检验水印检测器对被测音频信号的响应，X_m 从 X_1 到 X_{1000}，其中 X_{500} 为嵌入原始音频信号的水印序列。

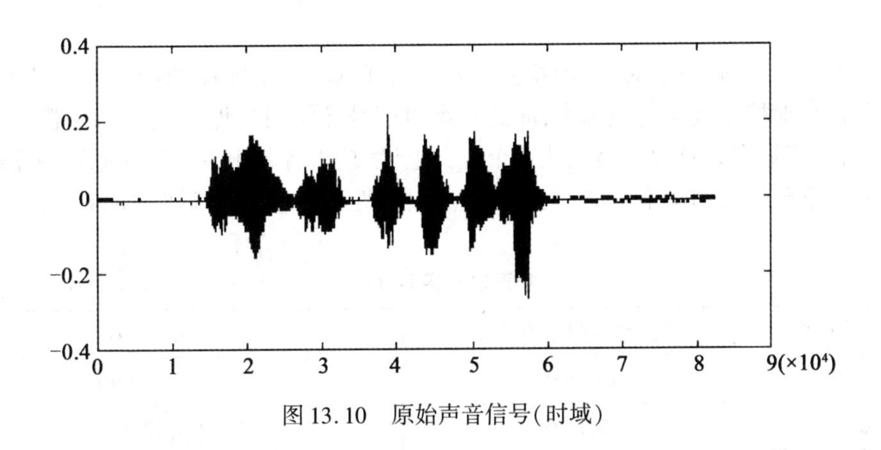

图13.10　原始声音信号(时域)

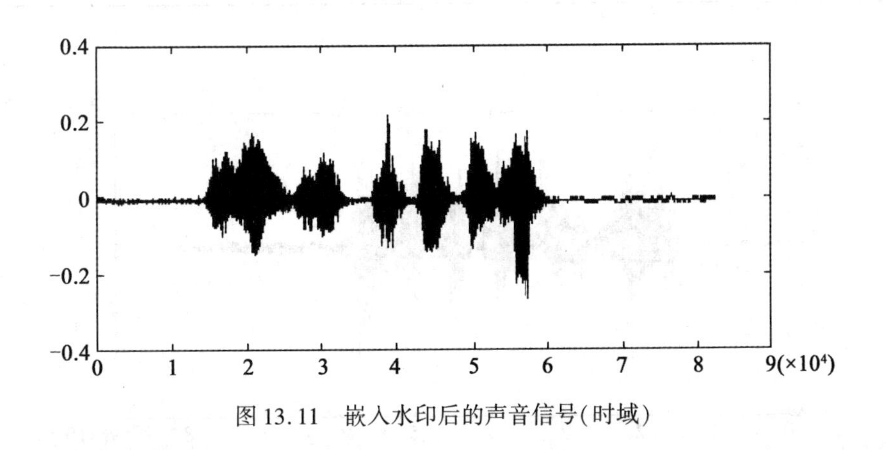

图13.11　嵌入水印后的声音信号(时域)

图13.12给出了检验结果。从图中可以看出，仅当检测序列和嵌入的水印序列相吻合时，才能获得大于阈值 T_5 的相似度。

我们尝试对嵌入水印的隐秘信号(图13.11)进行加噪攻击。具体做法是用Matlab中的

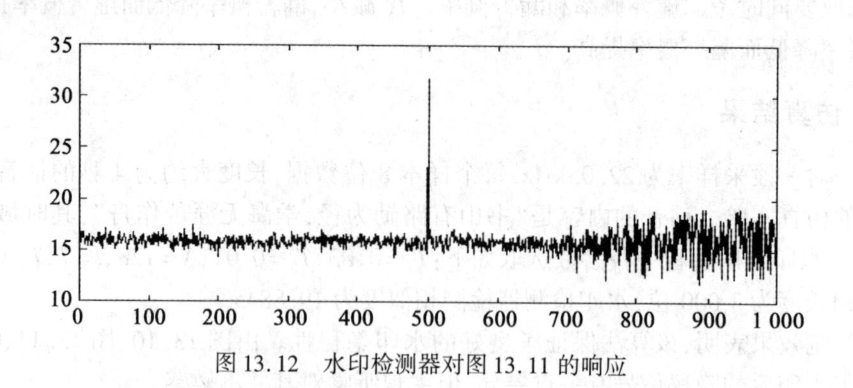

图 13.12　水印检测器对图 13.11 的响应

RANDN 函数产生一个具有正态分布的伪随机噪声序列,将其幅值缩小 m 倍并叠加到隐秘信号上(见图 13.13)。

表 13.3 说明随着攻击强度的加大,水印检测器响应的灵敏度逐渐降低,同时听觉效果也逐渐受到影响。

图 13.14 绘出了 m=300 时,水印检测器对上述 1 000 个水印序列的响应。从图中可见,水印检测器仍然保持了较高的正确率,而此时噪声信号已经明显地降低了隐秘载体信号的音质,以至于人耳能觉察到异常。因此从这个意义上说,攻击者若想在不破坏原始隐秘载体信号的可用性前提下破坏水印是不可能的,即该方案对加性噪声攻击具备了一定的鲁棒性。

表 13.3　　**噪声攻击实验分析**

噪声攻击强度	水印检测器响应的相似度	主观听觉效果
m=1000	19.8555	几乎无影响
m=600	17.6748	有轻微噪声
m=300	15.7989	有明显噪声

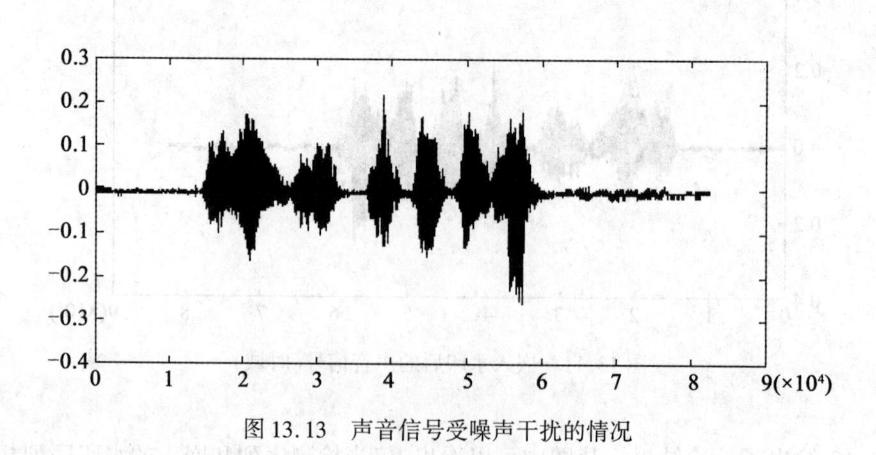

图 13.13　声音信号受噪声干扰的情况

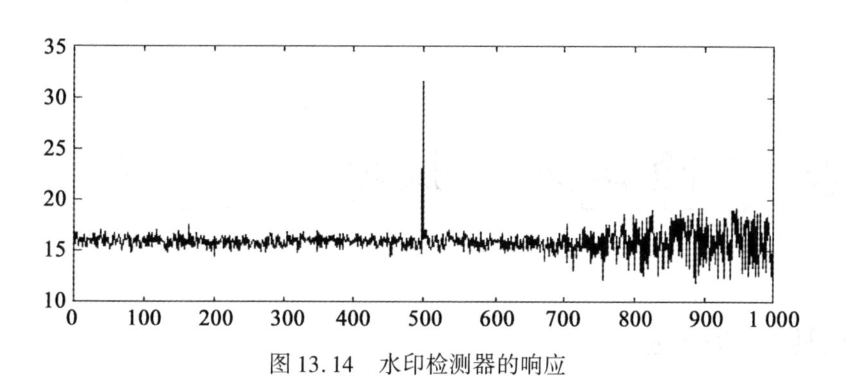

图 13.14　水印检测器的响应

13.5　小结

音频信息隐藏技术的研究是目前信息隐藏技术研究领域中仅次于图像的热点方向，本章首先较为详细地介绍了音频信息隐藏技术的工作原理及其主要技术要求，然后按照"经典的音频信息隐藏技术"、"变换域的音频信息隐藏技术"和"MP3 压缩域的音频信息隐藏技术"这三大类进行了分析对比。随后介绍了一种基于 DCT 域分段的自适应音频水印算法。

随着人们对信息隐藏技术理解的加深，嵌入的信息容量和算法的鲁棒性都会增加。因此，未来的数据嵌入算法可能会对音频段进行主动控制。如结合对原始音频信号的预处理和分析，采用针对某些特征的自适应数据嵌入策略，如嵌入位置、嵌入量、嵌入算法等。另外，更多地利用原始音频信息的某些特征，如数据段的统计特征（时域、频域）或声学特征，将数据嵌入到某些知觉显著的位置，可极大地提高其抵抗各种攻击的鲁棒性。

思　考　题

1. 一个好的音频水印算法应该具有哪些性质？

2. 音频数据的特点是什么？如何利用人类听觉系统的特点来进行水印设计？

3. 按照嵌入思想来划分，有哪几种代表性的音频水印算法，并分析各有何特点？

4. 比较变换域音频水印和压缩域音频水印在性能上的差异。如何考虑压缩域音频水印的鲁棒性？

5. 对 DCT 域音频数据分段考虑的作用是什么？如果在盲检测环境下，如何实现分段自适应的音频水印思想？

第14章 隐秘分析技术

14.1 隐秘分析概述

网络与信息技术高速发展的同时,伴随着层出不穷的网络信息安全问题。在数字媒体安全问题中,信息隐藏技术通过在保护对象中加入不可见的秘密标识提供对数字媒体的版权保护,也能以此方法在多媒体载体中实现隐秘通信。科学技术是一把双刃剑,信息隐藏技术也不例外。近些年来,有关安全部门掌握的情况表明,恐怖分子和间谍机构利用隐秘通信技术从事危害国家和社会安全的活动。从这方面的意义来讲,我们必须发展对隐秘术反向分析的技术。另一方面,就目前互联网管理中的内容安全意义而言,也要求对隐藏信息的检测和提取。这种隐秘反向分析技术即是信息隐藏技术的热点研究分支——隐秘分析技术。为保证对互联网信息的监控、遏制隐秘术非法应用、打击恐怖主义,维护国家和社会的安全,现代隐秘术自20世纪90年代初快速发展以来,对其反向研究的隐秘分析技术一直是信息安全领域关注的热点。

隐秘分析(Steganalysis)是信息隐藏技术的对抗技术,是对可疑的载体信息进行攻击,达到检测、破坏,甚至提取秘密信息的技术。隐秘分析技术根据达到的效果可分为三类:破坏技术(通过对载体对象无意或有意的攻击处理去除和破坏隐藏信息)、检测技术(判断是否存在隐藏信息)、提取技术(部分或完整提取出隐藏的信息)。也有相关文献将第一类情况排除在隐秘分析的范畴之外,认为它应属于针对隐秘术的主动攻击;而后两者则为隐秘分析的范畴,由于不改变隐秘消息,应属于针对隐秘术的被动攻击。鉴于后两者能作为前者的基础(一次精确的伪造破坏攻击需要检测和提取技术作为基础),且最终目的和破坏隐秘消息密不可分,我们将破坏攻击也划为隐秘分析的范畴。

14.1.1 隐秘分析技术原理和模型

所有的信息伪装和数字水印技术能描述成公式(14.1)的形式。在一幅图像中存在一个人眼不敏感性测度,即能根据人的感觉特性把图像的信息量分成两部分,一部分信息量记做t,对这部分信息量处理时不会引起感觉上的降质;另一部分信息量记做p,对它操作会引起可感知的降质。那么一个可用于信息伪装的载体c信息量的等式是:

$$c=p+t \tag{14.1}$$

对信息伪装的使用者和想破坏t中隐秘信息的攻击者来说都能获得t的大小。只要t属于不可觉察区域,那么存在攻击者所使用的某个t',使得$c'=p+t'$并且c和c'间没有明显的差别。这种攻击可用于移去或替换掉区域t。如果隐秘信息以某方式伪装在某种媒体中,致使攻击者不能检测到隐秘信息,那么他可以以同样的闭值加入或去掉另外一些信息,这将覆盖或删掉嵌入的隐秘信息。在载体比较敏感的区域中嵌入信息,能更强地抵抗攻击,但是由于存在隐秘信息导致的人为痕迹,反而暴露了信息伪装。尽管某种程度的变形和降质人类感觉系统不

容易感觉,但它确实存在。这种变形对"正常"载体来说是异常的,如果被发现,就可能说明隐秘信息的存在。不同的隐秘工具使用不同的隐秘信息的方法。不了解使用的工具和 stge-key(密钥、口令),进行信息检测是很复杂的。然而,一些方法能标识所使用的工具或方法的特征。信息伪装的目标是避免传送隐秘信息时引起怀疑,从而使隐秘信息不可检测。若引起了怀疑,那么就说明伪装失败了。信息伪装分析是发现隐藏的消息并使这些消息无用的艺术。对隐秘信息的攻击和分析可能有几种形式:检测、提取、混淆(攻击者对隐秘信息进行伪造或覆盖),使隐秘信息无效。这里,我们的目标不是提倡删除或使正确的隐秘信息(如版权信息)无效,而是需要指出隐秘方法的脆弱性及研究非法隐秘信息的分析方法。

隐秘分析技术是信息隐秘术的对抗技术,我们首先来看隐秘术的一般原理。隐秘术通常用囚犯问题来描述。如图 14.1 所示,Alice 和 Bob 是监狱里的两个囚犯,他们计划一次越狱,但是他们所有的通信都要经过看守 Wendy 的检查。为了将消息 m 送给 Bob,首先选择一个载体 C,再使用密钥 K 在 C 中嵌入秘密消息,C 变成载密对象 S。Alice 必须使得 Wendy 无法检测到消息的存在,使其无法区分 C 和 S;Bob 则可根据双方共享的密钥能够从载密对象中提取出秘密消息。对于图像隐秘术来说,图 14.1 中的载体 C 就是图像,秘密消息 m 可以是任意的比特流,载密对象 S 则是嵌入了秘密消息的图像。假设隐秘消息嵌入算法为 $E(*)$,则

$$S = E(m, C, K) \tag{14.2}$$

这里经非安全信道传送于 Bob 手里的载密信息与发送时的载密信息 S 不一定完全一致(如受到破坏),因此以 S' 来表示。秘密消息恢复算法设为 $D(*)$,恢复的消息为 m',则

$$m' = D(S', K) \tag{14.3}$$

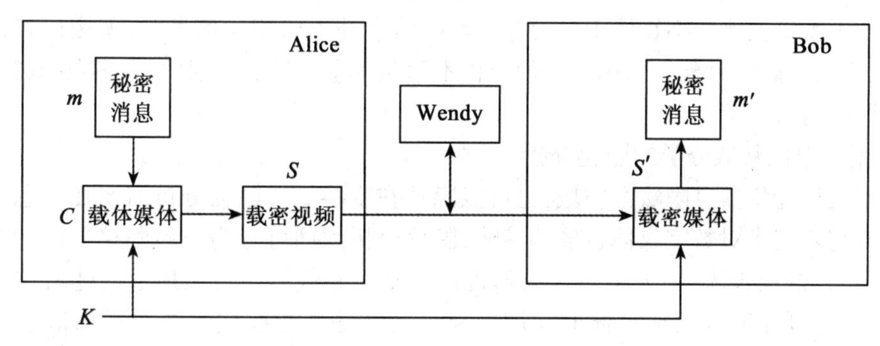

图 14.1　隐秘分析模型

Wendy 此时负责监听 Alice 和 Bob 的通信,他所扮演的就是隐秘分析者的角色。就隐秘分析来讲,Wendy 可以通过一次简单的图像压缩处理来尝试对图像隐秘消息的破坏攻击;也可以对经过的可疑图像载体进行检测攻击确定是否存在隐秘消息;在检测到有隐秘消息存在的前提下甚至可以尝试提取攻击(估计嵌入的秘密信息的长度、嵌入的位置,以及嵌入算法中使用的密钥和某些参数)来破译出隐秘信息的内容。换言之,隐秘分析过程即是 Wendy 从 S 中检测到有隐秘消息 m 存在,甚至提取出消息 m,或者以某种方式破坏 Alice 和 Bob 之间的隐秘通信而不带来对载体对象明显的感知影响。

14.1.2　隐秘分析分类

按照隐秘分析的目的和分析工作的难易程度,隐秘分析可分为:破坏隐秘消息、检测并确

定可疑对象、判定隐秘术采用的算法、恢复密钥、估计隐藏信息长度、定位和提取或伪造隐藏信息等几个部分。从控制和切断隐秘术实现的隐蔽通信渠道这一目的出发,可按照如下两条标准对隐秘分析算法进行分类:隐秘分析包含的不同功能和适用算法的程度。根据隐秘分析包含的功能可将它分为“被动”和“主动”两类。被动隐秘分析只检测媒体中是否存在隐藏信息,主动隐秘分析则还要获知隐秘术算法相关信息和提取隐藏信息,以及去除甚至伪造隐藏消息。按照隐秘分析适用算法的程度,可将它分为“专用”隐秘分析和“通用”(有的文献中称为“通用盲”)隐秘分析两类。专用隐秘分析算法针对特定隐秘术隐藏信息的技术特点,以及该隐秘术对载体统计特性造成的特定变化而设计。通用隐秘分析算法研究多种隐秘术对载体统计特性造成的一般意义上的变化,因而可用于攻击多种隐秘术。根据不同的标准对隐秘分析分类可为相关研究提供方向性指导。

1. 根据已知信息分类的隐秘分析

参照密码分析学中的分类方法,根据能获得的对象可将隐秘分析分为6类:

- 唯秘隐秘对象分析:只能获得隐秘对象时的隐秘分析。
- 已知载体分析:可同时获得载体和隐秘对象时的隐秘分析。
- 已知隐藏信息分析:已知部分隐藏信息,而不知道其他具体的隐藏情况(如隐秘术、机密信息,以及该媒体中是否包含隐藏信息)时的隐秘分析。
- 选择隐秘对象分析:已知隐秘算法和隐秘对象。
- 选择隐藏信息分析:将选择的隐藏信息通过一些隐秘术嵌入载体,确定所得隐秘对象中的模式特征,用于判定所怀疑隐秘对象中采用的隐秘术。
- 已知载体和隐秘对象分析:隐秘算法、载体和隐秘对象均已知时的隐秘分析。

隐秘分析系统检测数字媒体中是否存在隐藏信息并提取相关信息时,无法得到该媒体的载体,更无法假定隐秘对象是采用哪一种隐秘术隐藏信息得到的。因此,大多数隐秘分析系统属于唯秘隐秘对象分析。

2. 根据信息隐藏域分类的隐秘分析

隐秘术既可能将信息隐藏在空域,也可能隐藏在变换域。隐秘分析需要在信息嵌入域抽取特征以研究隐秘术对数字媒体造成的影响,隐秘分析因而可分为空域隐秘分析和变换域隐秘分析。利用“隐秘媒体”中人工嵌入的随机比特平面和载体中自然形成的随机比特平面之间的差异性,可设计区分两种媒体的空域隐秘分析算法。变换域主要包括离散余弦变换域(DCT)、离散傅里叶变换域(DFT)和离散小波变换域(DWT)。根据变换域隐秘术的特点对载体做相应变换,取出隐藏信息过程中受影响较大的频域系数,实现可靠的隐秘分析。将隐秘分析分为多个域,有可能在数据嵌入域得到容易被隐秘术改变的特征,结合多个嵌入域的特征实现高效的隐秘分析算法。

3. 根据实现技术分类的隐秘分析

按照隐秘分析算法的实现技术可将它分为感官检测、统计检测和特征检测三类。

“感官检测”利用人类感觉器官感知和分辨噪音的能力来区分载体和“隐秘”数字媒体。“感官检测”需要原始载体进行对比,其实质为载体已知的隐秘分析技术。“统计检测”比较载体中固有的和隐秘载体中可检测到的统计分布,从中找出二者的差别以实现检测。实现统计检测的关键是获得可描述载体统计特性的完善统计模型;然而,至今仍没有图像等载体的通用数学模型,因此很难实现通用的统计检测算法。由于“统计检测”需要原始载体信号的统计分布信息,所以也属于载体信息已知的隐秘分析技术。“特征检测”根据隐秘术对数字媒体特征

的改变进行检测，这种特征既可以是感官特征，也可以是统计特征。一般来说，感官特征比较明显，较易检测；统计特征则要根据隐秘术隐藏信息过程中采用的变换操作进行数学推理分析，确定载体和隐秘媒体之间的可度量特征差异。使用特征检测隐秘术通常需要依赖对特征差异的统计分析。更高阶的统计特征选取是实现通用盲检测技术的一个研究思路。

4. 根据载体类型分类的隐秘分析

隐秘术的载体既可以是文本、图像、音频和视频等数字媒体文件，也可以是可执行的二进制文件等非数字媒体。设计隐秘分析算法时，需要研究载体特性和相关隐秘术的技术特点。隐秘术的不同载体具有不同的特点。以文本为载体的隐秘术通常使用文字间距、文字间的相对位置高低，甚至文字大小和颜色等格式信息实现信息隐藏；因而以文本为载体的隐秘术具有信息容量小和鲁棒性差的特点（例如将文本打印出来，重新使用 OCR 软件识别文字，即可去除文本中隐藏的信息）。以图像为载体的隐秘术是代表性的信息隐藏技术。在网站上或者电子邮件附件中添加一幅图像很少引起怀疑，因此，以图像为载体的隐秘术和隐秘分析技术的研究及其相关产品开发得到了军方、广大研究者和商业公司的青睐。从应用的广泛性和维护安全可信的网络信息环境来说，图像隐秘分析研究成为信息安全研究的一个重要方面。以软件为载体的隐秘术也存在信息容量较小的问题，相关技术主要用于“软件水印”保护软件作者的版权而非隐蔽通信。音视频文件是涉及时间维的动态信息，在设计隐秘算法时需要考虑实时性和常用的压缩编码格式。为使嵌入信息对载体统计特性的影响尽可能小，不同格式媒体上的隐秘术利用了多种格式相关的信息。因此，可根据隐秘术针对的载体类型对隐秘分析算法进行分类，从而在隐秘分析算法设计过程中引入载体格式相关的特征信息。隐秘分析算法可分为文本隐秘分析、图像隐秘分析、音频隐秘分析和视频隐秘分析等多种类型。

隐秘分析技术的分类如图 14.2 所示。

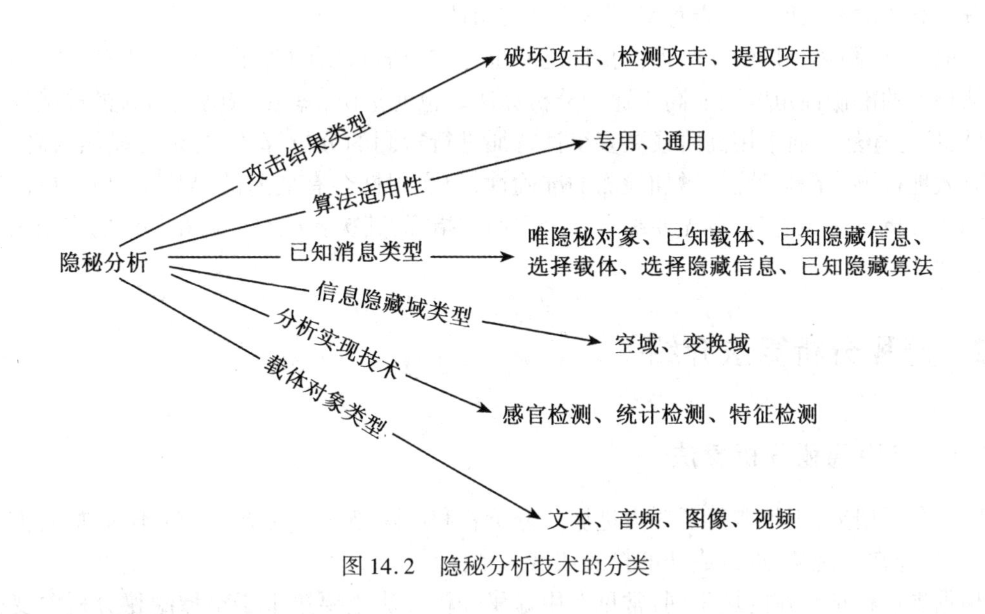

图 14.2 隐秘分析技术的分类

14.1.3 隐秘分析性能评估

隐秘分析（这里指检测）的评价，从检测是否存在隐秘消息的这个角度讲，一般可采用准确性、适用性和复杂度等指标来描述视频隐秘分析检测算法的性能。

(1)准确性,是指检测隐秘消息存在与否的准确程度。检测率表示算法能在隐秘样本中正确地检测出隐秘消息的概率,可表示为:

$$\alpha = P(\text{肯定有隐秘消息} / \text{隐秘对象}) \tag{14.4}$$

在水印检测评估中所用的错误肯定率和错误否定率等指标可用来衡量隐秘分析检测算法的虚警率和漏报率,可分别表示为:

$$\beta = P(\text{肯定有隐秘消息} / \text{非隐秘对象}) \tag{14.5}$$

$$\gamma = P(\text{没有隐秘消息} / \text{隐秘对象}) \tag{14.6}$$

隐秘分析的准确性是指在尽可能降低虚警和漏报的情况下,取得尽量高的检测率,且优先降低漏报率。全面衡量隐秘分析算法的指标称为全局检测率 P_r:

$$P_r = \alpha P(\text{隐秘对象}) + P(\text{没有隐秘消息} / \text{非隐秘对象})P(\text{非隐秘对象}) \tag{14.7}$$

$$= 1[\gamma P(\text{隐秘对象}) + \beta P(\text{非隐秘对象})] \tag{14.8}$$

(2)适用性,是指检测算法对于不同隐秘方法的有效性,可以理解为隐秘分析算法的通用性程度,以及将隐秘分析算法划分为专用和通用两种非此即彼的类别,不同的是以适用性程度来描述隐秘分析算法从单一专用检测方法到普遍通用检测方法的连续过程。因此,在研究和评价隐秘分析时,可以将其看做从针对少数典型隐秘方法逐渐往更广泛的隐秘方法集合的动态归纳和演绎过程。

(3)实用性,指检测算法可实际应用的程度,可由现实条件允许与否、检测结果稳定与否、自动化程度和实时性等来衡量。

(4)复杂度,是针对检测算法本身而言的,可由检测算法实现所需要的资源开销、软硬件条件等来衡量。对于实际应用中的隐秘分析(如音视频流隐秘分析),复杂度问题尤为重要。隐秘分析算法的复杂度在一定意义上影响其实用性。

一般来讲,隐秘分析的几个评价指标之间也存在矛盾折中的关系。目前的专用隐秘分析算法从检测的准确性角度明显高于通用分析算法。也就是说,适用性越强,对应的准确性一般会越低,反之亦然。而采用高阶或更多统计特征进行检测的分析算法,复杂度显然会高,同时会更有效地检测出隐秘消息,增加检测的准确性,但实用性会有变差的趋势。因此,在比较不同的隐秘分析算法性能时,首先要综合几个方面的指标,其次要把它们放在具体的应用条件下来进行评估。

14.2 隐秘分析算法介绍

14.2.1 专用隐秘分析算法

隐秘分析研究,近年取得了较大进展。分析者利用隐秘产生的统计特性不对称、直方图异常、调色板异常等现象,进行成功的检测或嵌入率估计。

根据提取特征所在的域不同,常见专用隐秘分析方法主要集中于空域隐秘分析及变换域隐秘分析。

空域隐秘分析主要是针对空域 LSB 隐秘术(例如,EzStego、Steghide、Gifshuffle、Stagano、BPCS 等)的攻击。在图像为载体的隐秘分析研究中,Westfeld 等采用 Chi-square 统计量统计调色板图像嵌入秘密消息前后出现近似颜色对概率比,检测连续嵌入秘密消息的调色板图像,

对随机嵌入的真彩色图像检测无效。Fridrich 等提出 RS 检测法(regular groupsand singular groups)把图像像素分成规则类、异常类和不可使用类,根据待测图像 LSB 置换操作前后每类像素组的变化曲线检测灰度和真彩色图像并估计嵌入量,然而其检测结果受载体图像随机性、噪声和秘密信息嵌入位置影响。Dumitrescu 等提出的样本对分析法根据相邻像素值的奇偶性质将像素对分为 4 种基本集合,秘密消息的嵌入导致像素对从一个集合转换到另一个集合,根据集合更改的比例进行检测,并采用二次方程估计嵌入量,然而该方法适用于对连续信号采样的检测,检测结果直接受秘密信息嵌入位置影响,对非随机嵌入无效。张涛等定义差分直方图的转移系数作为 LSB 平面与图像其余比特平面之间的弱相关性度量,并在此基础上构造载体图像与隐藏图像的分类器,然而该方法适用于嵌入率较大的情况,检测效果受载体图分布、嵌入位置和秘密消息随机性的影响。

变换域隐秘分析主要针对 DCT 域隐秘术(例如,JSteg、JPHide、F5、Outguess、MB 等隐秘算法)的攻击。Westfeld 等最早提出了使用卡方统计方法对 JSteg 隐秘方法进行分析,该方法对嵌入率较大情况检测率较高,然而对离散嵌入的情况无效。Provos 在此基础上提出了一种扩展的卡方检测算法;张涛等提出了一种快速有效的针对顺序或随机 JSteg 的隐秘分析方法。Fridirich 等根据 F5 算法在嵌入信息时导致量化后 0 值 DCT 系数明显增加的特点,提出了隐秘分析算法并实现了嵌入信息长度估计,然而该方法对于具有特殊网格结构的图像无效。Fridirich 还提出了使用校准方法估计原始图像的思路,其提出的 Outguess 检测算法就是基于该思路,利用图像像素块块边界增量差来估计嵌入算法 Outguess 的嵌入量,然而该方法对不可以由嵌入秘密消息的长度预见图像的宏观改变量的情况以及以 DCT 系数的增、减量作嵌入算法的情况无效。R. Bohme 基于原始载体图像部分 DCT 系数不完全符合广义柯西分布,而隐秘图像的 DCT 系数符合广义柯西分布的差异,提出了基于一阶统计特性的 MB 检测方法。DCT 域隐秘分析主要围绕 DCT 系数的统计特性及其对空域像素的影响进行研究(例如,对载体图像 DCT 系数的估计及空域像素块不连续性等的计算)。DWT 域隐秘分析的研究报道较少,Shaohui Liu 等针对 DWT 域 QIM 嵌入算法,提出了基于 DFT 域能量差分的检测算法,该算法是检测 DWT 域隐秘术的早期尝试。

14.2.2 通用隐秘分析算法

所谓“通用”,就是不针对某一种隐秘工具或一类隐秘方法的“盲”分析。通用隐秘分析方法在没有任何先验知识的条件下,判断图像中是否隐藏有秘密信息。该方法不是针对任何一种嵌入机制,而是信息隐藏安全性定义的具体实现。在这里,通用是指不限定具体隐秘算法,寻找具有普遍适用性、高阶的、更加鲁棒的统计特征,以便适用更广的隐秘算法。

专用隐秘分析算法的检测性能较好,但是由于不同隐秘算法的嵌入策略不同,这类隐秘分析算法比较容易被新的隐秘技术突破,具有一定的局限性。通用隐秘分析算法牺牲一定的准确性而获得较广的适应范围,可实现对已知的某一类或将来出现的隐秘算法的成功检测。随着隐秘研究的快速发展,新的隐秘技术不断出现,专用隐秘分析相对比较被动,在面对新隐秘算法时会失效。对隐秘分析研究者来说,寻找不同隐秘算法的固有缺陷也越来越困难。专用隐秘分析的灵活性和可扩展性较差。而对通用隐秘分析来说,隐秘设计者很难在设计隐秘算法时兼顾不同的图像统计特征和模型。只要使用足够精确的统计模型,特征提取合理,就可能实现对不同隐秘技术的成功攻击。

虽然把隐秘行为看成叠加噪声的方法也可以认为是“通用”的,然而目前多数的通用隐秘分析方法主要考虑基于特征提取、训练、分类的方法。通用隐秘分析方法对原始载体或隐秘图像进行特征提取与选择,利用人工智能或模式识别的方法设计分类器并对分类器进行训练,通过样本比较和数据分析从特征空间的意义上区分原始载体和隐秘图像。该方法主要包括特征提取、分类器设计两个核心部分。其模型包括学习和判断两个部分。学习过程包括从大量训练样本中提取并选择有利于分类的特征矢量,然后以此构造隐秘分析分类器并对分类器进行训练,直到满足一定的精度要求。判决过程是利用学习过程中建立的分类器来对被检测图像进行分类。这样,即使在不知道隐秘算法的情况下,也可以通过比较和分析学习样本确定由于消息嵌入所带来的数据特性变化,从而提取出可用于分类的特征并设计分类器,以便最终获得测试图像隐秘与否的信息。通用隐秘分析方法的关键在于寻找对秘密信息嵌入敏感的统计量,设计合适的判别方案区分原始载体图像和隐秘图像。

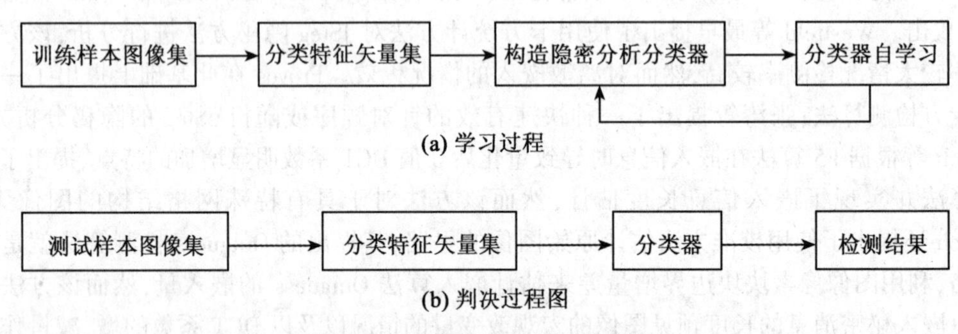

图 14.3　通用隐秘分析系统模型

Avcibas 等提出的 IQM (Image Quality Metrics) 方法，采用变量分析技术来分析和选取可用于区分载体图像和隐藏图像的质量度量，根据选取的图像质量特征采用多元回归对图像进行分类。Fridrich 提出基于多种特征向量,使用支持向量机(SVM)作为分类器的一般性隐秘分析算法。在此基础上他又提出了一种多类检测方法,有效地区分不同的隐秘方法。Farid 等采用 QFM 分析图像小波域系数及其预测误差的高阶统计量，再分别采用 Fisher 线性判别式、线性与非线性支持矢量机来判别和归类的方法，对 DCT 域隐秘术和以自然图像为载体的隐秘术效果较好。在此基础上他又提出了一种多类检测方法,有效地区分不同的隐秘方法。Farid 提出了基于小波的检测算法。Knapik 提出利用遗传算法来优化 SVM 分类器的特征选取。通用隐秘分析主要围绕嵌入秘密消息前后待测图像的总体、局部、相关等特征值及具有训练模式的判别方法进行研究,通用特征的选取和阈值的确定困难,算法复杂度偏高,检测率较低。

14.2.3　隐秘分析算法实例

1. χ^2 隐秘分析算法

χ^2 分析方法又可称为 PoVs(Pairs of Values)分析法,是较早的具有代表性的隐秘分析方法。它是针对最低比特位替换隐藏的分析方法。

Westfeld 根据将加密信息以 LSB(Least Significant Bits)方式嵌入掩体对象时,可导致隐秘载体相邻色彩索引值或相邻 DCT 系数出现的频率趋于一致的统计特性,通过统计量 χ^2 来度量这个特征从而判断有无隐藏。

假定 i 为检验值的下标,$2i$ 和 $2i+1$ 检验出现的经验期望频率为:

$$n_i^* = (n_{2i} + n_{2i+1})/2 \tag{14.9}$$

随机顺序采样后索引值为 $2i$ 的检验值频率为：

$$n_i = n_{2i} \tag{14.10}$$

设定 χ^2 统计量为：

$$\chi_{k-1}^2 = \sum_{i=1}^{k} (n_i - n_i^*)^2 / n_i^* \tag{14.11}$$

自由度为 $k-1$。

当 n_i 和 n_i^* 分布相同的概率 p 为：

$$p = 1 - \frac{1}{2^{\frac{k-1}{2}}\Gamma\left(\frac{k-1}{2}\right)}\int_0^{\chi^{2}k-1} e^{-\frac{x}{2}} x^{\frac{k-1}{2}-1} dx \tag{14.12}$$

p 为载体被隐秘的可能性，相当于嵌入信息的概率。如果载体中嵌入了较多的隐藏信息则 p 值总接近于1，当载体中隐藏了较少或没有隐藏信息时，p 值接近于0。根据 p 值可以估计出隐藏信息的存在并可大致估计出隐藏容量。

χ^2 分析方法可以判断载体中是否嵌入了秘密信息，同时还可以大致估计出嵌入秘密信息的长度及位置（如图14.4所示）。但是此种方法仅能检测出顺序 LSB 替换嵌入的秘密消息，对随机间隔法嵌入的秘密信息不能有效检测（除所有 LSB 平面上的比特全部被替换以外）。该方法对使用 Jsteg 和 EzStego 工具进行隐秘的检测较有效。

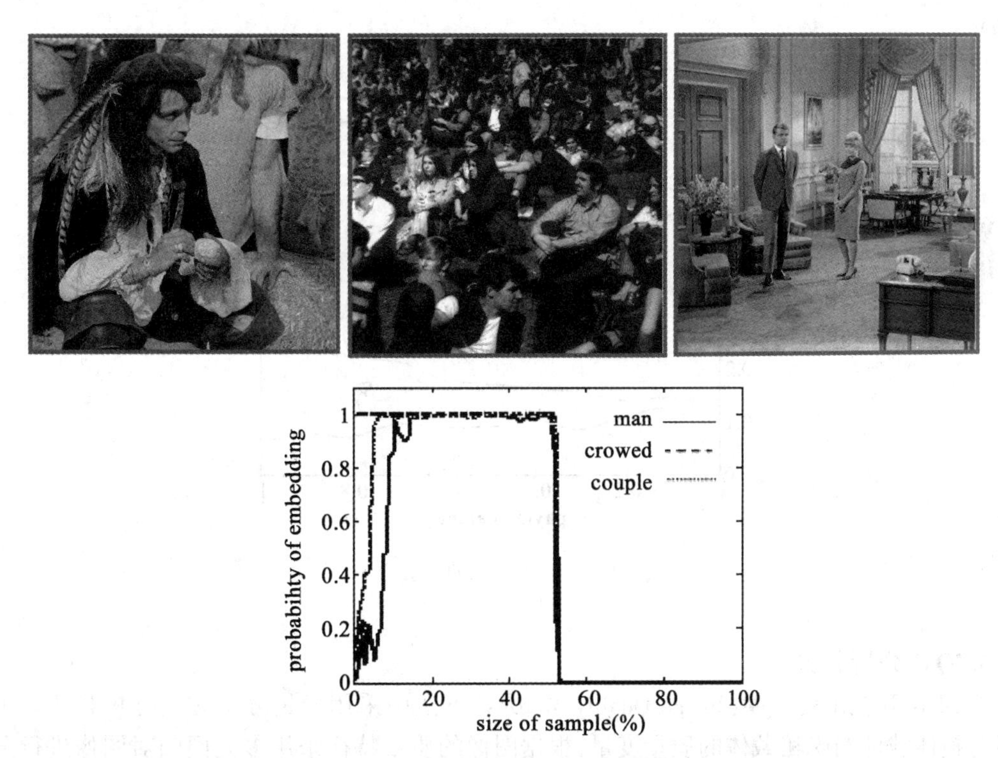

图14.4 χ^2 隐秘分析实例结果

2. RS 隐秘分析算法

Fridrich 提出了一种无损数据嵌入方法。基于此方法，她提出了 RS 隐秘分析法用于检测灰度或彩色图像中的 LSB 嵌入,该方法是根据无损嵌入算法而提出的一种相同思想的逆向检测算法。

所谓无损是指从隐秘载体可以恢复出掩体载体,这要求在 LSB 隐藏信息后还需保存起初 LSB 的相关信息。所谓无损容量是指 LSB 的隐藏容量减去用于恢复掩体载体而保存的相关信息后剩下的容量。无损容量是衡量 LSB 随机程度的敏感参数(或 LSB 位平面随机度的测度)。LSB 平面是随机的且与其他比特平面是非线性相关的,无损容量是这种非线性关系的精确测度。方法中把以上关系作为衡量图像是否含有隐藏信息的依据。

假设图像每个像素取值范围为 P。将所有像素按照某种方式分组,定义差别函数 f 反映分组 $G=\{x_1,x_2,x_3,\cdots,x_n\}$ 内像素值的随机程度,随机性越强,函数值越大。定义可逆算子 F 表示 LSB 隐藏对像素的操作,F 满足 $F(F(x))=x, x\in p$ 且 $F_0(x)=x$。

$$F_1: 0\leftrightarrow 1, 2\leftrightarrow, 3, \cdots, 254\leftrightarrow 255$$

$$F_{-1}: 255\leftrightarrow 0, 1\leftrightarrow 2, \cdots, 253\leftrightarrow 254$$

根据每组像素置换前后的随机性变化情况对其分类,分成规则组 R,异常组 S 和不可用组 U。组内不同像素可以采用不同的置换(F_0, F_1, F_{-1}),用 0, 1, -1 置换序列 M,$F(G)=\{F_{M(1)}(x_1), F_{M(2)}(x_2), \cdots, F_{M(n)}(x_n)\}$。若 $f(F(G))>f(G)$,像素组属于规则组 R,并用 R_M 表示图像规则像素组数目占总分组数比例;若 $f(F(G))<f(G)$,则像素组都属于异常组 S,用 S_M 表示图像异常像素组数目所占比例;若 $f(F(G))=f(G)$,则属于不可用组 U。显然有 $R_M+S_M\leqslant 1$, $R_{-M}+S_{-M}\leqslant 1$。一般情况图像满足 $R_M\approx R_{-M}$, $S_M\approx S_{-M}$,如果进行了 LSB 信息隐藏,这样的关系不成立。

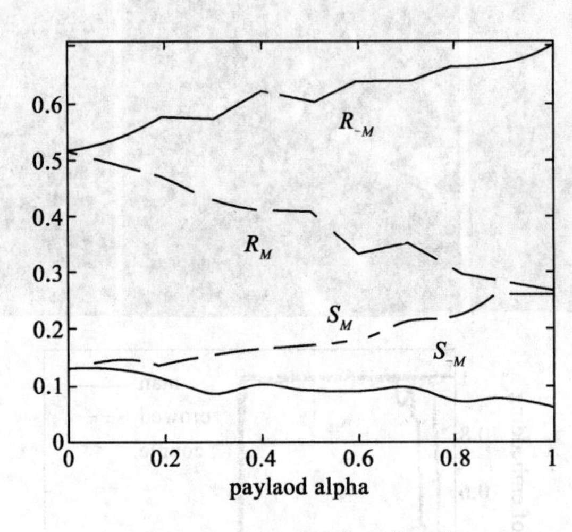

图 14.5 嵌入引起的参数变化

3. IQM 分析算法

Avcibas 等提出的 IQM(Image Quality Metrics)方法中采用变量分析方法分析和选取可用于区分掩体载体与隐秘载体的质量度量,根据图像的质量特征采用多元回归对图像进行分类检测。

算法中利用度量图像质量 26 种指标的度量组合记录图像的质量,通过对这些质量度量进行多元回归分析判断有无隐藏信息的算法。

定义多元现行回归模型：

$$
\begin{aligned}
y_1 &= \beta_1 x_{11} + \beta_2 x_{12} + \cdots + \beta_q x_{1q} + \varepsilon_1 \\
y_2 &= \beta_1 x_{21} + \beta_2 x_{22} + \cdots + \beta_q x_{2q} + \varepsilon_2 \\
y_3 &= \beta_1 x_{31} + \beta_2 x_{32} + \cdots + \beta_q x_{3q} + \varepsilon_3 \\
&\vdots \\
y_n &= \beta_1 x_{n1} + \beta_2 x_{n2} + \cdots + \beta_q x_{nq} + \varepsilon_n
\end{aligned}
$$

上式中，$x_{ij}(i,j\in[1,2,\cdots,q])$为质量度量值，$\beta$为回归系数，$q$为质量度量值总个数，$\varepsilon$为随机误差，$y_1,y_2,\cdots,y_n$为量化的回归值。

算法中，首先根据下式，通过训练图像库计算回归系数：

$$\hat{\beta} = (X^{\mathrm{T}}X)^{-1}(X^{\mathrm{T}}y) \tag{14.13}$$

接着，根据下式，对待检测的图像进行滤波得到滤波前后图像质量值。

$$\hat{y} = \hat{\beta}_1 x_1 + \hat{\beta}_2 x_2 + \cdots + \hat{\beta}_q x_q \tag{14.14}$$

根据$\hat{y}\geqslant 0$时图像包含隐藏信息、$\hat{y}<0$时图像不包含隐藏信息的判断条件判断有无隐秘信息。

4. 高阶统计量分析算法

Farid用类似小波的“正交镜像滤波器”（QMF）分解图像，建立自然图像的4阶统计模型。使用了小波系数的优化线性预测算子，计算预测误差的四个一阶矩分布，在聚类分析的基础上使用Fisher线性判别来找到区分原始载体与隐秘载体的门限。

算法中，用$V_i(x,y)$，$H_i(x,y)$，$D_i(x,y)$分别表示尺度$i(i=1,2,\cdots,n-1)$的垂直、水平和对角方向的子带。计算i的三个子带前四阶矩，可以得出$12(n-1)$个统计量（其中包括峰值、偏度等）。使用最佳线性预测器，从空间性、方向性和相邻尺度收集实际小波系数值与最佳预测器的预测误差，计算误差分布最初四个一阶矩作为特征向量的一部分。在分析过程中需对所有水平和垂直子带的$n-1$个尺度重复处理，结果所得特征向量的长度为$24(n-1)$。

从原始载体和隐秘载体库中计算出该特征向量，使用Fisher线性判别分析将特征向量分为两簇，以阈值区分掩体载体与隐秘载体。

14.3 小结

隐秘分析技术是隐秘术的反向研究技术，是信息隐藏技术的重要分支，它在国家安全、军事情报领域具有重要的应用价值。隐秘技术不断发展，其他载体和不同的应用场合也进入了研究者的视野。隐秘分析研究中面临的新问题层出不穷。

隐秘分析技术的评测标准以及理论构架尚待完善，更实用的隐秘分析原型系统有待提出。有必要建立用于检测的测试载体数据库和相关的一系列评价量与评价手段。隐秘分析理论构建方面考虑把隐秘分析简化为检测载体的噪声甚至是去噪，因此如何区分随机噪声和秘密消息是一个有待解决的问题。建立合理并符合实际的隐秘与隐秘分析模型更是亟待解决的问题。鉴于检测准确性、实用性和适用性等要求，构建行之有效的隐秘分析系统并非易事，将统计分析和归类判断的方法相结合，实现全自动检测是构建实用检测系统的方向。

由于当前互联网信息的海量化、复杂化和不易控制，也向从事隐秘分析工作的研究者提出了挑战，隐秘分析还有很多亟待解决的问题：目前的算法对小嵌入率隐秘检测的准确率非常低,对小嵌入率检测算法的设计实现仍然是研究的难题;目前较多的分析方法基于隐秘方法,研究高效的独立于嵌入方法的普适分析技术有较强的实用性;对海量媒体信息的出现对隐秘分析算法提出了新的要求,研究复杂度低的快速检测方法迫在眉睫;目前多数研究仅局限于隐秘信息的检测,实现对于隐秘嵌入内容的正确提取更具挑战意义。

思 考 题

1. 为何说隐秘分析技术是隐秘术的反向研究?
2. 隐秘术的安全性主要依靠什么?隐秘分析目标的层面有哪些?
3. 简述专用隐秘分析和通用隐秘分析思想及其区别。
4. 隐秘分析性能评估指标有哪些?
5. 综述针对 LSB 隐写思想的隐秘分析算法。

第 15 章 感知 hash 介绍

15.1 概 述

15.1.1 感知 hash 及其特性

感知 hash,又称鲁棒 hash、信息的指纹等,是指一种不可逆的原始数据的数字摘要,具有单向性、脆弱性等特点,可保证原始数据的唯一性与不可篡改性。在现实网络中,信息可能被篡改或扭曲。如,论坛的帖子在转发的过程中,可能被人故意添油加醋,以讹传讹,最后导致发散的帖子跟最初的帖子大相径庭。还有些图像和视频,在网络中(如社会网络等)被传播、剪辑和拼接,也改变和信息最初的本意。信息(如图像)的感知 hash 技术,通过提取信息的鲁棒指纹,将该指纹和事先提取的指纹进行对比,以度量信息是否为盗版拷贝、是否被篡改拼接等,以达到认证、鉴别和拷贝检测等目的。这种信息的指纹,在信息内容没有改变的情况下(如对信息施加适度的修缮、美化、格式调整等),其指纹值保持不变或变化不大。在信息的内容被篡改的情况下,指纹值要能发生较大变化,以能感知信息内容的变化。

基于感知 hash 的信息使用方法主要存在两种模式,认证模式和识别模式。无论是哪种模式,都要求先计算感知 hash 值,然后将其量化或置乱处理,并存储在感知 hash 库中。在具体认证或识别的时候,同样计算待度量的信息的感知 hash 值,并将其跟库中事先存放的感知 hash 值进行匹配或对比。

感知 hash 具有以下特性:

1. 鲁棒性(Robustness):是指当信息经受了内容保持情况下的各种处理(如,压缩、变形或传输过程中的各种干扰),信息的感知 hash 应该依然标识该信息。为了取得较高的鲁棒性,信息的指纹必须建立在对那些信号衰减或扭曲保持不变的感知特征有效提取的基础上;

2. 可区分性(Discrimination):是指感知 hash 应具有识别不同内容信息条目的能力。这种可区分性跟信息指纹的长度或者其熵有关(hash 长度要够长)。但在实际的应用中,感知 hash 存放在相关的数据库中,由于网络数字多媒体的海量性,这种数据库条目往往是规模非常庞大,所以为了提高 hash 匹配效率,又要求这种感知 hash 必须设计得比较紧凑(hash 长度要够短)。因此理想的感知 hash 必须是在尽量 hash 长度尽量短的情况下取得最好的可区分性;

3. 安全性(Security):是指感知 hash 应能防止受到攻击而失去其认证或识别的功能。主要体现在两个方面。其一是指感知 hash 系统能够抵御那些欺骗认证或识别的内容篡改攻击。其二是指根据 Kerchhoffes 安全原则,攻击者不能通过对 hash 或明文/hash 对的分析,获取密钥的相关知识;

4. 可靠性或准确性(Reliability or accuracy):是指感知 hash 能可靠或准确地认证或识别对象的能力。具体的要求(如对虚警率和露检率的要求)跟其实际应用场景有关;

5. 粒度(Granularity):是指其所能认证的最小区域或能识别的最小分块。粒度越小,其性能越好。但如果粒度太小,一方面其感知 hash 的长度会变长,影响其存储和匹配效率;另一方面,也会影响其鲁棒性。所以粒度、可区分性及鲁棒性之间存在一种平衡关系,不能兼顾。具体应用中,可以针对需求有所侧重;

6. 多能性(Versatility):是指能够用同一个感知 hash 数据库或算法提供不同的应用服务或适合不同的媒体介质。

15.1.2 感知 hash 研究现状与分类

根据感知 hash 所侧重的性能评估要求,可以将感知 hash 的研究工作分类如下:

1. 对感知 hash 鲁棒性的研究。早期的感知 hash 主要侧重于对鲁棒性的研究。所谓鲁棒性,是指在内容没有发生改变的情况下,感知 hash 能够保持不变(或变化较小)。如,图像缩放、旋转或添加一些噪声,这时候,图像的感知 hash 应该能够保持不变,以确定变化后的图像还是原来的那幅图像。Venkatesan 等人在研究中对数字图像进行小波分解,并将子带划分排列生成随机分块,然后利用每个字块的均值、方差作为特征构造 hash。该方法比空域特征更鲁棒,但它们不能非常好地捕捉内容的变化。Fridrich 在研究中提取低频 DCT 系数构造稳健的图像 hash,产生的 hash 可以抵抗滤波操作,但它不能很好地抵抗几何扭曲。Kozat 在研究中对每个图像块进行奇异值分解,然后保留奇异值和最大奇异值对应的特征向量作为图像的特征,该方法对旋转和裁剪有一定抵抗能力。Mihcak 在研究中使用 3 级小波分解,然后对子带进行二值化、迭代滤波产生 hash。该方法对 JPEG 压缩,噪声,锐化和滤波操作鲁棒,但对几何攻击则效果不佳。牛夏牧等人在研究中对图像进行分块,并对分块下标进行随机加密处理,对图像进行旋转处理。该方法可以较好地抵御旋转等攻击。Monga 等人在研究中提取重要几何保持特征点,生成鲁棒性 hash。但它不能较好地抵抗尺度缩放攻击。唐振军等人在研究中设计一种基于非负矩阵分解(NMF)的图像鲁棒感知 hash,该方法可以抵御高斯滤波、JPEG 压缩、缩放、水印嵌入等攻击。

2. 对感知 hash 的取证功能研究。Lian 在研究中使用的分形编码生成可以定位图像中的恶意篡改区域的图像 hash。它对分形图像编码和滤波鲁棒,但对 JPEG 压缩和噪声鲁棒性仍需改进。一般来讲,这类算法对一般图像处理的鲁棒性很强,包括对几何攻击抵抗能力也较强,但是它没有同时捕捉好全局和局部特征,当图像内容被恶意篡改的时候,hash 可能变化不大,所以会导致篡改认证失败。Queluz 在研究中提出了对图像像素在与不在边缘的二进制的表示方法。这种方法能以较高准确率定位篡改位置,但它也无法重建被篡改的数据。Dittmann 在研究中提出的基于图像边缘的方法具有较好的检测准确率和定位能力。但是,这种方法不能抵抗大压缩因子压缩等一些内容保持的操作。最近,Min wu 团队在研究中更进一步,他们将感知 hash 作为一种边信息,可以对数字图像的加工(或篡改)历史进行初步评估。

3. 对感知 hash 的安全性研究。根据 Kerchhoffes 安全原则,感知 hash 的安全性在于攻击者不能通过对 hash 或明文/hash 对的分析,获取密钥的相关知识。Fridrich 在研究中较早地考虑了安全性,并利用密钥控制的随机矩阵模式来对图像的随机分块进行投射,以保证 hash 的安全性。Min Wu 团队的 Swaminathan 等人在研究中利用傅里叶-梅林变换提取旋转不变特征生成鲁棒的图像 hash。他们的方法在稳定性和安全性方面有很好的表现。该文同时首次利用信息的微分熵作为对感知 hash 的安全性进行度量。Min Wu 团队在研究中利用唯一截距从小部分明文/感知 hash 中估计出感知 hash 的密钥。张海滨等人在研究中提出了一种基于纠

错码的安全增强感知 hash 方法,感知 hash 以加密的形式存放在数据库中,以防止明文/hash 对关系攻击。研究在只获得仅一对明文/感知 hash 对的情况下,分析了攻击者在 Kerchhoffes 安全框架下的攻击代价,并只侧重于感知 hash 应用在认证场合的安全性。研究分析了密钥特征空间泄露和感知 hash 篡改攻击两种安全威胁,以及作为水印的感知 hash 的安全攻击,并对基于随机投影方法的感知 hash 安全性做了理论上的分析。

15.2　感知 hash 应用模式

类似于生物认证中的认证(Authentication)模式和识别(Identification),在感知 hash 的应用中,也主要存在类似的两种模式,认证模式和识别模式。其应用方法也跟生物认证中的认证和识别模式类似,其中认证模式是“一一比对”,跟原始信息的感知 hash 直接对比;而识别模式是“一对多比对”,即逐个对比感知 hash 库中的各个 hash,以找到相同的(或最相似的)hash。具体两种模式的描述如下:

1. 认证模式

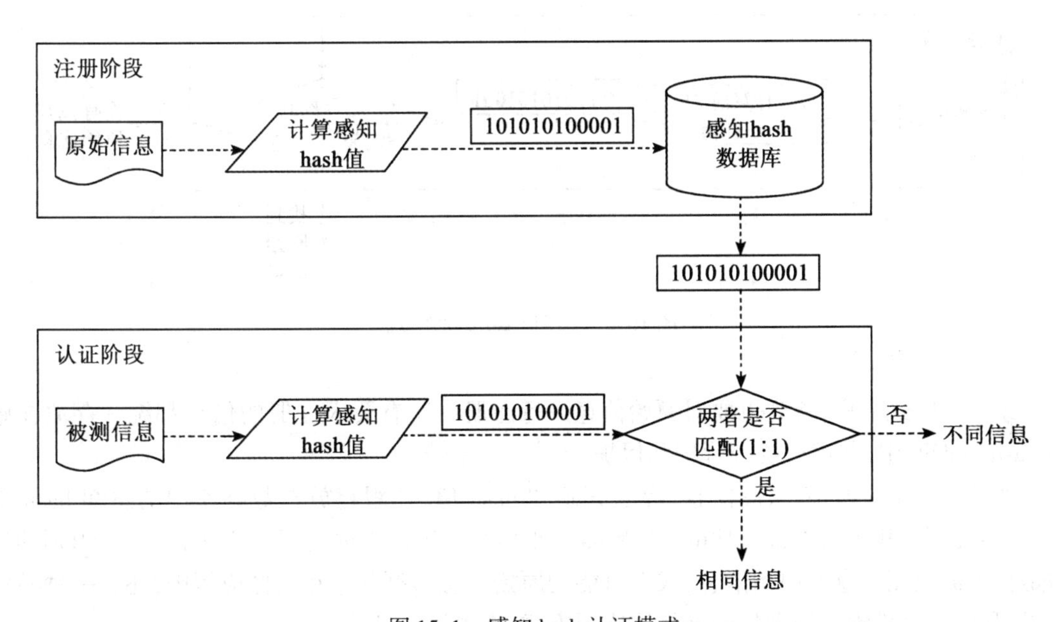

图 15.1　感知 hash 认证模式

首先要对原始信息进行注册。即计算其感知 hash 值,然后将其 ID、名称、拥有者等信息连同感知 hash 一起存放在数据库中。有些文献中认为认证是原始信息的感知 hash 和被测信息的感知 hash 直接对比,所以没有注册阶段。本书认为,从应用的规范角度出发,应该跟生物认证技术一样,在认证模式中也必须注册。其好处有:1)可以对拥有者的身份等信息进行校验;2)不需要后面对其他测试信息认证时再重复计算原始信息的感知 hash 值;3)提供规范统一的感知 hash 计算、保护等功能;4)不能事先知道原始信息的感知 hash 究竟是用来做认证使用的,还是识别使用的抑或是两者都有可能,所以设置统一的注册阶段,将感知 hash 统一存放在数据库中是非常有必要的。

然后在认证阶段对原始信息使用相同的算法和密钥提取感知 hash 值,并跟库中需要认证的原始信息的感知 hash 直接进行一一比对,如果相匹配(或者 hash 距离在一定的阈值范围内),则认为两个信息是相同的,否则认为是不同的。在有些应用中,认证的目的还有取证的功能,即通过感知 hash 的对比,检测出信息是否经受了篡改,经受了哪种篡改,或者篡改的位置等信息。

2. 识别模式

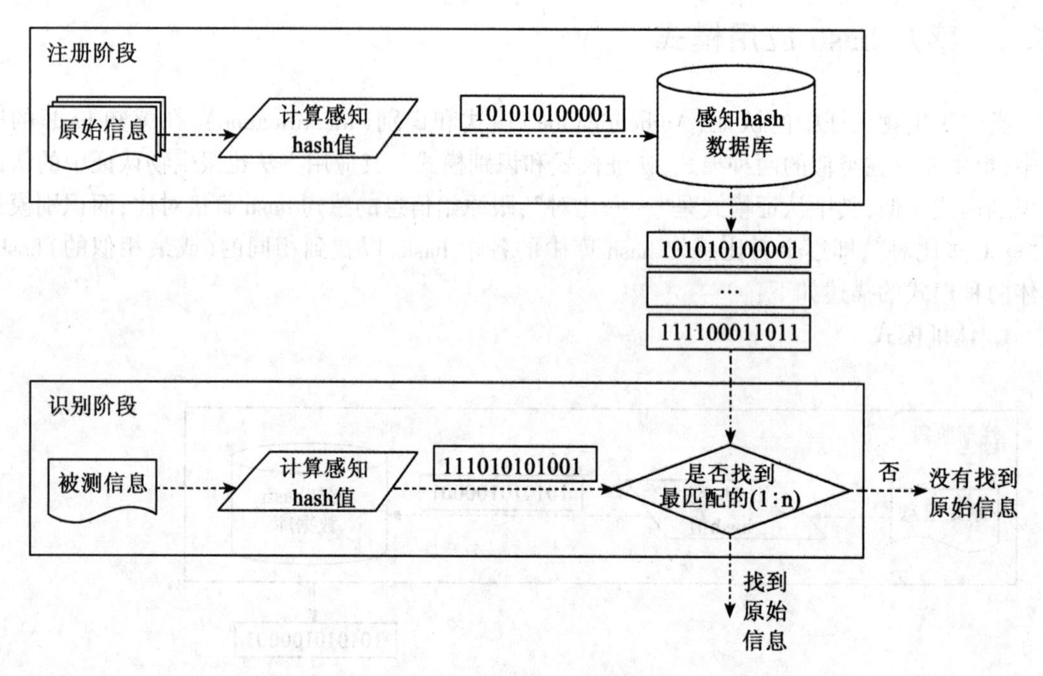

图 15.2　感知 hash 识别模式

跟认证模式一样,首先也要对原始信息进行注册。所有要求注册的信息都统一存放在感知 hash 数据库中,并进行统一管理和保护。

然后在识别阶段,对被测信息,提取其感知 hash 值,并跟存放在数据库中的感知 hash 逐个进行对比,并找出其中最匹配的(或者 hash 距离在一定范围内的所有感知 hash)。识别的目的是找出被检测信息的原始信息,或者可能的原始信息有哪些。在具体应用中,还有一种检索模式,我们认为检索是识别的一种具体应用方式,本书不另外描述。

本章我们将设计两种不同介质的感知(认知)hash,一种是基于滤波特征的数字图像感知 hash,一种是基于知网语义特征的文本认知 hash,并着重设计和体现其在可信性度量方面的功能,是对 W. J. Lu 等撰文所提出的取证 hash 的进一步推广[122]。

15.3　基于 Gabor 滤波特征的数字图像感知 hash

15.3.1　Gabor 滤波特征介绍

Gabor 滤波器是一种线性滤波器,它的脉冲响应被定义为高斯函数乘以调和函数的积。作为小波变换的一种宽松形式,Gabor 滤波家族基本执行了一种多通道表示,而这种多通道表示与人类视觉系统(HVS)在感知可视信息时的多通道滤波机制是一致的。由于这种优良特性,Gabor 滤波器已经被广泛使用到以图像为基础的应用中,如纹理分割、图像检索和生物识别等。$g_{\lambda,\theta,\sigma,\gamma}(x,y)=\exp\left(-\frac{x'^2+\gamma^2y'^2}{2\sigma^2}\right)\cos\left(2\pi\frac{x'}{\lambda}+\varphi\right)$ 描述了二维 Gabor 函数。

其中 $x'=x\cos\theta+y\sin\theta, y'=-x\cos\theta+y\sin\theta$,$\lambda$ 为余弦部分的波长,θ 为 Gabor 函数的方向,φ 为相位偏移,σ 为高斯包络的标准差,γ 为 Gabor 函数指定的椭圆长宽比。σ 的值通过带宽 b 的有关比率 σ/λ 确定,而 b 的定义由下列公式定义:

$$b=\log_2\frac{\frac{\sigma}{\lambda}\pi+\sqrt{\frac{\ln 2}{2}}}{\frac{\sigma}{\lambda}\pi-\sqrt{\frac{\ln 2}{2}}},\quad \frac{\sigma}{\lambda}=\frac{1}{\pi}\sqrt{\frac{\ln 2}{2}}\frac{2^b+1}{2^b-1}$$

Gabor 滤波器集是由不同尺度和角度的 Gabor 滤波器组成。它与图像信号卷积滤波的过程与人类初级视觉皮层处理信息的过程非常相似。Jones 和 Palmer 的研究表明,复杂 Gabor 函数的实部能很好地与猫的脑皮层中简单细胞的感受质量函数吻合。构造 Gabor 滤波器集时,我们主要关心的两个参数是 λ 和 θ。De Valois 等发现在猕猴 V1 中的大多数细胞中间带宽约为 1.4,因此我们设置参数 $b=1.4$。其他参数设置为 $\varphi=0,\gamma=0.5$。

Gabor 滤波器的参数对特征提取特别敏感,所以在实验过程中,选择合适的参数对实验结果有积极的影响。

15.3.2　感知 hash 算法设计

为了能够抵御各种篡改攻击,并度量出图像经受的篡改和类型,特结合 Gabor 滤波,设计三种度量参考指标,分别针对旋转,缩放,仿射变换(RST 攻击)。然后基于这三个度量参考基准,设计 hash 生成算法和 hash 匹配算法。

1. 度量参考基准

定义①　参考尺度 s:公式 $s=A\times\frac{M\times N}{\text{blocknum}}$,表示第一个度量参考基准是参考尺度 s,其作用是在后面的 hash 算法中使用该基准以抵御缩放攻击。

其中 A 为权重,M 为图像像素的行数,N 为列数。blocknum 为图像分块的数量。在算法中,我们将 s 作为每幅图像对应的 Gabor 滤波器的波长。

定义②　参考方向 θ:使得公式 $D(\theta)=\sum\left|g_{\lambda,b,\gamma,\varphi}(I,\theta)\right|$ 所示的 $D(\theta)$ 达到最大值的 θ 为参考尺度。通过使用不同方向参数的 Gabor 滤波器对图像进行滤波,我们获得不同的 $D(\theta)$ 值。θ 为第二个度量参考指标,其作用是为了在后面设计的感知 hash 中抵御旋转攻击。

其中 g 为二维 Gabor 函数,I 为输入图像,θ 表示 Gabor 滤波器的方向,是主方向和垂直方向之间的夹角。如图 15.3 所示,将 θ 从 5°变化到 180°,以 5 度为幅度递增。输入图像为图 15.4(a),图像大小为 481 × 321, Gabor 函数参数为 $\lambda=3.26, b=1.4, \gamma=0.5, \varphi=0$。可以看到,当 $\theta=90°$时,$D(\theta)$ 达到最大值,这样我们选 $\theta=90°$为图像的参考方向。

计算完参考方向后,将图像旋转使参考方向与 x 轴正方向重合。这样无论图像是否旋转,图像的参考方向总是指向同一方向。这个过程包含两种情况,具体见图 15.5 所示。θ 表示原始图像的参考方向,α 是旋转角度,θ' 表示已经被旋转 α 度的图像的参考方向。δ 是将图像旋转使其参考方向与 x 轴正方向重合所需旋转的角度。通过式 $\theta'=\begin{cases}\theta+\alpha & if\ \theta+\alpha\in[0,180)\\ \theta+\alpha-180 & if\ \theta+\alpha\in[180,360)\end{cases}$ 计

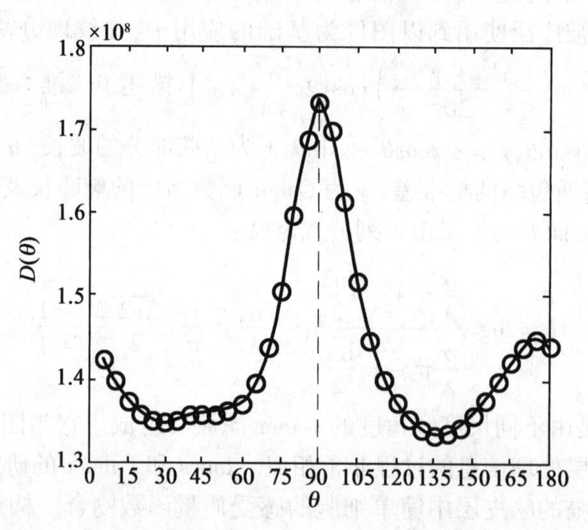

图 15.3　θ 和 $D(\theta)$ 之间的关系

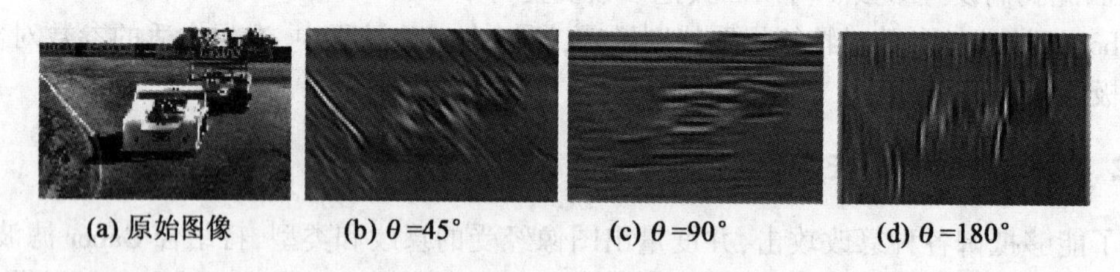

(a) 原始图像　(b) θ=45°　(c) θ=90°　(d) θ=180°

图 15.4　经过 Gabor 滤波的图像

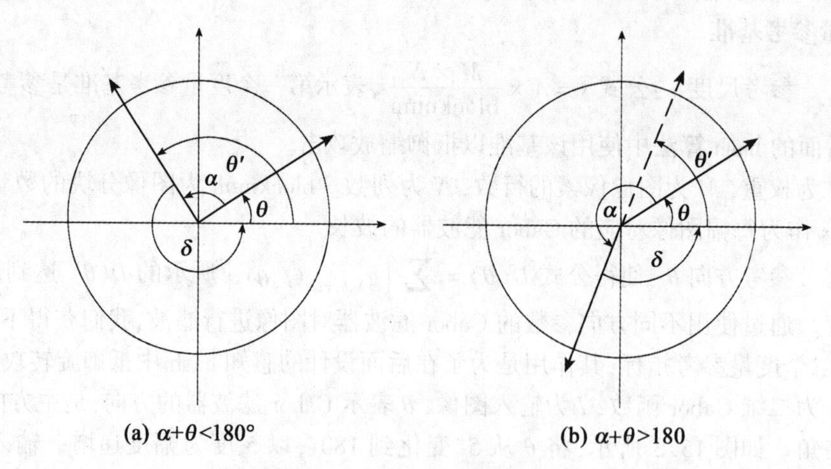

(a) $\alpha+\theta<180°$　(b) $\alpha+\theta>180$

图 15.5　计算 θ' 的两种情况

算 θ'，通过式 $\delta=\begin{cases}360-\theta' & if\theta+\alpha\in[0,180)\\180-\theta' & if\theta+\alpha\in[180,360)\end{cases}$ 计算 δ。但是对于一幅给定的图像，我们不知道它属于哪一种情况，所以我们都用 $\delta=360-\theta'$ 来计算。这意味着当旋转图像使得它的参考方向与 x 轴正方向重合后所得到的图像将不会完全相同，其中一些将是 180 度对称的。

定义③　参考中心块 B：所以我们选取图像中心区域中最复杂的图像块作为参考中心块

B，它为第三个参考基准，其作用是使得所设计的感知 hash 能抵御剪切、平移等篡改操作。参考中心块的另一个作用是，我们可以根据它构造一种路径选择策略以选取图像块生成感知 hash。具体选择是，以参考中心块为路径的起点，以指向参考中心块的上、右、下、左四个方向中最复杂的块为起始方向，采用这种从中央到四周螺旋路径选择下一个图像块。通过这种路径选择，即使两幅图像是 180 度对称的，它们依然可以得到相同的块序列。

2. 感知 hash 生成算法

给出三个度量参考指标后，现在可以描述我们设计的感知 hash 生成算法。感知 hash 生成算法的流程图见图 15.6，具体步骤如下：

Step 1. 将彩色图像 I 转换为灰度图像 I_{gray}。

Step 2. 用式 $S = A \times \frac{M \times N}{\text{blocknum}}$ 计算图像 I_{gray} 的参考尺度 s，s 用作生成 Gabor 滤波器的波长。

Step 3. 找到图像 I_{gray} 的参考方向 θ。令 $\theta = 5, 10, \cdots, 180$，计算相应的 $D(\theta)$，其中使得 $D(\theta)$ 达到最大值的 θ 记为参考方向。

Step 4. 旋转 I_{gray}，使其参考方向为 x 轴正方向，旋转的度数为 $\delta = 360 - \theta$，旋转后的图像记做 I_{ref}。

Step 5. 消除 I_{ref} 中黑色边框（由于图像旋转而产生的）。

Step 6. 令 $\beta = 0, 45, 90, 125$，得到四个 Gabor 滤波器。使用这四个滤波器对图像 I_{ref} 进行滤波，得到 4 个滤波后的图像，记为 I_0、I_{45}、I_{90} 和 I_{125}。

Step 7. 找到参考中心块 B。将 I_{ref} 分成 $b \times b$ 块。默认情况下设置 b 为 10。利用公式 $C = \sum_{r=1}^{\lfloor M/b \rfloor} \sum_{c=1}^{\lfloor N/b \rfloor} \left(I_{\text{ref}(x,y)}(r,c) - \frac{\sum_{r=1}^{\lfloor M/b \rfloor} \sum_{c=1}^{\lfloor N/b \rfloor} I_{\text{ref}(x,y)}(r,c)}{\lfloor M/b \rfloor \times \lfloor N/b \rfloor} \right)^2$ 计算图像中心 $\lceil b/3 \rceil \times \lceil b/3 \rceil$ 区域中图像块的复杂度，并找出其中最复杂的图像块 B，用 (i,j) 表示其位置。

其中 (x,y) 为图像块在 I_{ref} 中的位置，(r,c) 为每个图像块内像素的位置，图像块的大小为 $\lfloor M/b \rfloor \times \lfloor N/b \rfloor$，参考图像 I_{ref} 的大小为 $M \times N$。

Step 8. 选择初始路径方向。基于公式 $C = \sum_{r=1}^{\lfloor M/b \rfloor} \sum_{c=1}^{\lfloor N/b \rfloor} \left(I_{\text{ref}(x,y)}(r,c) - \frac{\sum_{r=1}^{\lfloor M/b \rfloor} \sum_{c=1}^{\lfloor N/b \rfloor} I_{\text{ref}(x,y)}(r,c)}{\lfloor M/b \rfloor \times \lfloor N/b \rfloor} \right)^2$ 计算围绕参考中心块四上、下、左、右四面图像块的复杂度，选出其中复杂度最高的块 B'。则由 B 指向 B' 的方向为路径选择的初始方向。

Step 9. 利用路径选择策略构造感知 hash。以参考中心块 B 为路径的起点，指向相邻的 B'，然后通过螺旋状路径扫描，由中心到四周遍历 I_{ref} 的其他分块（找到下一个复杂度最高的分块），并沿该路径计算路径上分块的 RI_i 特征，将其添加到感知 hash 中。而 RI_i 特征是相对滤波图像的特征，其具体为 RI_0、RI_{45}、RI_{90} 和 RI_{125}，它们分别从滤波图像 I_0、I_{45}、I_{90} 和 I_{125} 通过公式 $RI_{(i,x,y)} = \frac{4 \times \sum_{r=1}^{\lfloor M/b \rfloor} \sum_{c=1}^{\lfloor N/b \rfloor} |I_{(i,x,y)}(r,c)|}{\sum_{i \in \{0,45,90,125\}} \sum_{r=1}^{\lfloor M/b \rfloor} \sum_{c=1}^{\lfloor N/b \rfloor} |I_{(i,x,y)}(r,c)|}$ 计算得到。

其中 $i \in \{0, 45, 90, 125\}$，而 $RI_{(i,x,y)}$ 代表 RI_i 中的图像分块 (x,y)。

为了简洁起见，本章省略感知 hash 的最后加密置乱过程。最后生成的感知 hash 由两部

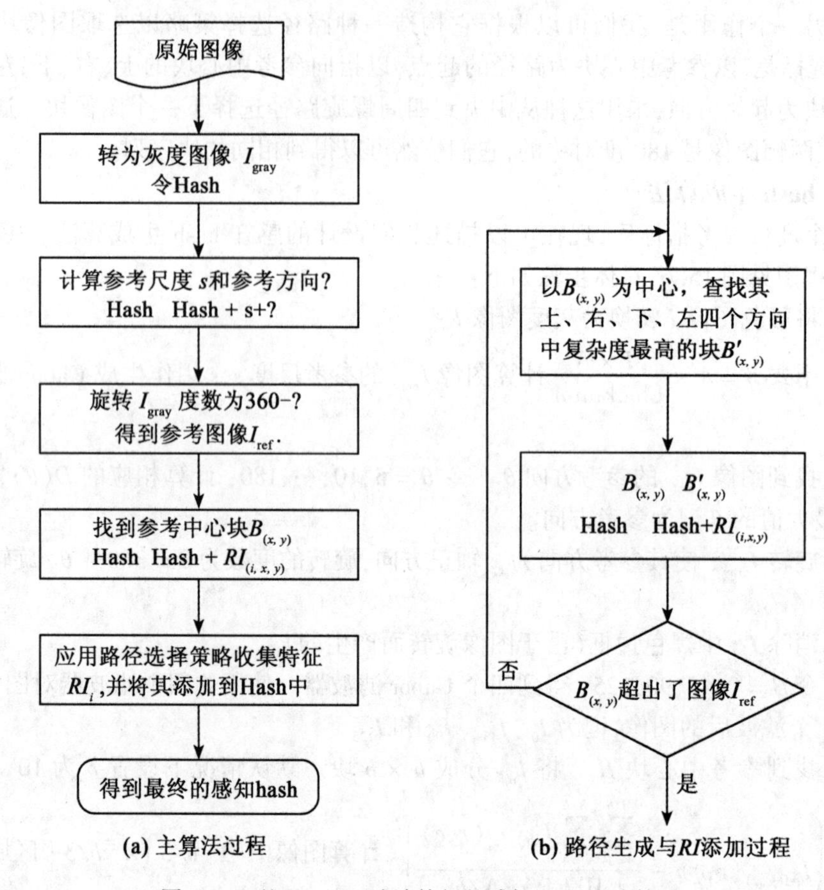

图 15.6 基于 Gabor 滤波特征的感知 hash 生成算法

分组成，一部分包含三个参考指标的信息，即参考尺度 s 值，参考方向 θ 值和参考中心块的坐标 (i,j) 值；另一部分 RI_i 特征矩阵（维度为 $b^2\times4$）。

3. 感知 hash 认证算法

对于给定两幅图像的感知 hash，我们使用 $d(h1,h2)=\sum_{i\in\{0,45,90,125\}}\sum_{x=1}^{b}\sum_{y=1}^{b}A_i(h1.RI_{(i,x,y)}-h2.RI_{(i,x,y)})^2$ 计算它们之间的距离。

其中 $i\in\{0,45,90,125\}$，$\sum_{i\in\{0,45,90,125\}}A_i=1$，$h1$ 和 $h2$ 表示两幅对比图像最终的 hash。A_i 是 RI_i 的权重。因为 RI_0 是经过主方向滤波的 I_{ref} 的特征值，所以 A_0 的值定为最大，第二为 A_{90}，A_{45} 和 A_{125} 最小。我们在后面的实验中设定 A_i 的值为：$A_0=0.6$，$A_{90}=0.2$，$A_{45}=0.1$，$A_{125}=0.1$。

通过训练，设定阈值 T。若两个 hash 之间的距离超过阈值 T，则这两幅图像为不同图像，否则这两幅图像为匹配图像。如果两幅图像匹配，则进一步比较感知 hash 中的参考指标，以推断出图像经过了什么类型的攻击，如旋转、尺度缩放或平移变换，还可以估计出相应的参数。

此外，通过比较两个感知 hash 的 RI_i 特征值部分，可以定位出相应篡改块的具体位置，还可以确定篡改操作类型（如删除，添加，修改），大致确定篡改块最初的主方向。如，若 $h1$ 表示原始图像，$h2$ 表示测试图像。如果 $h1.RI_{(0,2,2)}$ 和 $h2.RI_{(0,2,2)}$ 之间有差异很大，我们可以得出

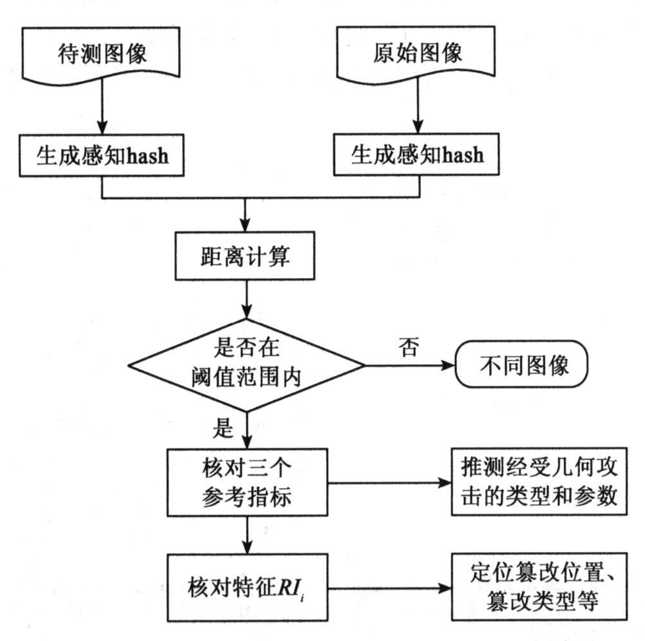

图 15.7　基于 Gabor 滤波特征的感知 hash 认证过程

分块 (2,2) 在这个参考方向(0 度)上被篡改。具体还可以推断,如果 $h1.RI_{(0,2,2)}>h2.RI_{(0,2,2)}$ 时,表示该分块中的一些内容被删除了。如 $h1.RI_{(0,2,2)}<h2.RI_{(0,2,2)}$,则可能该块中被添加了一些内容。综合考察 $RI_{(45,2,2)}$、$RI_{(90,2,2)}$ 和 $RI_{(125,2,2)}$ 的情况,还可以得出更加完整的度量结果。

15.3.3　实验与结果分析

1. 评价参考基准策略的有效性

基于 Gabor 认证方法中有三个参考基准,其中参考尺度用来抵抗放缩攻击,参考方向用来抵御旋转攻击,参考中心块用来抵御平移和剪切。实验使用见图 15.4(a)所示的 car.jpg 作为测试图像。针对缩放攻击测试,我们将测试图像从 0.1 倍变化至 2 倍,增幅为 0.1 倍。针对旋转攻击测试,我们将测试图像从旋转 5 度到旋转 360 度,增幅为 5 度。针对剪切攻击测试,我们将测试图像底部、顶部、左侧,右侧和四周区域分别裁剪 10 到 100 像素,增幅为 10 像素。我们还设计组合攻击测试,是缩放、旋转和剪切这三种攻击的组合。先旋转测试图像,然后将它缩放到图像原来的大小,再剪裁掉因旋转而产生的黑边框部分。我们做了两组实验,一组应用了参考基准,另一类不应用参考基准,并生成攻击(篡改)后的测试图像与原始测试图像的感知 hash,计算它们的 hash 距离(根据公式 $d(h1,h2)=\sum_{i\in\{0,45,90,125\}}\sum_{x=1}^{b}\sum_{y=1}^{b}A_i(h1.RI_{(i,x,y)}-h2.RI_{(i,x,y)})^2$)。图 15.8 为这四组不同的攻击测试感知 hash 距离对比结果。在不应用参考指标策略生成感知 hash 时,我们采用固定参数 s,不旋转图像使参考方向与 x 轴正方向重合得到参考图像,采用从左到右、从上到下的路径选择路径。

从图 15.8 可以发现,当图像受到缩放和旋转攻击时(见图 15.8(a)和(b)),使用参考基准策略的方法生成的感知 hash 距离比没有使用该策略的距离要低。但如果是剪切攻击时(如图 15.8(c)所示),则该策略的效果并不是很理想,甚至出现了一些较大的偏差。究其原因,是因为参考中心块是本方法中的关键点，如果受到剪裁攻击，导致错误选择了参考中心块作为路径起点，将导致最终得到的 hash 序列不同，这样导致通过剪裁但两幅感知相似的图像的 hash 距离比较大。图 15.8(d)显示的是组合攻击的测试结果，该结果表明参考指标策略整体上是有效的。

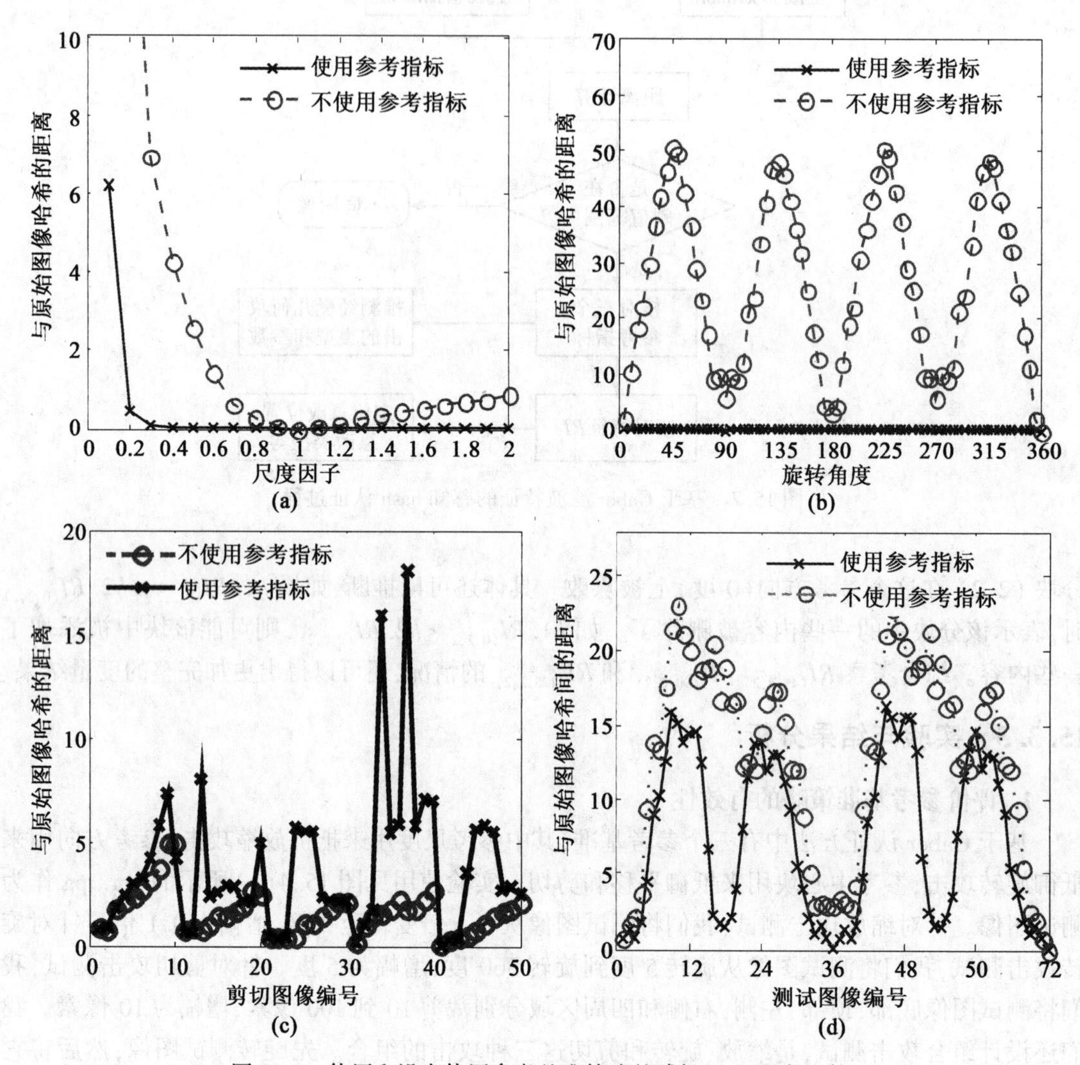

图 15.8　使用和没有使用参考基准策略的感知 hash 距离比较

2. 鲁棒性和可区分性分析

对感知 hash 的评测指标有很多，其中最重要的是鲁棒性和可区分性。前者是指经受了各种篡改和攻击的情况下，只要内容保持不变，其感知 hash 值应该变化不大；可区分性是指，如果图像的内容不同，则感知 hash 值应该是不一样的（距离应该较大，以能区分是不同图像）。我们选用图 15.9 所示的四幅标准图像作为测试图像，测试结果见表 15.1。

从表 15.1 中可以看出，不同图像间的感知 hash 距离比较大，而篡改图像和它对应的原始图像（内容保持情况下）之间的距离则比较小。这说明本算法生成的 hash 具有较好的鲁棒性和可区分性。

同时,我们选择三个有代表性的其他感知 hash 算法作对比实验,它们分别是使用 DWT 统计特征的 Venkatesan 的算法,基于图像粗略表达的 Kozat 的算法,及基于感知特征点的 Monga 的算法。针对同样的图像篡改测试图像,我们比较这三种算法和本算法的性能。每种算法的阈值设置如下(每个算法的阈值定义不一样,跟算法本身有关):本算法设置阈值为 5, Venkatesan 算法为 0.12, Kozat 算法为 0.01, Monga 算法为 0.4。这样,我们在近似同等条件下比较它们的性能(鲁棒性和可区分性)。其中图像内容保持的操作包括 JPEG 压缩、添加噪声、缩放、旋转、剪切、模糊等。而图像内容篡改的操作包括添加、修改、删除图像有意义的区域部分。

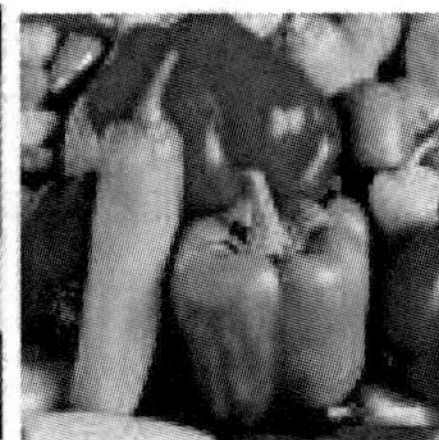
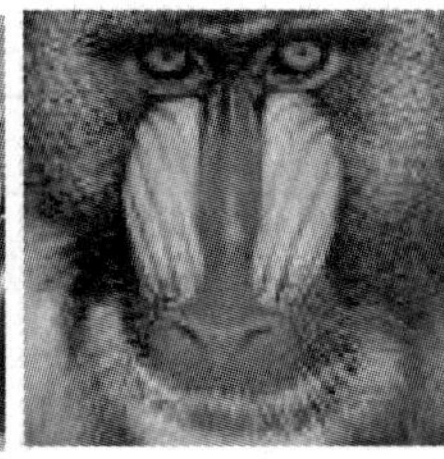

图 15.9　标准图像示例

表 15.1　　经过内容保持操作后的图像的 hash 与原始图像 hash 间的距离

图像和操作及其参数	Lena	Pepper	Baboon	Plane
Lena	0.000	50.73	48.23	34.88
Pepper	50.73	0.000	48.066	43.23
Baboon	48.23	48.07	0.000	52.41
Plane	34.88	52.41	43.23	0.000
JPEG Q=90	0.000	0.000	0.046	0.000
JPEG Q=50	0.001	0.005	0.002	0.006
JPEG Q=10	0.015	0.016	0.000	0.517
Scaling 0.5	0.787	6.085	0.326	1.411
Scaling 2	0.434	2.026	0.302	2.730
Crop 5%	1.091	10.42	0.244	0.248
Crop 10%	4.413	16.60	0.852	14.99
Rotation 10	0.023	0.000	0.027	0.629
Rotation 45	0.000	6.316	0.025	1.717
Rotation 90	3.773	2.842	0.000	2.074
Gaussian noise 0.01	8.402	3.107	2.350	5.700
Salt & pepper 0.01	5.866	3.024	2.389	5.558
Motion Blur 5	0.030	0.248	0.056	0.974

表 15.2 显示的是实验的详细结果,相应的 ROC 曲线见图 15.10。从中可以看见,我们的算法既具有良好的鲁棒性,也能很好地分辨出不同的图像,整体性能上优于其他算法。尤其是针对缩放和旋转攻击,本算法的鲁棒性远远优于其他三种。图 15.11 的(a)、(b)、(c)及(d)

分别显示了这些算法生成的感知 hash 抵御缩放、旋转、JPEG 压缩、模糊攻击的效果。由于这四种方法生成感知 hash 的匹配距离方法不一样,所以我们使用 hash 距离除以阈值作为纵坐标。通过实验对比,我们发现本文所提出的算法对内容保持的操作有稳定非常好的鲁棒性。从图 15. 11(a)中可以发现,Monga 的算法面对尺度缩放攻击很脆弱,这是因为如果图像被缩小时,其特征点很容易受到损失。从图 15. 11(b)中可见,Kozat 算法对于旋转攻击很脆弱。从图 15. 11(c)可以发现,这四种方法都能较好地抵抗 JPEG 压缩攻击,但本算法效果最好。从图 15. 11(c)可以发现,本算法在抵御模糊操作方面也比其他算法要好,而 Monga 算法比较差(也可能是因为模糊操作导致特征点发现错误)。

表 15. 2 使用本文方法对被处理过图像进行认证的结果

	图像操作类型/测试总量	Ours	Venkatesan's	Kozat's	Monga's
鲁棒性	尺度放缩/20	19	15	19	4
	旋转/72	72	5	2	8
	剪切/50	36	45	28	44
	JPEG 压缩/20	20	20	20	20
	模糊/20	20	19	19	19
	加噪/40	40	30	30	37
	组合攻击/72	35	10	3	30
可区分性	局部填加对象/5	5	2	3	4
	局部删除对象/5	5	2	2	4
	局部修改对象/5	4	1	2	3
	不同图像/300	279	267	274	277

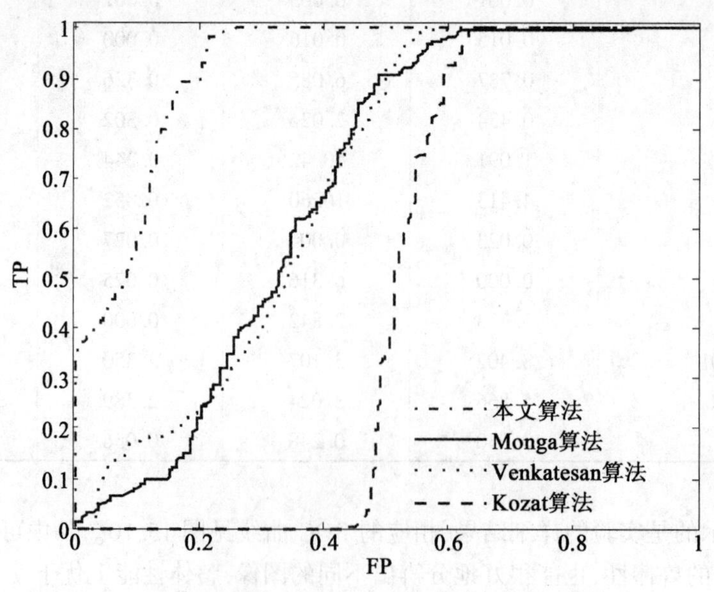

图 15.10 四种算法针对图像内容保持操作的 ROC 曲线

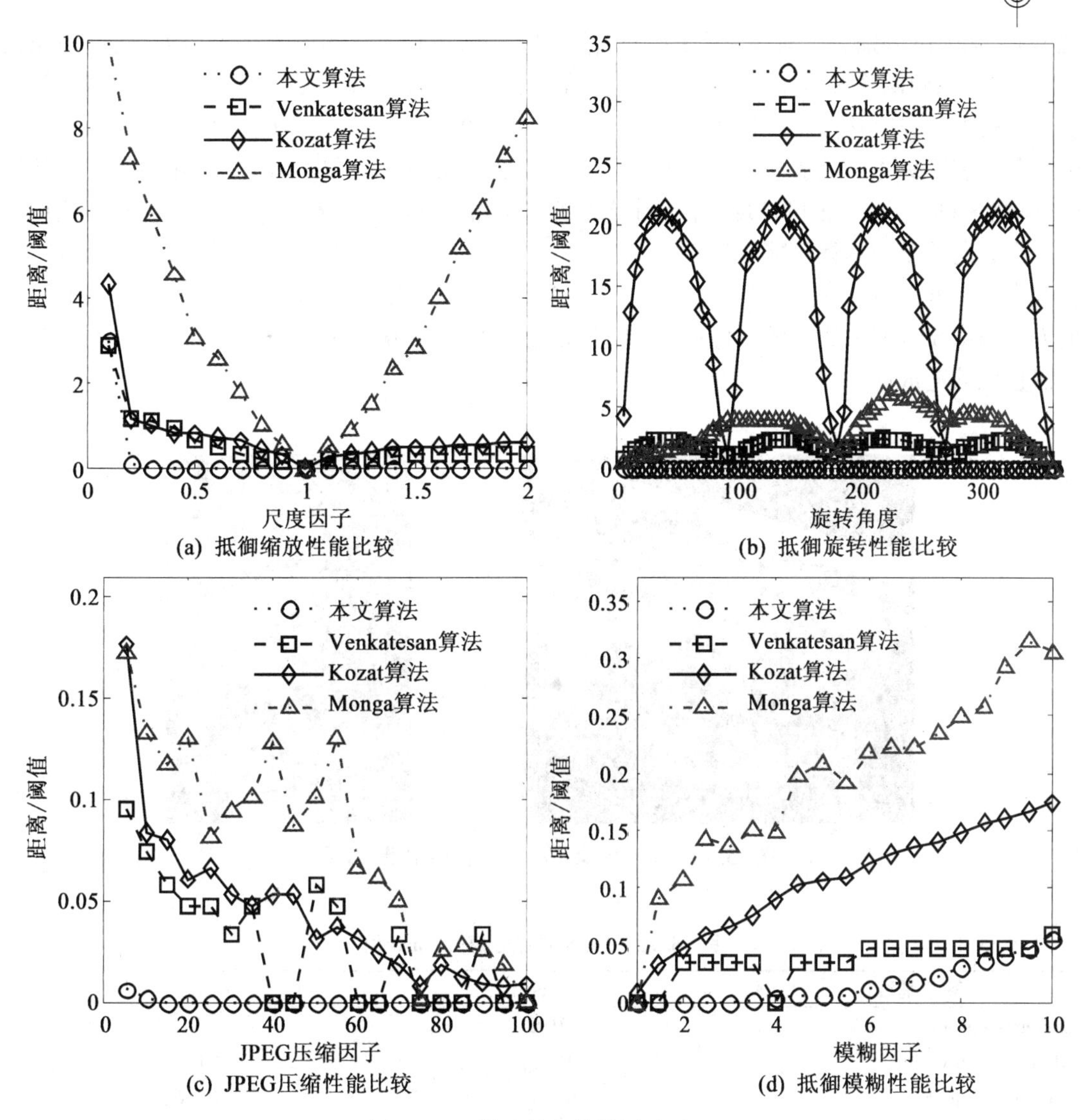

图 15.11　算法的鲁棒性测试对比

3. 认证功能测试

本算法相对于其他算法的另外一个特色是,可以定位篡改区域,判断所经受的篡改类型。这主要归功于我们将图像参考基准指标和感知特征信息放入到感知 hash 中,这样在做对比认证的时候,可以根据这些信息判断图像是否被缩放、旋转和平移或剪切,以及相应的程度。如果判定图像被篡改,还可以进一步判断篡改的类型(删除、添加、修改),并定位篡改区域,以及大致确定篡改的方向。图 15.12 显示了篡改取证的例子,其部分 hash 值见表 15.3。为了模拟篡改情况,我们将图像 car. jpg 作为原始图像,并对该图像旋转 15 度,缩放到原来大小,然后剪切由于旋转而产生的黑边框。篡改操作包括:1)拷贝图中前面一辆车,并将拷贝移动到图像的右下部分(代表添加型篡改操作);2)将原始图像的前面一辆车牌号码“96”删去(代表删除型篡改操作);3)将原始图像后面的广告标语上的“cartroy”改成“cccaoroy”(代表修改型篡改操作)。

图 15.13 显示原始图像 hash 值和图像待测 hash 值的比较,x 轴标记分块的个数,(1)、

(2)、(3)和(4)分别表示对于 RI_0、RI_{45}、RI_{90} 和 RI_{125} 的比较。从图中大体可以发现,这两条线(虚线代表原始图像 hash 值,实线代表图像待测 hash 值)是大体上重合,但在某些特定的篡改块上有较大差异。从图中可以发现,其中第 17、19、29-37、54-58、615-67、73、82、84、88-92、97-100 等块是篡改块。实际上,第 17 块的位置是(6,4),是车牌号码"96"被删除的位置。从图 15.14 的右图和表 15.3 可发现,待测图像的感知 hash 第 17 块的 RI_{45} 稍微小一些,这表明原来在这个方向的某个物体可能被删除了。表 15.3 中显示第 37 块的 RI_0 项的值有大幅增加,这表明在这个方向可能添加了某个物体。实际上这个位置为(9,3),是原始图像中添加辆车的地方。而第 57 和 91 块处的图像的 RI_i 值与原始图像 hash 偏差最大,这是由于旋转图像产生的黑色区域造成的。

图 15.12 待测图像(左侧)和检测结果(右图)

表 15.3 **图 15.12 中图像的部分感知 hash 值**

参考基准值	原始 hash	待测 hash
Reference scale	3.9192	3.9192
Reference direction	90	105
Reference block	(6,6)	(6,6)
17th (6,4) RI_0	1.1988	1.0640
17th (6,4) RI_{45}	1.3531	1.2049
17th (6,4) RI_{90}	1.9651	2.1496
17th (6,4) RI_{125}	3.9831	3.9877
37th (9,3) RI_0	0.9939	1.2761
37th (9,3) RI_{45}	1.3166	1.2121
37th (9,3) RI_{90}	2.0025	1.7729
37th (9,3) RI_{125}	3.9814	3.9889
57th (10,10) RI_0	1.2450	2.2520
57th (10,10) RI_{45}	1.2662	1.2981
57th (10,10) RI_{90}	2.0069	1.8210
57th (10,10) RI_{125}	3.9925	3.8110
91st (6,4) RI_0	1.2471	2.0367
91st (6,4) RI_{45}	1.3333	0.8535
91st (6,4) RI_{90}	2.1492	2.0520
91st (6,4) RI_{125}	3.9838	3.7507

在这个篡改认证的例子中,我们所设计的 hash 算法没有发现修改广告标语的地方,这可能是由于篡改部分不明显,也有可能是因为本次实验所设置的分块不够小,如果将图像分块的粒度进一步改小,则可能解决这个问题。

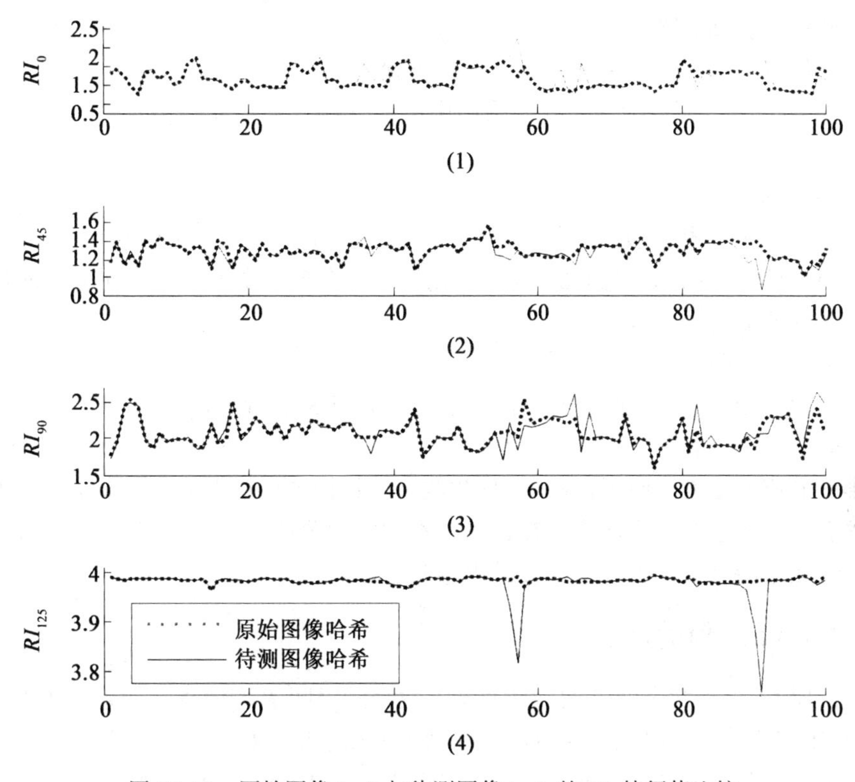

图 15.13　原始图像 hash 与待测图像 hash 的 RI_i 特征值比较

15.4　基于知网语义特征的文本 hash 信息可信性检测

本节给出一种文本认知 hash,用以度量网络文本信息的可信性,特别是来源可靠性。文本信息指纹的思想也有不少学者提到,如网上流传很广的"数学之美"一文中就提到信息的指纹,但该文所认为的指纹是指用 MD5 或 SHA-1 等密码学 hash 算法直接生成的信息摘要。很明显,这些信息的摘要不具有鲁棒性,如果文本做了一点修改(如改变顺序、替换词语),则这些密码学的 hash 算法就会生成一个完全不同的 hash 值(这也是密码学的 hash 要求做到的特性之一)。很明显,在网络实际的文本可信性度量中,这种 hash 算法不适合。为此,我们借鉴图像感知 hash 的思想,提出并设计文本认知 hash,并实现在内容没有发生改变的情况下,文本 hash 相对不变(或变化很小,在一定的阈值之内)的目标。但如果文本内容变化较大或不同,则这种 hash 能检测到文本的变化或者是不同的文本。

15.4.1　知网语义特征选择

我们提取 N 个能代表文本主要和关键信息的特征词, N 的具体值由文本字数大小决定,对于篇幅较小(字数在500以内)的文本我们一般取 $N=50$,篇幅较大(字数在1000~4000左右)的则取 $N=100$,对于特别短或特别长的文本我们也提供了可以修改 N 值大小的选定操作。N 个特征词的提取借鉴文[141]中提到的关键词抽取方法的思想。我们提取 N 个计算词义相似度来构建词汇链,然后结合词频进行特征词的提取。该方法考虑了词语之间的语义信息,能够改善特征词提取的性能。

本书提出的特征提取方法主要包括以下7步骤:

1. 文本分词并进行词性标注。我们采用中国科学院计算技术研究所的ICTCLAS汉语分词系统对文本进行分词;
2. 对分词结果进行名词选择;
3. 计算各个词间的相似度 X,采用文[142]所给出的算法进行相似度计算;
4. 比较 X 和阈值 D。如 $X \geqslant D$,则进行比较的两个单词视为同一个词进行词频统计;
5. 对所有的名词进行词频统计;
6. 将名词按词频递减的顺序排序;
7. 选择前 N 个名词作为特征词集合,并建立二元组 S:<特征词1,词频1;特征词2,词频2;…;特征词 N:,词频 N:>。

递减排序的依据是为了便于比较,而且频数高的特征词往往更能代表文本的关键信息,所以排序后具有相同次序的词语代表了在各自文本中的同等地位。这一点也是本文的一个关键点所在。该二元组能有效代表文本的关键内容和主题。

15.4.2 文本 hash 值的产生

在用户注册时,提交文本作者的A_ID、文本发表的时间 T 等信息。如果文本hash存放在数据库之中,则作者信息和时间信息可以放在数据库中;如果文本hash是嵌入在文本之中,则可以将作者信息和时间信息放在hash的后面,如公式 $hash=S+A\_ID+T$ 所示。

整体hash的产生过程如图15.14所示,其中(a)是主过程,(b)是特征提取过程。

15.4.3 基于认知 hash 的文本来源可信性检测

如图15.15所示,基于认知hash的文本来源可信性检测分为注册和检测两个阶段。首先必须对原始文本进行注册。注册时,将文本的hash值连同作者、发布时间等信息存放在hash库中。然后在检测时,同样计算待检测文本的hash值,并比较待检测文本与原始文本的hash值距离。

公式 $D\_H(S_1,S_2)=\text{width}\times\sum_{j=1}^{N}|S_1[j]-S_2[j]|\times[1-\text{wordSimilarity}(S_1[j],S_2[j])]$,是对我们所设计的文本hash的距离度量方法。

其中:$S[j]$ 表示二元组中第 j 个单词的词频,width为均衡值,用于平衡词语间相似度带来的不足。wordSimilarity$(S_1[j],S_2[j])$ 表示待比较的两个文本的第 j 个单词的相似程度。

如果两个文本的认知hash距离超出阈值 K,则认为两个文本的来源不一致。如果不超过阈值 K,则表示来源一致。$K\lim_{x\to\infty}$ 值通过样本训练得到。

15.4.4 实验及结果分析

我们选取20篇不同的文档,并将它们转为txt文件。对每篇文章进行4类5种不同程度

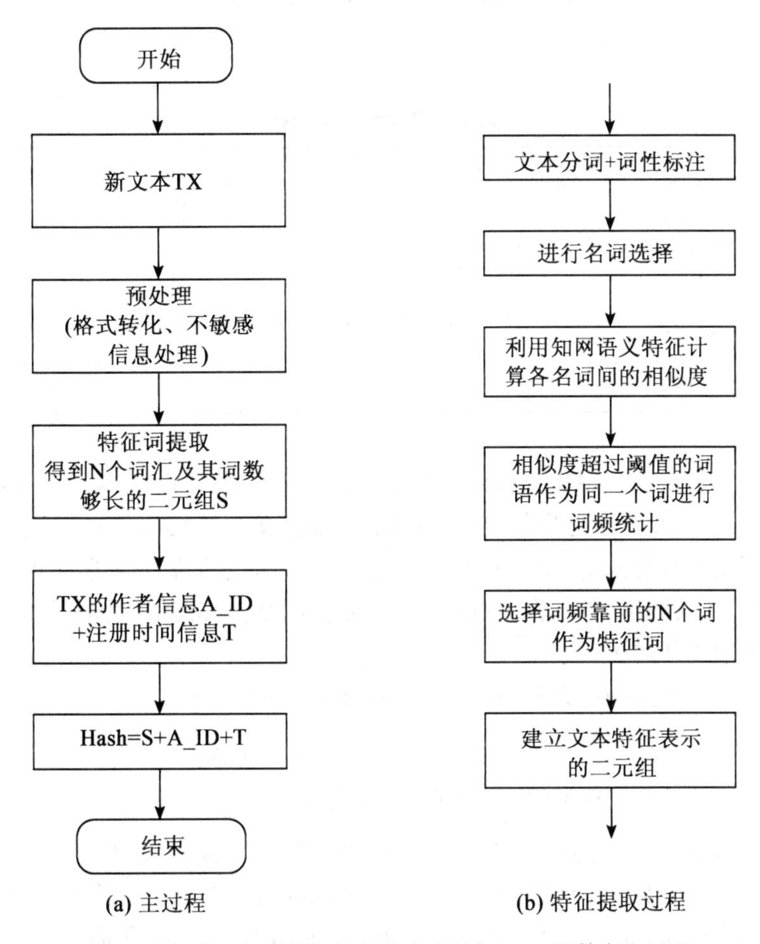

图 15.14　基于知网语义特征的文本认知 hash 函数产生过程

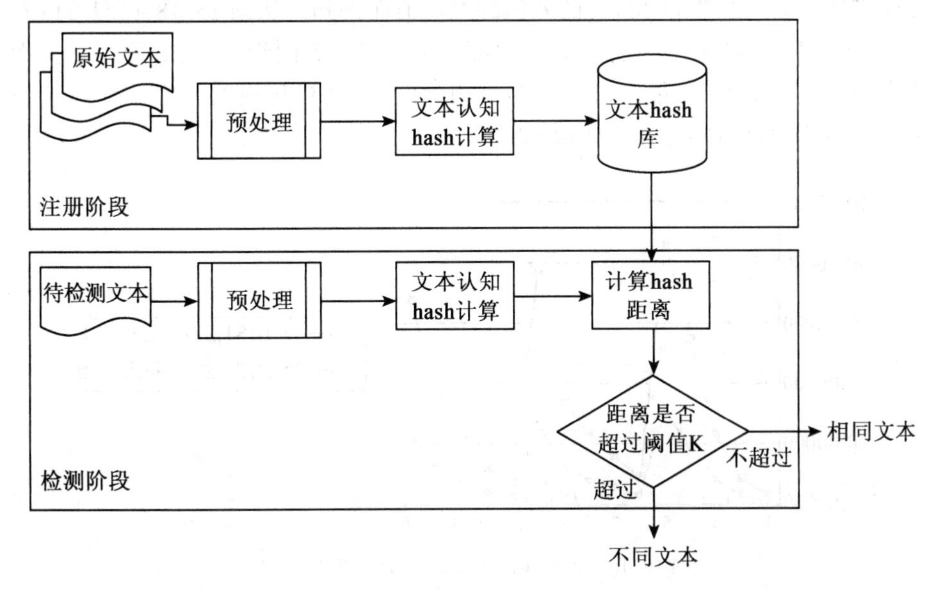

图 15.15　基于认知 hash 的文本来源可信性检测

的操作。具体操作如表 15.4 所示,在表中用 0~15 来表示不同的操作类型(在后面图中用这些数字表示该操作)。

表 15.4 **对文本修改操作类型和程度**

操作类型	操作程度				
	3%	5%	10%	20%	30%
整体内容不改变,修改标题或打乱段落顺序			0		
增添内容	1	2	3	4	5
删除内容	6	7	8	9	10
替换内容	11	12	13	14	15

这样,我们得到 20×16=320 篇新的文档,再加上原始的 20 篇文本,实验的文本共有 340 篇。每篇文档依次与 16 个副本进行比较,得到 320 篇新文本的 hash 距离,并依据 hash 距离对来源可信进行判定。容易分析,由于我们设计的文本 hash 是在基于文本词频基础之上,所以表 15.4 的类型为 0 的操作(打乱段落顺序操作)对感知 $D\_H(S_1,S_2)$ 保持为 0,所以这类操作在距离对比中无须统计进去。

width 值的确定由公式 $D\_H(S_1,S_2)-X=0$ 和公式 $\text{width}=\dfrac{X}{\sum_{j=1}^{N}|S_1[j]-S_2[j]|\times[1-\text{wordSimilarity}(S_1[j],S_2[j])]}$ 确定:

其中 X 为修改程度:3%,5%,10%,20% 和 30% 等 5 个常量,实验中令 width=1 开始实验,width 值每次增加 0.1 进行计算,最终在 width=1.8 时公式(3)的值最接近 0,所以最终确定 width=1.8。图 15.16 给出了当 width=1.8 和 width=1 时的 hash 距离。

图 15.17、15.18 是我们在 width=1.8 时对 15 种系统检测 D_H 值分别求均值,再求其和理想值(3%,5%,10%,20% 和 30%)的差值的绝对值而得到。从图 15.18 我们可以看出实验的结果和理想值间的差值最多不超过 1.3,大部分集中在 0.5 附近,分析其原因一方面是我们的理想值有待于进一步确定(很有可能和内容删除的位置,被替换的内容位置和新替换的内容等有关),另一方面是可能存在一些数据噪音。

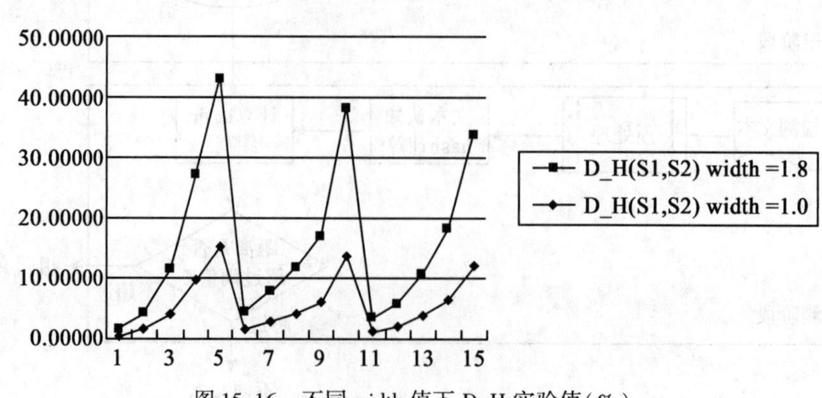

图 15.16 不同 width 值下 D_H 实验值(%)

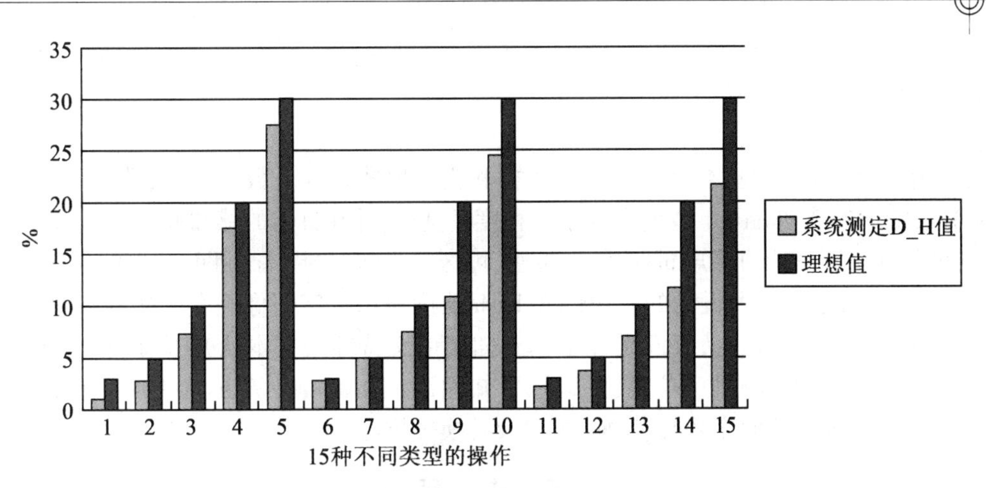

图 15. 17　理想值和系统测定值对比图

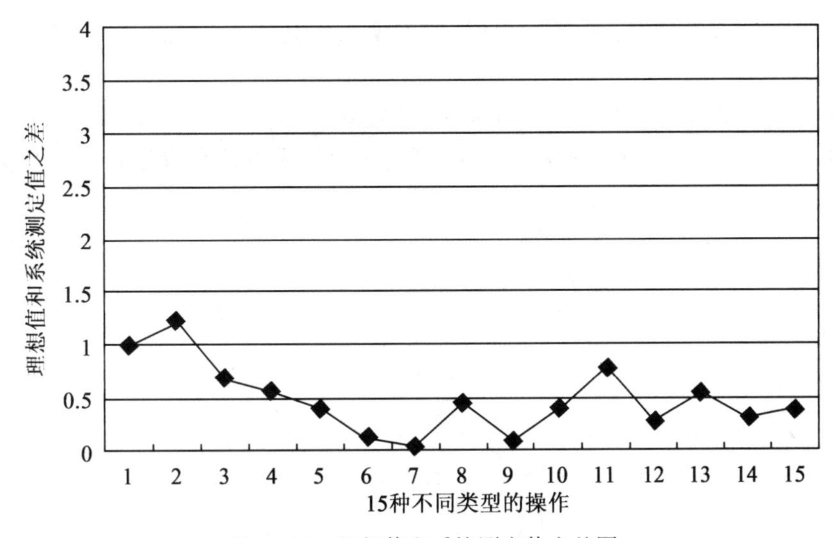

图 15. 18　理想值和系统测定值之差图

图 15. 15 中提到的阈值 K,我们通过对比在不同阈值下的漏检率和虚警率来确定。表 15. 5 是我们在不同阈值下,检测系统的漏检率和虚警率。当阈值为 30% 时,其漏检率和虚警率比较低。而当阈值为 35% 时,其虚警率上升。这样我们确定阈值 K 为 30% 。

表 15. 5　　**不同阈值 K 下漏检率和虚警率对比**

阈值 K	评估标准	
	漏检率	虚警率
10%	0. 2144	0. 4980
15%	0. 1905	0. 3921
20%	0. 1647	0. 2765
25%	0. 0933	0. 1449
30%	0. 0132	0. 0632
35%	0. 0078	0. 2511

15.5 小结

给出感知和 hash 的基本思想、特性、分类和应用模式。针对数字图像,我们设计了基于 Gabor 滤波特征的感知 hash。我们设计了三种度量基准,并在具体的感知 hash 设计中,融入这三种度量基准。所设计的感知 hash 在鲁棒性、可区分性等性能上比目前经典的感知 hash 的性能要高。特别地,我们所设计的图像感知 hash 能度量出数字图像经受了哪种篡改,篡改的区域等信息。针对文本信息,我们设计了基于知网语义特征的文本认知 hash,该方法考虑了文本名词的重要性和词频排序信息,并运用了知网词汇相似度计算 hash 距离。该认知 hash 能有效地抵御文本段落顺序篡改、添加、删除及替换等攻击。

思 考 题

1. 感知 hash 和密码学意义上的 hash 有何区别?

2. 简述感知 hash 的特性,并分析在认证应用模式和识别应用模式中分别侧重于其中的哪些特性。

3. 感知 hash 可以跟水印结合在一起使用,是数值指纹的一种。请设计一种简单的图像感知 hash 算法,并将图像 hash 值、图像发布者信息、图像使用者信息等连接一起作为水印嵌入到图像中。

第 16 章　被动盲数字图像可信性度量模型研究

16.1　概述

16.1.1　数字图像信任危机

数字化技术和网络技术的发展,使得各种数字图片涌现在个人电脑及互联网络上。一方面是数字图像的生成、获取、存储和传输极其便捷,另一方面各种图像处理软件和信息隐藏软件的出现使得人们可以根据自己的需要处理(或篡改)数字图像或携带秘密信息。这种加工处理有些可能是美化和修缮,但从我们信息安全工作者角度观测到的是,越来越多的行为具有破坏作用。如通过图像携带隐秘信息,将图像按照其政治目的或经济目的进行篡改、拼接。这些图像经过处理后,混杂在正常图像中,通过互联网传输到另一段,发挥破坏作用。由于将信息隐藏在图像中或通过图像的篡改表达某种信息,而这样又难以检测,所以目前有越来越多的网络安全事件来自数字图像的隐写或篡改。

跟文字不一样,人们本来对图像有一种天生的信赖,以为“眼见为实”,然而犯罪分子却利用人们的这种信赖天性,通过各种手段将数字图像篡改、伪造和隐写,从而导致各种数字图像安全事件不断发生。在科技,政治,医学,法律,商业,军事、知识产权等领域,经常有这样的安全事件的报道,有些影响非常恶劣,从而逐渐影响了人们对数字图像的信任。如果不从技术和法律等角度考虑应对措施,按照这种趋势下去,发生数字图像的“信任危机”也不是危言耸听。所以在这样的背景下,非常有必要加强数字图像的可信性研究。

16.1.2　数字图像可信性研究的非盲环境和盲环境

从可信性研究的技术依赖的角度,数字图像的环境可以分成非盲环境和盲环境。非盲环境是指在假设图像产生后、传播之前已经嵌入数字水印或计算了 hash 函数的研究环境,而盲环境是指数字图像没有嵌入水印或计算 hash 值(或不依赖数字水印和 hash 函数)研究环境。目前非盲环境下的图像可信研究得到很多学者和机构的重视,其技术研究也相对成熟,而盲环境下的研究起步相对较晚。考虑数字水印和数字签名增加了用户操作和成本、影响了图像质量、容易遭受攻击等因素,以及目前网络上绝大多数图像是没有嵌入数字水印或计算 hash 函数的现实,我们认为在盲环境下研究数字图像的可信性更有意义。

16.1.3　数字图像的生存环境、生命期和生命烙印

从数字图像的产生、处理(篡改)、存储、传播等环节上考虑,目前数字图像的生存环境具有以下特点:

1. 多样性特点。图像生成方式和篡改(处理)方式多样化。其生成方式有数码相机生成、

扫描生成、图像翻拍、医学生成图像,计算机生成图像(计算机图形,CG)。篡改方式有合成、变种、润饰、增强、翻拍等。

2. 海量性特点。目前存储介质价格越来越便宜,容量越来越大,给数字图像的存储提供了设备支持。同时,随着数码相机的普遍使用,出于各种目的而滋生和传播的网络图像的泛滥、为各类科学研究提供服务的图像共享数据库的建立等造成了数字图像资源越来越多。

数字图像的生存环境的多样性和海量性特点增加了盲环境下数字图像的可信性评估的困难。

在数字图像的产生、加工(篡改或隐写)、和死亡(删除)的整个生命期间(如图 16.1 所示),我们认为数字图像会留下一些"生命烙印"(特征)。这些特征有数字图像产生时成像设备(如相机)留下的(如相机类型、参数等造成的成像特征),也有在生存阶段被加工时留下的(如合成、隐写等操作造成的特征)。如果将数字图像的产生也看成时一次加工,在某一个时刻,我们获取的数字图像 M 的特征 F 可以由以下公式描述:$F = F_{n-1}(F_{n-2}(\cdots F_1(F_0(M)\cdots)))$,其中 $F_i(i>0)$ 为加工中留下的特征,F_0 为成像阶段留下的特征。

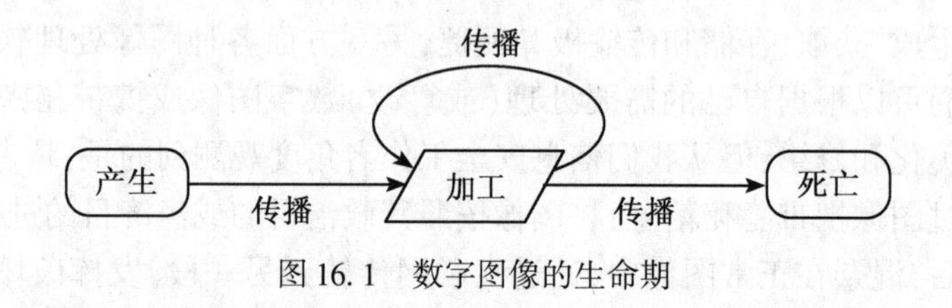

图 16.1　数字图像的生命期

而实际上,数字图像的产生阶段也是由一定的成像流程的,在成像的不同阶段受不同部件和场景光线的影响,如图 16.2 所示。所以 F_0 又可以由以下公式描述:$F_0 = f_{m-1}(f_{m-2}(\cdots f_1(f_0(M)\cdots)))$,其中 $f_i(i>0)$ 是不同内部部件成像时造成的特征,f_0 是成像时场景光源造成的特征。

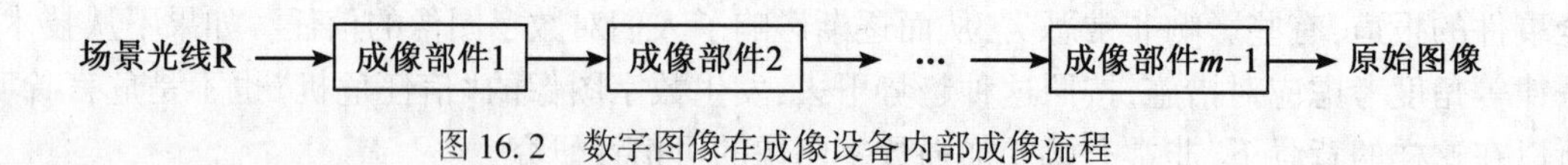

图 16.2　数字图像在成像设备内部成像流程

正如一个人的性格受到先天和后天的影响一样,我们认为图像的特征也受这种先天和后天的诸多因素的制约,并统称为数字图像的生命烙印。

数字图像的生命烙印为盲环境下数字图像的可信性分析和度量提供了可能,数字图像的生存环境的多样性和海量性特点,又增加了这种可信性分析和度量的困难。

本章从数字图像所经受的各种生命特征出发,综合考虑数字图像所经历的各种篡改(或隐写),提出盲环境下的数字图像可信性度量,研究数字图像可信性度量模型,为当前日益紧迫的数字图像可信性应用需求提供基础模型支持。

16.2　相关工作

16.2.1　数字图像被动盲取证研究现状

数字图像取证技术是近年来多媒体安全领域兴起的一门新研究方向,该技术主要通过鉴

定数字图像是否来自某类(某个)成像设备、判断数字图像是否遭受某种篡改等,为数字图像的纠纷提供法律依据。根据图像取证的方式,数字图像取证技术可以分为主动(非盲)取证技术和被动(盲)取证技术两种。其中,数字图像主动取证技术事先在图像中嵌入水印信息或者对图像做签名处理(或 hash 计算),然后通过检测水印或考察签名的完整性(或对比 hash 值)来判断图像的篡改情况。主动取证技术又可以分为两种:一种是基于数字水印的图像取证,另一种是基于数字签名或 hash 函数的图像取证。但是主动取证技术存在以下限制:在数字图像生成时必须人为地进行预处理,增加了用户操作和成本上的负担,同时对图像质量也有一定的影响,尤其是数字水印和数字签名容易遭受攻击而失效。所以这种主动取证技术的应用范围受到了很大的制约,而被动取证技术就很好地解决了这个难题。

被动(盲)取证技术的主要思想是:由于非自然图像和自然图像在某些统计特征上存在着差异,通过检测这些统计特征就可以判断图像的真实性和完整性及图像来源。这种技术的优点在于,在检测时不需要获得图像的预处理信息(水印或签名),而仅仅利用图像本身的特性就可以达到取证的目的。

目前,国际和国内已经对被动盲取证技术已经有了一些研究,主要集中在三个方面:

1. 来源取证方面。根据图像生成方式,可以分为数码相机来源取证,扫描仪来源取证,手机来源取证,计算机生成图像来源取证等。

(1)相机来源取证。又分两类:一类是针对不同品牌(或型号)相机的取证,另一类是针对指定相机的取证。前者利用某品牌相机通用特性或参数建模估计,后者利用单个相机独有的个体特性,如镜头污点、物理缺陷或偏差等特征进行取证。

①针对不同品牌(或型号)相机的取证。

Kharrazi 等人研究认为可以建立相机模型,通过一组特征来表征某种相机。作者通过 34 个特征向量来捕捉由于特定品牌相机的 CFA 构造、去马赛克算法,颜色变换或处理等操作造成的图像特征。同时,作者还使用 Avcibas 等人在盲隐写分析时使用的图像质量因子(IQM)来度量不同品牌相机造成的图像质量差异。作者做两组实验,第一组实验针对两种品牌相机,实验准确率为 93.42%,第二组实验针对三种品牌相机,实验准确性为 96.08%。

Popescu 在其博士论文中考虑到不同品牌的相机使用不同的 CFA 插值算法,通过估计最大化(EM)算法来检测 CFA 插值算法,从而鉴别所使用的相机品牌。Bayram 在研究中进一步发展了这种思想,并用多分类 SVM 进行实验得到不错的实验效果。

文[152]通过分析线性插值模型引起的建模错误,并利用这种错误特性去鉴定不同的去马赛克算法。作者通过 13×13 自相关性矩阵的计算,并通过主成分分析法找出最重要的成分作为特征去构造分类器。实验取得了 95% 以上的准确性。

吴旻团队的 Swaminathan 等人提出了一个鲁棒的算法,可以通过若干来自某相机的照片样本来联合估计 CFA 类型和插值系数。文中通过纹理分类和线性逼近找到各个区域的插值系数,并在此基础上通过建模估计 CFA 的类型。文章进一步提出非入机(Nonintrusive)相机组成取证的框架,通过若干待测相机的输出照片样本 $O_1, O_2, \cdots, O_{N_O}$ 建模分析,估计相机的组成部件 $C_1, C_2, \cdots, C_{N_C}$。

Choi 提出以透镜射线偏离为相机鉴定指纹。相机透镜导致实物空间的直线光束变成输出照片上弯曲的光线。不同的制造商将设计不同的透镜系统来补偿这种透镜偏离,透镜焦距等因素影响射线偏离程度,这样可以用相机模型描述这种独特的射线偏离,从而可以鉴别相机型号。

②针对指定相机的取证。

Kurosawa 给出了一种由于暗电流引起的图像传感器固定模式噪声。无照电流噪声是指由于传感器没有曝光而引入的额外噪声导致色素差异。

Geradts 对一些缺陷色素,如热色素,冷(死)色素,色素陷阱等进行跟踪匹配,这种缺陷也可以作为单个相机的特征。但这种缺陷易受操作环境的影响而变化,并且由于多数相机装置可以检测到这种缺陷并通过后处理去补偿这种缺陷。

Fridrich 团队认为在自然图像中,模式噪声的决定性因素是光电响应不一致噪声(PRNU),而 PRNU 又主要由色素不一致(PNU)引起。色素不一致是指由于硅片不均匀和传感器制造过程中的缺陷导致的色素对光的敏感差异性。PNU 的特性和原始性导致即使是来自同一个晶片会有不同的 PNU 模式,而且 PNU 噪声不受温度和湿度等环境因素影响。该研究通过基于小波变换的去噪算法去除图像中的噪声使得剩余的噪声中保留需要的噪声成分。在研究中,Fridrich 团队改进了基于 PRNU 的方法,通过预处理等技巧改进了噪声提取方案,对压缩操作更加鲁棒。Fridrich 团队又基于 PRNU 噪声,进一步提出鉴定两幅图像是否来自同一个数码相机的方案。这种 PRNU 特征对剪裁和缩放等操作具有很强的鲁棒性,甚至在打印之后,经过扫描仪扫描之后还能被捕捉到。

Dirik 等人提出了一种基于相机传感器灰尘引起的图像特性判断的相机来源取证方法。相机传感器,特别是那些可互换镜头的相机的传感器经常会吸附一些灰尘,加上一定的湿度环境,会在传感器上留下一定的特征,这种特征会在该相机所拍照的图像上留下唯一的特征,从而可以通过这种特征来识别图像是否从指定相机中输出。很明显,该方法不够鲁棒,如果将镜头清洁干净就会使得这种鉴定失效。

(2)其它成像设备来源取证。

Celiktutan 给出了一个手机成像来源鉴定方案。该文认为手机摄像头 CFA 插值算法会造成相邻位平面之间留下相关性并反映在所成图像上。文中用 108 个二进制相关测量,10 个类似与[164]文的图像质量因子去分类取得较好的识别准确性。

Khanna 给出了基于传感器噪声方法的扫描仪成像识别。由于数码相机的传感器是一个二维阵列,而扫描仪传感器是一维的,通过在原始图像上移动传感器而产生扫描后的图像。这样,从扫描图像提取的传感器噪声在每行上是重复的。这样可以通过行关联噪声模型去识别图像来自扫描仪还是来自数码相机。进一步引进其它新特征,Khanna 等人经研究可以鉴定图像来自不同扫描仪中的哪一款。

吴旻团队将非入机检测的思想应用到扫描仪识别,通过若干扫描图像样本建立一个鲁棒的扫描仪识别器以判断图像来自哪一种品牌的扫描仪。识别特征包括扫描仪图像去噪特征,小波分析特征,邻域预测特征等。

(3)计算机生成图像来源取证。

Lyu 等人首次对计算机生成图像(CG)进行取证。主要的思想是对自然图像建模,通过三层小波变换等捕捉自然图像的常规特性。Ng 等人则提出了另一种思路,通过捕捉计算机生成图象不同于自然图像的特性来鉴定是否是 CG。Dehnie 等人通过计算机生成图像缺少数码相机图像在成像时由于传感器噪声导致的特征来判断是否是 CG。虽然不同的相机会留下不同的传感器模式噪声,但由于传感器大体相同,这样不同相机也会留下共性的传感器噪声形成的特征。类似地,Dirik 又考虑了数码相机成像时去马赛克算法造成的图像特征。宣国荣等采用基于小波直方图傅立叶变换的绝对统计矩为特征的模式识别方法对 CG 图像和自然图像进行

识别，取得94%的识别率。

2. 篡改取证方面。根据篡改方式和检测手段的不同，目前主要集中在几类：

(1)合成(splicing)图像取证。根据方法，又可以分成以下几种：①基于光线不一致的方法。这类方法考虑到合成图像中来自不同图像的部分光照的不一致性，这种不一致性可以通过照片中不同实物或人眼中的光线来源方向是否一致进行判断。②基于成像相机参数或特性不一致的方法。如通过合成图片中的不同部分估计出的相机响应函数(CRF)的不一致，传感器噪声模式的不一致，色差模式的不一致等。③图像统计特征的不一致性。该类方法主要根据合成图像内部统计特征是否一致(不连贯)或者是合成图像与自然图像的特征不一致性来识别是否是合成图像。并在统计特征的基础上依据各种分类器进行分类识别。

(2)复制-粘贴(copy-move)图像取证。复制-粘贴图像取证严格上说是合成图像的一种，是用来自同一幅图片的一部分遮盖另一部分。Fridrich给出了一种基于分块窗口DCT系数自动匹配的算法。Farid等人利用主成分分析法给出了一个区分度更高的算法。Langille等人利用Kd-tree提出一个检索速度更快的算法。黄继武等人选取更鲁棒的特征，提出一个具有很强的抗后处理能力的算法。王朔中等人对图像分块进行haar小波处理，并用Pearson相关系数进行相关性检测。

(3)重压缩图像取证方面。Fridrich团队意识到一些篡改操作往往跟随着重压缩，且一些隐写分析方法也受到重压缩的影响，因而提出了对数字图像重压缩取证的研究。同时，Farid等人认识到重压缩可以用来识别是否是合成图像或者做图像的来源鉴定，并展开了这方面的研究。

3. 隐写取证方面

目前，国外有些学者已经意识到可以从取证的角度看待隐写分析，使得隐写分析的结果可以作为法律上令人信服的证据。然而隐写分析取证技术的难度在于正确提取出隐写信息比较困难，隐写算法中可能引入密钥，嵌入的信息可能被加密，检测算法存在虚警，载体在传输或存储过程中可能受到干扰或攻击，使得嵌入信息损坏或是混入无关信息等因素都加大了取证的困难。

目前的隐写分析算法在隐写信息提取方面做得非常不足，仅在隐写嵌入密钥的估计、嵌入信息的定位和空域LSB隐秘信息的提取方面有一些进展。

16.2.2　数字图像可信性度量与数字图像取证技术比较

从广义上讲，两种技术是统一的。但从研究的角度和方法上，两者又有一定的区别。

数字图像可信性评估从可信的角度考虑数字图像的安全问题，而数字图像取证的出发点是为法律提供数字图像是否篡改或是否来自某成像设备等确凿的证据。

数字图像可信性评估从数字图像的各个方面作出综合的和历史的评估，而取证则往往侧重于某个方面(与取证需求有关)。

数字图像可信性评估的结果根据需要可以是多种多样的，可以是一个定性的值，可以是一个对各个评估属性的多维评测，可以是一个综合的定量的值，还可以是一个历史的值(篡改轨迹)。而取证则往往是一种严格的("是"和"否")判断。

数字图像可信性评估具有一定的主观性，而这种主观性却正是对实际用户评估需求的客观符合。在实际应用中，哪些操作是篡改，哪些不是，必须从用户的需求出发，是用户主观需求的一种满足。如对有些用户而言，计算机生成图像是一种伪造，是不可信的；但对另外一些用户而言,只要数字图像后天没有经受恶意篡改,不管其是计算机生成图像还是自然图像,都是可信的。数字图像可信性评估的这种主观性能解决目前数字图像取证技术不能解决的一些问题。如,目前的取证技术不能判断(恶意)篡改和(一般)处理的界限,但如果利用可信性评估技术,我们可以通过可信性评估指标的定义,有效地解决这一问题。

数字图像可信性评估具有一定的模糊性,而这种模糊性在很多场合下是必要的,它能解决目前数字图像取证技术在有些场合下不能解决的问题。如目前的数字图像取证技术只针对单个篡改或隐写取证,当数字图像所经受的篡改和隐写不止一种时,数字图像取证技术往往会出现误判现象,而数字图像可信性评估能有效解决这类问题。

基于以上考虑,本书从图像可信性的角度考虑数字图像的安全问题,提出并研究数字图像的可信性度量模型。

16.3 可信性度量模型

16.3.1 问题描述

数字图像的篡改(隐写)和可信性评估实际上是一个博弈对抗问题。数字图像的篡改方力争更多了解评估方的评估方法,从而改进自己的篡改(隐写)手段和技术,使得篡改后的图像更加难以被检测或度量;而评估方将力争尽量多地了解篡改方的篡改方法、处理工具及其它有帮助的信息,并根据已掌握的知识,再尽可能地推测出其它有用知识,猜测或还原伪造者的伪造过程。

如图 16.3 所示,Alice 是原始图像 I 的制造方,Bob 是最终图像的使用方。数字图像 I 可能在网络中被篡改 C 次,$C \geqslant 0$。Eve 是网络中数字图像篡改方,可能不是一个人,Ward 是评估图像 I' 的可信性评估方。则盲环境下的数字图像的篡改-评估对抗系统可以用以下定义描述:

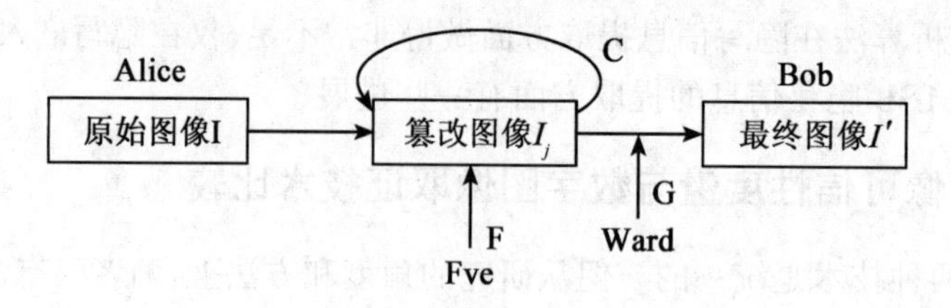

图 16.3 数字图像的篡改-评估对抗系统

定义 16.1 称系统 $\Omega = \{I, I'; F, G; T, C; \Delta, P_j, \mathrm{Min}_s, D_h\}$ 为数字图像的篡改-评估对抗系统,其中 I 为原始图像,I' 为最终图像,F 为篡改方法集合,G 为可信性评估方法集合,T 是数字图像可信性评估指标,C 是图像被篡改的次数,Δ 为篡改时的约束(如失真约束或安全约束),P_j 为可信性评估时允许的约束(如虚警概率),Min_s 为可信性综合独度量时的约束,D_h 为可信性历史度量的约束。

定义 16.2 篡改函数 $f: I_{j-1} \times F \rightarrow I_j$。图像在网络中被篡改,如果篡改次数为 C,则 $0 \leqslant j \leqslant C, I_0 = I, I_c = I'$。

定义 16.3 数字图像可信性评估指标 $T = \{T_1, T_2, \cdots, T_K\}$,其中 K 为指标个数。这种指

标也可以是分层次的,我们称为指标体系,这种指标体系可以按照树或其它数据结构形式进行组织。

定义 16.4 盲环境下数字图像可信性判断函数 TrustJudge: $I' \times T \times G \rightarrow \{-1,1\}$。只获得最终图像 I' 的情况下,判断数字图像的某个可信指标是否可信。如果值为-1,表示不可信;值为1,表示可信。

定义 16.5 盲环境下数字图像可信性综合度量函数 TrustSysnEvaluate: $I' \times T \times W \times G \rightarrow [-1,1]$。综合度量数字图像是否可信,其中 W 为权值集合。值越小,越不可信;值越大,越可信。

定义 16.6 盲环境下数字图像可信性历史度量函数 TrustHisEvaluate: $I' \times T \times G \rightarrow \{T^*\}$。度量盲环境下数字图像的篡改历史。其结果为可能被篡改的历史轨迹。

定义 16.7 篡改约束: $D(I,I') \leqslant \Delta$。即原始图像和最终图像的"距离"不能超过 Δ。这种距离在不同的模型或方法中有不同的解释。

定义 16.8 可信性判断约束: $P(\text{TrustJudge}(I',T_i,g)=1 \mid 0) \leqslant P_j$,即虚警率不得超过 P_j。

定义 16.9 可信性综合度量约束: $\text{TrustSysnEvaluate}(I',g,T,W) \geqslant \text{Min}_s$,即可信性综合度量值不得低于 Min_s。

定义 16.10 可信性历史度量约束: $|\text{TrustHisEvaluate}(I',T,G)| \leqslant D_h$,即可信性历史度量得出的历史轨迹数目不得超过 D_h。

16.3.2 可信性判断模型

我们在目前数字图像取证技术的基础上,认为数字图像的可信性判断可以从四个方面去判断(如图 16.4 所示),分为以下四个模型,其中 1、2 两个子模型是基于图像先天特征研究的,3、4 两个子模型是基于图像后天特征基础上研究的。

1. 基于场景光线一致性的可信性判断模型。数字图像在成像时,成像对象将外部光源照射的光线反射到相机,相机实际上是通过这些光线进行处理加工成像的。所以可以通过分析数字图像中光线与阴影的关系,光亮部分和阴暗部分的一致性,光线内部反射和表面属性之间的一致性等判断图像的可信性。

该模型可以检测一些图像篡改或伪造。如可以通过来自不同图像的光线不一致性分析是否是合成图像。

2. 基于成像相机特性估计的可信性判断模型。数字图像在接受场景光线之后,进入相机内部会有通过一个处理流程。不同品牌、不同型号的相机其处理模式或参数不同。所以我们可以根据数字图像的特性,推测它来自于哪种品牌,哪种型号的相机。另外,即使是同一品牌,同一型号的相机,由于其生产过程的各种随机因素,导致其具体的成像效果也有差异。如可以利用相机传感器噪声,相机镜头污染等独特特性。

该模型可以有效地判断数字图像是否来自某个品牌,某个型号,甚至是某个具体的相机,从而实现数字图像的来源可靠性测量。

3. 基于不可信图像类别特征的可信性判断模型。各种不同类型篡改(或隐写或计算机生成),会给数字图像留下该类篡改造成的特征。针对某类篡改(如图像合成),合理选择特定特征。对可疑图像,根据该方法提取此特征,交给分类器识别,以判断数字图像是否是遭受此类篡改。

该模型针对性强,如果设计得好,则对某类篡改有很好的判断效果。但由于篡改方法的多

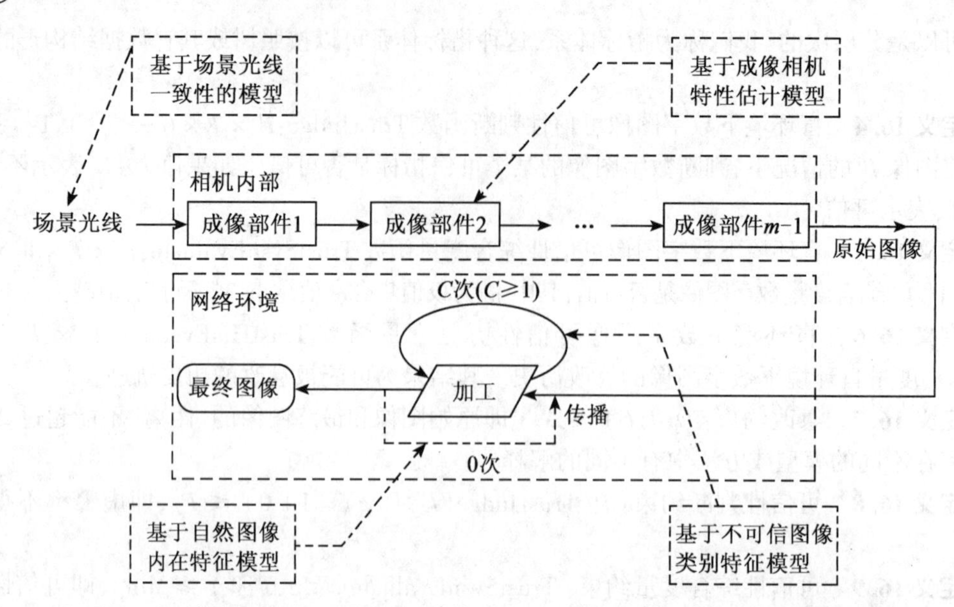

图 16.4　基于数字图像先天特性和后天特性综合征判断的数字图像可信性判断模型

样性,所以该模型的可扩展性不好。

4. 基于自然图像内在特征的可信性判断模型。自然图像的原始数字图像经过篡改或隐写之后,其统计特征将发生变化。计算机生成图像的统计特性也不同于自然图像。将自然场景图像内部一致性统计特征有效设计和提取之后,可以根据一些合适的分类器(如 SVM 等)将自然图像和不可信图像区分开来。该模型适合于对篡改图像和计算机生成图像的可信性判断,也适合隐写图像的可信性判断。

相对于基于不可信图像的类别特征的可信性判断模型,该模型的通用性和可扩展性好。

这四个子模型围绕图像生命期间的各个阶段,从各个侧面考虑数字图像的可信性,为后面我们提出的数字图像可信性综合度量模型和历史度量模型打下基础。

16.3.3　数字图像可信性度量模型体系

数字图像的可信性判断模型和可信性度量模型之间有紧密的联系。为此,本文进一步研究盲环境下数字图像可信性评估体系,为盲环境下数字图像可信性评估模型的应用提供指导。

如图 16.5 所示,根据进行可信性评估的一般顺序,该体系可以描述如下:

1. 设计和确定数字图像的可信性评估指标系。可信性评估指标的设定必须符合评估用户的可信需求。可信性评估模型的建模、数字图像数据库的分类和索引、可信性评估模型的性能评价等都建立在可信性评估指标的基础上。

2. 构建供盲环境下数字图像可信性研究的数字图像数据库。目前,国际上只有哥伦比亚大学有专供数字图像取证的图像数据库,但其数据库目前只提供合成图像、计算机生成图像方面的数据库。因此,建立供数字图像可信性研究或取证数据库对从事相关研究的广大工作者而言是一个十分紧迫的任务。

3. 盲环境下数字图像可信性评估模型。

(1)基于博弈论或信息论的数字图像可信性模型。该模型是基础性理论模型,为其它模型提供模型指导和理论支持,因此有必要使用博弈论或信息论的方法对其展开深入研究,并试

图发掘出有用的理论对具体评估模型提供指导。

(2)盲环境下数字图像可信性判断模型。具体包括四个模型:基于场景光线一致性的可信性判断模型;基于成像相机特性估计的可信性判断模型;基于不可信图像类别特征的可信性判断模型;基于自然图像内在特征的可信性判断模型。该模型为可信性度量模型提供基础,可信性度量模型在该模型的基础上做进一步的综合(信息融合)或历史分析。

(3)盲环境下数字图像可信性度量模型。具体分基于 HMM 的数字图像可信性历史度量和基于模糊层次分析法的数字图像可信性综合度量模型。可信性度量模型是在可信性判断模型的基础上建立的。如基于 HMM 的数字图像可信性历史度量的初始状态 π 可以在基于场景光线的可信性判断模型的基础上初步限定,其状态集合 S 通过基于不可信图像类别特性的可信性判断模型逐个判断而初步得到。可信性判断模型也是基于模糊层次分析法的数字图像可信性综合度量模型的基础,它为后者提供单因素评价矩阵。

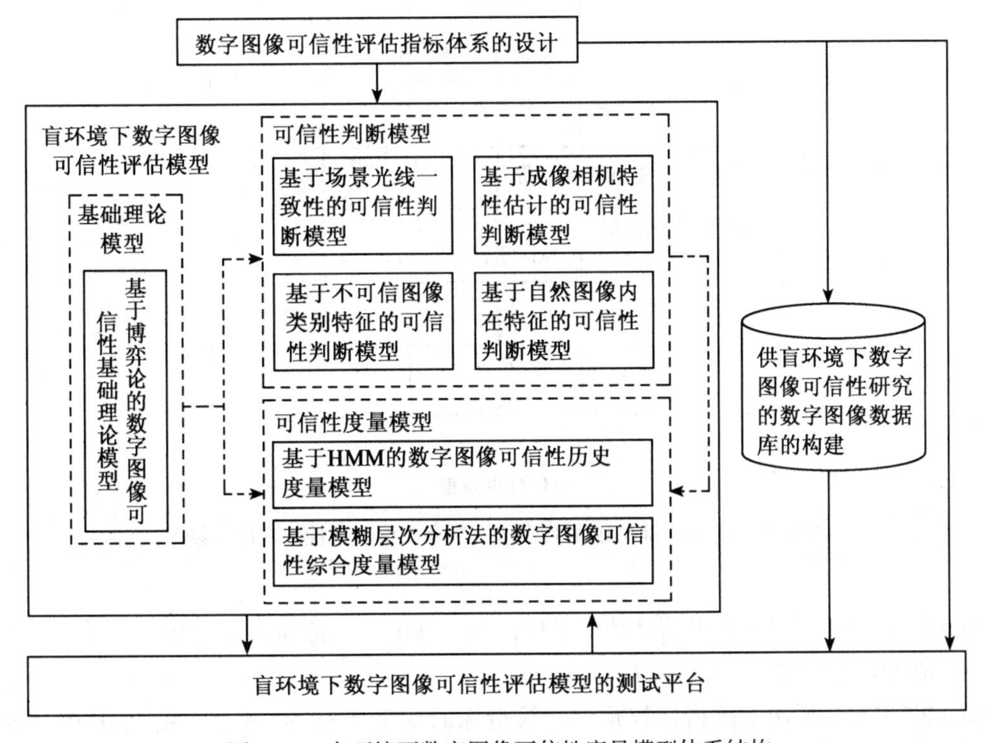

图 16.5　盲环境下数字图像可信性度量模型体系结构

4. 盲环境下数字图像可信性评估模型的测试台。具体模型和图像库建立好后,将建立测试平台,以评估和比较模型的性能,并根据性能效果,决定是否进一步修改和完善模型。

16.4　基于 AHP 的可信性综合度量模型

16.4.1　模型算法描述

由于数字图像可信性综合度量具有一定的主观行、模糊性,所以我们可以使用模糊数学中的模糊层次分析法,并结合可信性判断模型进行建模,得出一个综合的可信性度量值,以反映数字图像的综合可信程度。

定义 16.11 隶属函数 $R(U \times V) \to [0,1](u,v) \mapsto R(u,v)$,确定 U 中元素 u 与 V 中元素 v 的一个关系程度。并称 R 为 U 到 V 的一个模糊关系。

定义 16.12 模糊综合度量系统可以定义成:$E(U \times V \times R \times A) \to B$,其中 U 为因素集,V 为评判语,R 为单因素评价矩阵,A 为权重分配向量,B 为可信度。

如图 16.6 所示,其模型可以描述为以下步骤:

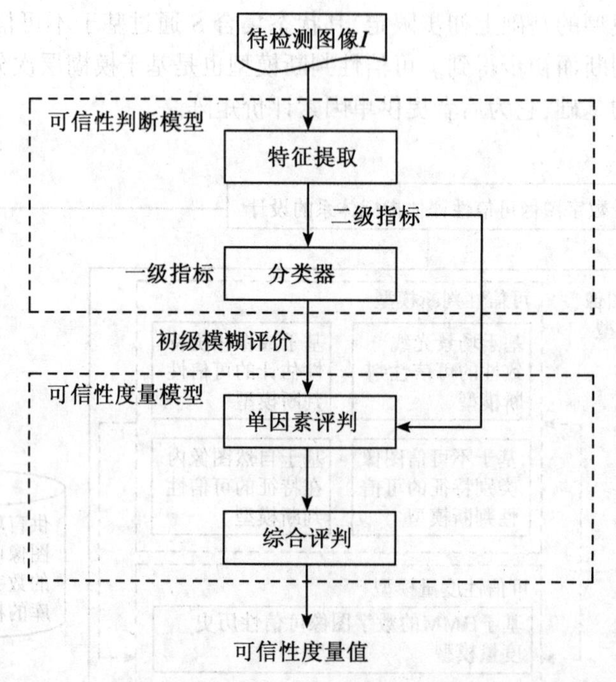

图 16.6 基于模糊 AHP 的盲环境下数字图像可信性综合度量模型

Step 1. 确定基于层次的可信性评估指标体系。其中一级指标划分:$U=\{U_1,U_2,\cdots,U_P\}$,二级指标划分:$U_i=\{U_{i1},U_{i2},\cdots,U_{ip}\}$。

Step 2. 建立各层次上的指标权重。一级指标的权重 $A=\{A_1,A_2,\cdots,A_P\}$,其中 $A_i>0$ 且 $\sum_{i=1}^{p} A_i=1$;二级指标 U_i 上的权重为 $A_i=\{A_{i1},A_{i2},\cdots,A_{iP}\}$,其中 $A_{ij}>0$ 且 $\sum_{j=1}^{n} A_{ij}=1$。

Step 3. 确定评判集合 $V=\{V_1,V_2,\cdots,V_m\}$,其中 m 为评价语的维度。

Step 4. 对每一个一级指标 U_i 进行单因素评价,得到模糊评价矩阵 $R_i=(r_{ijk})_{n_i \times m}$,其中 $i=1,2,\cdots,P;j=1,2,\cdots,i_n;k=1,2,\cdots,m$。$i_n$ 是第 j 个指标中二级指标个数,即 $i_n=|U_i|$;r_{ijk} 表示指标 U_i 的第 j 个因素对评语 V_k 的隶属度。则初级模糊综合评判为 $B_i=A_i \cdot R_i, i=1,2,\cdots,p$。

Step 5. 综合评判。根据第 4 步,得到 $R=\{B_1,B_2,\cdots,B_P\}$。又 U 的权重为 $A=\{A_1,A_2,\cdots,A_P\}$,则综合判定为 $B=A \cdot R$。

根据需要,可以进行更多级别的模糊综合度量,如三级模糊综合度量等。

16.4.2　实验与结果分析

针对16.3节所提出的可信性综合度量模型,我们设计以下实验,其主要步骤和具体参数为:

Step 1. 确定基于层次的可信性评估指标体系。其中一级指标划分:$U=\{U_1,U_2,\cdots,U_P\}$={隐写安全性,篡改完整性,来源可靠性},分别表示由于隐藏信息而造成的数据内容安全性威胁,由于被篡改造成的数字图像完整性威胁,由于来源不是用户所需要或认可而带来的可靠性威胁。二级指标划分:U_1={Jhide,MB1,MB2},分别表示所遭受的隐写可能性威胁。U_2={合成,二次压缩},分别表示是否是合成图像,是否是经过二次压缩的。U_3={计算机生成图像},表示来源方面只考虑是否是计算机生成图像。

Step 2. 建立各层次上的指标权重。

指标权重的具体值由用户根据各指标对其可信性需求的重要性而确定,也可以根据现实应用中各种篡改出现的统计比重而定;如可以设定一级指标权重为:$A=\{0.2,0.4,0.4\}$,二级指标权重分别为:$A_1=\{0.4,0.3,0.3\}$,$A_2=\{0.7,0.3\}$,$A_{23}=\{1\}$。

Step 3. 确定评判集合 V={是某类威胁,不是某类威胁}。

Step 4. 对每一个因素进行单因素评价。首先根据分类器(SVM)和特征向量对各类单因素涉及的可信指标进行分类。

图16.7、图16.8、图16.9分别为用文[102]提供的算法对Jhide,MB1,MB2检测的结果,图16.10是用文[199]中提供的算法对合成图像进行检测的结果,图16.11是用文[201]提供的算法对重压缩图像检测的记过,图16.12是用文[172]对计算机生成图像进行检测的结果。而合成图像和计算机生成图像各800幅来自数据库[103],800幅隐写图像的原始图像来自数据库[104],800幅重压缩图像的原始图像来自数据库[104]。

单因素的评价 r_{ij} 由公式(16.1),(16.2)得到。

$$r_{ij1}=\text{class}_1\cdot p=\text{class}_1\cdot(2A-1) \tag{16.1}$$

$$r_{ij2}=\text{class}_{-1}\cdot p'=\text{class}_{-1}(2(1-A')-1)=class_{-1}\cdot(1-2A') \tag{16.2}$$

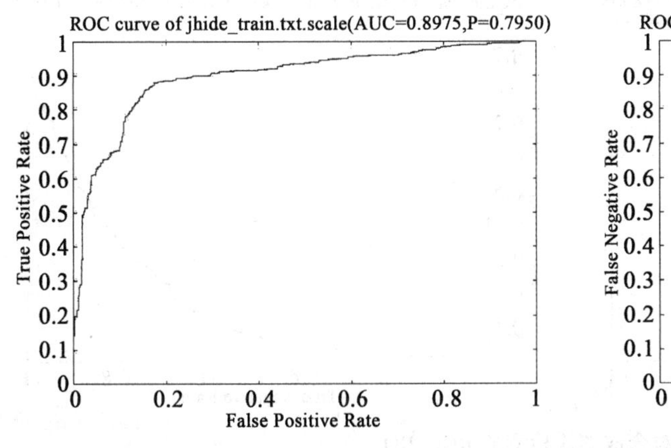

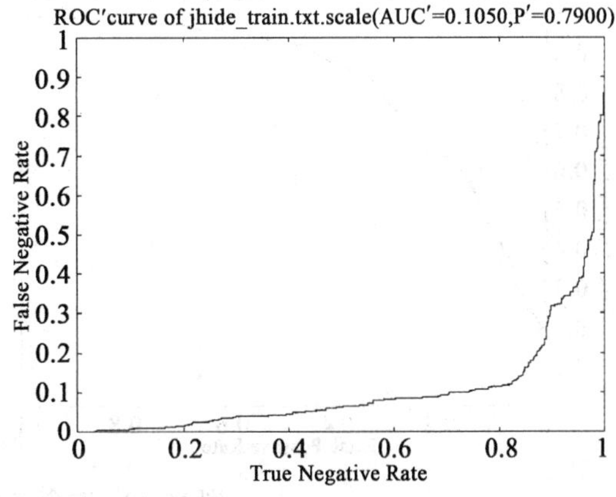

图16.7　对Jhide隐写检测的ROC,ROC′

其中 A 为ROC曲线中对应的AUC(ROC曲线下的面积)值。模仿ROC得到ROC′,ROC′

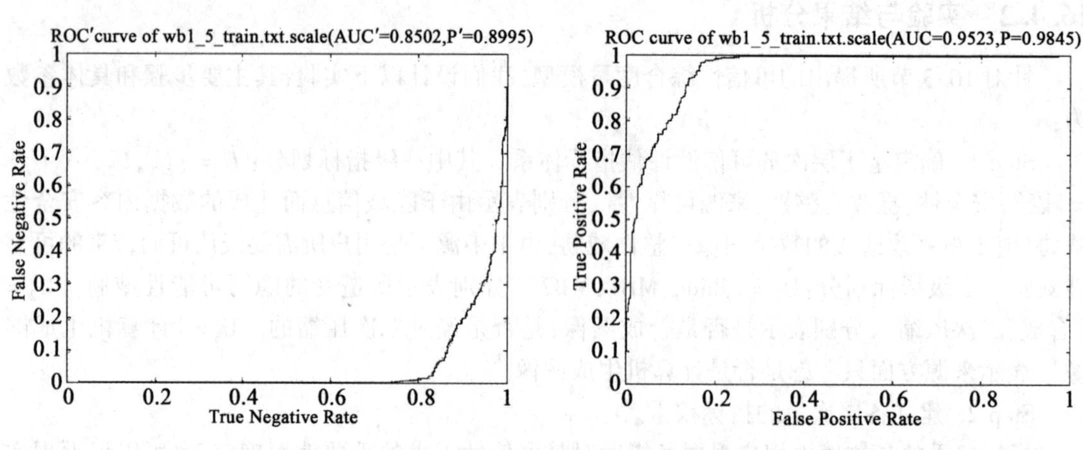

图 16.8 对 MB1 隐写检测的 ROC,ROC′

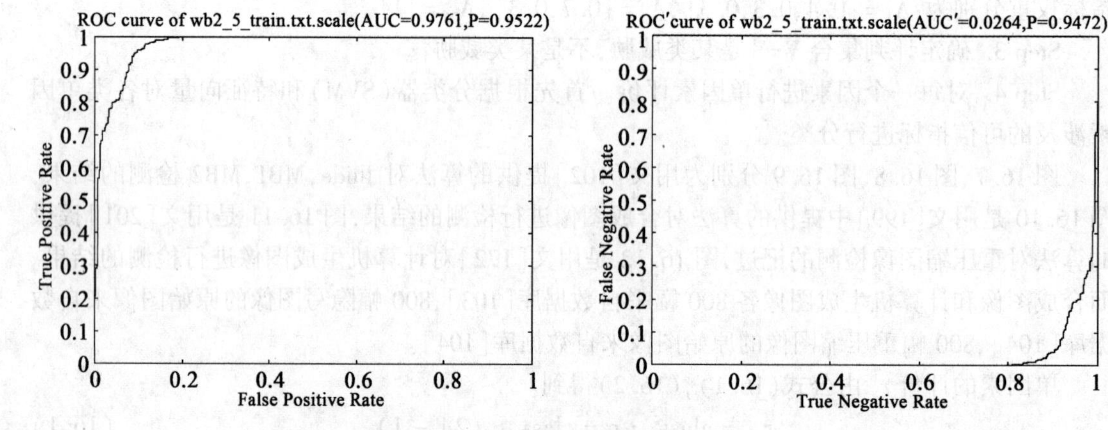

图 16.9 对 MB2 隐写检测的 ROC,ROC′

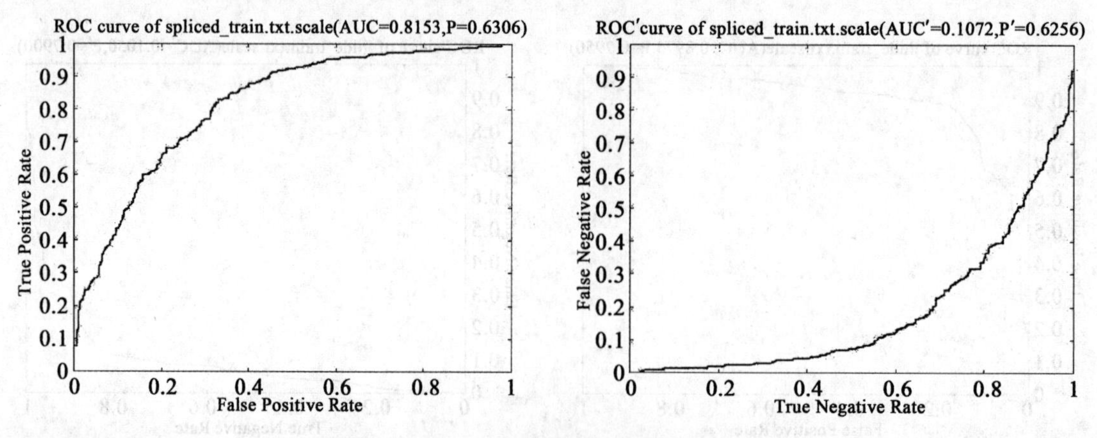

图 16.10 对合成图像检测的 ROC,ROC′

曲线的横坐标为 TNR,纵坐标为 FNR,对应的曲线下面积为 A'。公式(16.1)由文[114]得到,p 表示检测到是某类篡改的可靠程度。借鉴公式(16.1)我们用公式(16.2)中的 p' 表示检测

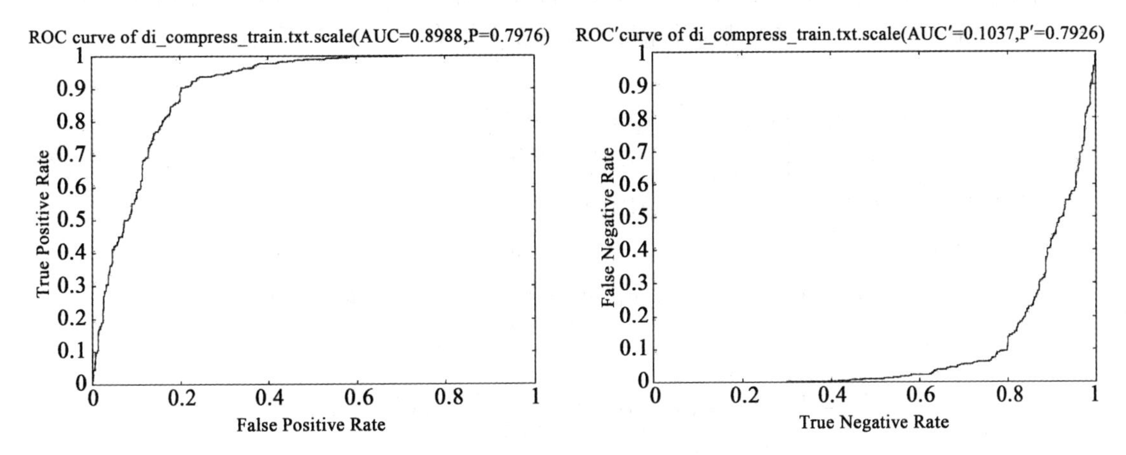

图 16.11　对重压缩图像检测的 ROC,ROC′

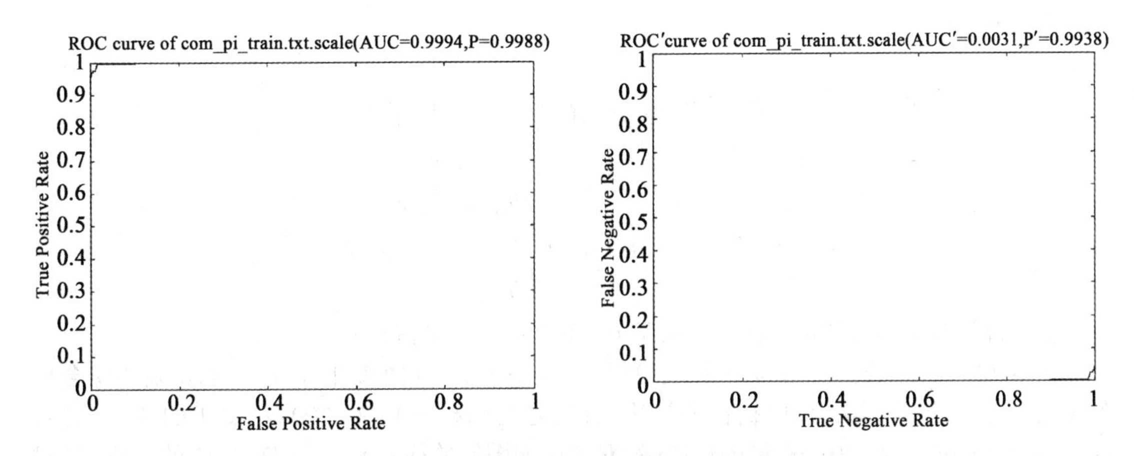

图 16.12　对计算机生成图像检测的 ROC,ROC′

结果认为不是某类篡改的可靠程度。$class_1$ 表示结果分类为某种篡改的可能性,在多类 SVM 中,可以是一个概率值,在二类 SVM 中如果分类为某种篡改,则值为 1 或者是 0。同理,$class_{-1}$ 在二类 SVM 中为如果分类不是某类篡改则值 1,否则是 0。

根据实验结果(见图 16.7,图 16.8,图 16.9,图 16.10,图 16.11,图 16.12)得到具体数据见表 16.1。

表 16.1　**单因素测量结果**

二级指标	A	p	A'	p'
Jhide	0.8975	0.7950	0.1050	0.7900
MB1	0.9523	0.9045	0.0502	0.8995
MB2	0.9761	0.9522	0.0264	0.9472
合成	0.8153	0.6306	0.1872	0.6256
重压缩	0.8988	0.7976	0.1037	0.7926
CG	0.9994	0.9988	0.0031	0.9938

对每次测量,得到 $class_1$ 和 $class_{-1}$,即可根据公式(16.1)、式(16.2)得到 $r_{ijk}(k=1,2)$。对 3 个一级指标中的各个二级指标都进行测量,得到 3 个模糊评价矩阵如下:

$$R_1=\begin{bmatrix} r_{111},r_{112} \\ r_{121},r_{122} \\ r_{131},r_{132} \end{bmatrix},R_2=\begin{bmatrix} r_{221},r_{212} \\ r_{221},r_{222} \end{bmatrix},R_3=[r_{311},r_{312}]$$

再根据每个二级指标的权重,得到单因素评判为:

$$B_1=A_1\cdot R_1=(a_{11},a_{12},a_{13})\cdot\begin{bmatrix} r_{111},r_{112} \\ r_{121},r_{122} \\ r_{131},r_{132} \end{bmatrix}=(b_{11},b_{12})$$

$$B_2=A_2\cdot R_2=(a_{21},a_{22})\cdot\begin{bmatrix} r_{221},r_{212} \\ r_{221},r_{222} \end{bmatrix}=(b_{21},b_{22})$$

$$B_3=A_3\cdot R_3=(a_{31},a_{32})\cdot[r_{311},r_{312}]=(b_{31},b_{32})$$

Step 5. 综合评判。

由第四步有:

$$R=\{B_1,B_2,\cdots,B_P\}=\begin{bmatrix} b_{11},b_{12} \\ b_{21},b_{22} \\ b_{31},b_{32} \end{bmatrix}$$

$$B=A\cdot R=(a_1,a_2,a_3)\cdot\begin{bmatrix} b_{11},b_{12} \\ b_{21},b_{22} \\ b_{31},b_{32} \end{bmatrix}=(t_1,t_2)$$

这样得到数字图像的可信性度量值是 t_2,不可信性度量值是 t_1。

在本次实验中,我们使用 MB1 算法隐写(嵌入率为 5%)将来自[104]的 400 幅图像合成图像进行隐写,然后用文[101]提供的算法(针对隐写的检测)、文[200]中提供的算法(针对合成图像的检测)、文[201]提供的算法(针对重压缩图像的检测)、文[172]提供的算法(针对计算机生成图像的检测)进行可信性判断。意外发现判断成隐写的为 0%,判断为合成图像的为 82%,判断为重压缩图像的为 100%,判断为计算机生成图像的为 100%。这充分说明图像受到的篡改不止一种的时候,目前针对单个篡改(或隐写)检测的算法是无效的。

但如果用本文提出的综合度量模型进行度量,可以有效屏蔽这种判断上的模糊性。不妨设 400 幅图像可信性判断中某幅图像得出的判断结果是(不是隐写图像,是合成图像,是重压缩图像,是计算机生成图像),则有:

$$t_2=0.2\times(0.4\times0.7900+0.3\times0.8995+0.3\times0.9472)=0.1740$$

$$t_1=0.4\times(0.7\times0.6306+0.3\times0.7976+0.4\times1\times0.9988)=0.6718$$

我们在此基础上再做一次综合度量,令 $A_0=\{-1,1\}$,则最终的可信性综合度量值为:

$$\text{TrustSysnEvaluate}=A_0\cdot B=-0.6718+0.1740=-0.4978$$

这表明此图像综合可信程度比较低,或者说不可信程度比较高。

16.5 基于 HMM 的可信性历史度量模型

模型算法描述

如图 16.13 所示,数字图像的篡改历史可以用有限状态机描述。

定义 16.13 盲环境下的数字图像篡改历史可以用有限状态机模型描述。该有限状态机为 $M=\{S,\Sigma,\delta,s_0,S_f\}$，其中 $S=\{I_0,I_1,\cdots,I_N\}$ 为有穷状态集，其中 N 为可能存在的篡改图像版本数目。$\Sigma=\{f_0,f_1,\cdots,f_T \mid f\in F\}$ 为输入字母表，$\delta:S\times\Sigma\rightarrow S$ 为状态转换函数，初始状态 $s_0=I$，终结状态 $S_f=\{I_{j1},I_{j2},\cdots,I_{jk}\mid I_{j1},I_{j2},\cdots,I_{jk}\in S\}$。

在图 16.13 中，原始图像 I_0 为初始状态，I_0 在网络中经受多次篡改，将每次篡改作为输入字符，一个状态在输入字符驱动下进入下一个状态。目标状态为 $\{I_5,I_6\}$，表示在网络中原始图像 I_0 经多次篡改后演化成不同的版本。

用有限状态机模型能够描述数字图像在网络中的篡改历史，但其篡改顺序（状态机中内部节点的次序）难以确定。为此，我们在隐马尔可夫（HMM）模型的基础上，通过目标图像的各种特征观察，使用 viterbi 算法推测数字图像的篡改历史。

性质 1. 盲环境下的数字图像可信性历史度量可以用 HMM 描述，该模型为 $\lambda=(S,\ O,\ \pi,\ A,\ B)$，其中：

1）$S=\{S_1,\ S_2,\cdots,\ S_N\}$ 为状态的集合，状态数为 N，并用 q_t 来表示 t 时刻的状态。根据定义 11，有 $S=\{I_0,I_1,\cdots,I_N\}$，即网络中的原始图像、最终度量图像以及经受不同篡改方式得到的中间篡改图像的集合。

2）$O=\{O_1,O_2,\cdots,O_M\}$ 为可观测符号的集合，M 是从每一状态可能输出的不同的观察值的数目。盲环境下数字图像的历史度量模型中，O 为在网络的整个篡改历史中作用并反映在最终图像身上的生命烙印（特征）。

3）$A=\{a_{ij}\}$ 为状态转移概率分布，$a_{ij}=p(q_{t+1}=S_j\mid q_t=S_i),1\leqslant i,j\leqslant N$。即网络中不同篡改图像之间的转移概率。

4）$B=\{b_j(k)\}$ 为状态 j 的观察概率分布，$b_j(k)=p(V_k att)\mid q_t=S_j),1\leqslant j\leqslant N,1\leqslant k\leqslant M$，即在状态 j（图像 I_j）释放特征 V_k 的概率。

5）$\Pi=\{\pi_i\}$ 为初始状态分布，$\pi_i=p(q_1=S_i),1\leqslant i\leqslant N$。即在盲环境下，确定所有可能的状态集（篡改图像）中哪一个是初始状态（原始图像）。

在具体模型使用上，主要有以下步骤：

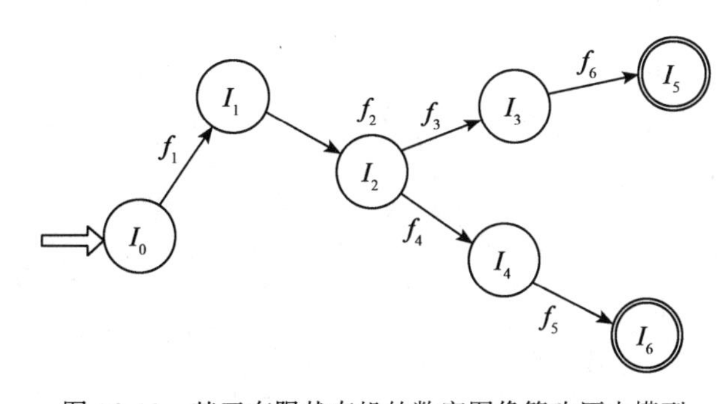

图 16.13 基于有限状态机的数字图像篡改历史模型

Step1. 确定需要进行历史度量的可信性评估指标集 $T=\{T_1,T_2,\cdots,T_K\}$，如 T=｛压缩，合成，剪裁｝。

Step2. 根据可信性评估指标集，对待测图像 I 进行特征提取，形成可观测符号集 $O=\{O_1,O_2,\cdots,O_M\}$。

Step3. 依据可信性判断模型,确定数字图像 I 的历史状态集合 $S=\{I_0,I_1,\cdots,I_N\}=(S_1, S_2,\cdots,S_N\}$。如根据场景光线一致性模型和基于成像相机特性模型估计 I_0,依据基于不可信图像类别特征的可信性判断模型进行判断中间篡改状态 $\{I_1,\cdots,I_{N-1}\}$,并确定 N 的值,令 I_N 为待测图像 I。

Step4. 基于 HMM 数字图像可信性历史度量模型的参数估计和调整。如基于 HMM 的数字图像可信性历史度量的初始状态分布 π 可以在基于场景光线的可信性判断模型的基础上初步限定,依据 ML 算法或 Baum-Welch 算法等对 HMM 进行统计和训练,估计和优化参数初始状态分布 π,状态转移概率分布 A 和观察概率分布 B。

Step5. 应用已经建立好 HMM 模型,根据 Viterbi 算法找出最优的隐藏状态序列,亦即得到盲环境下数字图像篡改历史轨迹 q_t^*。

16.6 小结

本章我们提出了数字图像可信性度量的概念、模型和体系结构。给出了数字图像可信性度量模型的形式化描述,并重点定义了两类可信性度量模型。其一是可信性综合度量模型,其二是可信性历史度量模型。对可信性综合度量模型,我们给出了一种基于模糊 AHP 的解决方法,并通过实验结果证实了该方法的有效性。对可信性历史度量模型,我们给出了一种基于 HMM 的解决方法。进一步的工作包括,通过 D-S 证据理论和信息融合解决可信性综合度量中的不确定性问题,解决可信性历史度量中的参数提取问题等。

思 考 题

1. 数字水印、感知 hash 及被动盲可信性度量各有什么样的优点和缺点?
2. 查阅 D-S 证据理论,并设计一种基于 D-S 证据理论的数字图像可信性度量方法。

参考文献

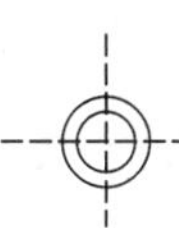

[1] 汪小帆,戴跃伟,茅耀武. 信息隐藏技术——方法与应用. 北京：机械工业出版社,2001.

[2] Stefan Katzenbeisser, Fabien A. P. Petitcolas 编,吴秋新,钮心忻,杨义先,等译. 信息隐藏技术——隐写术与数字水印. 北京：人民邮电出版社,2001.

[3] I. J. Cox, Matthew L. Miller, Jeffrey A. Bloom. Digital Watermarking. Morgan. Kaufmann Publishers, 2002.

[4] 杨义先,钮心忻,任金强. 信息安全新技术. 北京：北京邮电大学出版社,2002.

[5] 王丽娜,于戈. 基于混沌特性改进的小波数字水印算法. 电子学报,2001.

[6] 王丽娜. 网络多媒体信息安全保密技术. 武汉：武汉大学出版社,2003.

[7] 杨景辉,王丽娜,张焕国. 网络环境下安全水印协议的研究. 第三届中国信息与通信安全学术会议-CCICS'2003 论文集,科学出版社,2003.

[8] 梅哲,王丽娜,于戈. 数字水印技术在电子商务多媒体产品版权保护中的应用. 第十七届全国数据库学术会议论文集,河北大学出版社,2000,242-244.

[9] 钮心忻,杨义先. 基于小波变换的数字水印隐藏与检测算法. 计算机学报,2000, 23(1) .

[10] 张春田, 苏育挺, 管晓康. 多媒体数字水印技术. 通信学报, 2000, 21(9):46-52.

[11] 孙圣和,陆哲名. 数字水印处理技术. 电子学报,2000,28(8): 85-90.

[12] 刘瑞祯,谭铁牛. 数字图像水印研究综述. 通信学报,2000,21(8): 39-45.

[13] 周亚训,叶庆卫,徐铁峰. 一种基于小波多分辨率数据组合的文字水印方案. 电子学报, 2000, 28(6):142-144.

[14] 牛夏牧,陆哲明,孙圣和. 基于多分辨率分解的数字水印技术. 2000, 28(3):1-4.

[15] 张军,王能超,施保昌. 基于混沌映射和遗传算法的公开数字水印技术. 模式识别与人工智能. 2002,15(1):42-47.

[16] 尹康,向辉,石教英. 多媒体数据数字水印系统及其攻击分析. 计算机科学. 1999, 26(10).

[17] 刘振华,尹萍. 信息隐藏技术及其应用. 北京：科学出版社,2002.

[18] 叶登攀, 戴跃伟, 王执铨. 视频水印技术及其发展现状. 计算机工程与应用, 2005, 41(1): 14-18.

[19] 戴跃伟. 信息隐藏技术的理论及应用研究. 南京理工大学博士学位论文,2002.

[20] 张新鹏,王朔中. 对 OPA 密写的检测和增强安全性的调色板图像密写方案. 电子学报, 2004,32(10): 1702-1705.

[21] 钮心忻,杨义先, 周杨. 文本信息隐藏检测算法研究. 通信学报, 2004, 25(12): 97-101.

[22] X. P. Zhang, S. Z. Wang, K. W. Zhang. Steganography with least histogram abnormality, International Workshop on Computer Network Security, LNCS 2776, 2003.

[23] Bender W. , Gruhl D. and Morimoto N. Techniques for Data Hiding, Proceeding of the SPIE, Storage and Retrieval for Image and Video DatabaseIII, San Jose, Feb, 1995, 2420, 164-173.

[24] Westfield A. ,Wolf G. Steganography in a Video Conferencing System. Proc. of Information Hiding, 98. 1998, 32-47.

[25] Cox I. J. , Killian J. , Leighton T. and Shamoon T. A Secure Robust Watermark for Multimedia, Information Hiding, Lecture Notes in Computer Science, 1174. 1996, 183-206.

[26] Adam L. , Lt A. B. , John V. On Wavelet-based Method of Watermarking Digital Images, Research Paper, Department of Mathematics Syracuse University, Multi-Sensor Exploitation Branch Air Force Research Laboratory,1998:9-10.

[27] Craver S. , Memon N. , Yeo L. and Yeung M. Resolving Rightful Ownerships with Invisible Watermarking Techniques: Limitations, Attacks and Implications. IEEE J. Select. Areas Commun. May 1998, 16, 573-586.

[28] Schyndel R. G. , Tirkel A. Z. , Osbome C. F. A Digital Watermark Proc. , IEEE Int. Conf. Image Processing, 1994, II, 86-90.

[29] Jong R K, Young S M. A robust wavelet-based digital watermarking using level-adaptive thresholding. IEEE, 1999: 226-230.

[30] Kaewkamnerd N, Rao K. R. Wavelet based image adaptive watermarking scheme. IEEE Electronics letters, 2000, 36(4): 312-313.

[31] Hsieh M, Huang Y, Tseng D. Hiding digital watermarks using multiresolution wavelet transform. IEEE transactions on industrial electronics, 2001, 48(5): 875-882.

[32] Wu X, Zhu W, Xiong Z, et al. Object-based multiresolution watermarking of images and video. ISCAS 2000-IEEE International Sysposium on Circuits and Systems, Geneva, Switzerland, 2000: 212-215.

[33] Yeo B, Yeung M M. Watermarking 3D objects for verification. IEEE, 1999: 36-45.

[34] Wong P W. A public key watermark for image verification and authentication. Hewlett Packard Company, IEEE, 1998: 455-459.

[35] Formaro C, Sanna A. Public key watermarking for authentication of CSG models. Computer-Aided Design, 2000, 32: 727-735.

[36] Yu P, Tsai H, Lin J. Digital watermarking based on neural networks for color images. Signal Processing, 2001, 81: 663-671.

[37] Chi C, Lin Y, Deng J, et al. Automatic proxy-based watermarking for WWW. Computer Communications, 2001, 24: 144-154.

[38] Kwok S H, Yang C C, Tam K Y. Watermark design pattern for intellectual property protection in electronic commerce applications. IEEE, 2000: 1-10.

[39] Swanson M. D. , Zhu B, Tewfik A. H. et al. Robust Audio Watermarking Using Perceptual Masking. Signal Processing, 1998, 66(3):337-355.

[40] Wolfgang R. B. and Delp E. J. A Watermark for Digital Images. IEEE International Conference on Images Processing, Lausanne, Switzerland, Sep. 1996, III, 219-222.

[41] Hsu C. and Wu J. Hidden Signatures in Images. International Conference on Image

Processing, Switzer. 96, 3, 223-226.

[42] Schneider M. and Chang S. A Robust Content Based Digital Signature for Image Authentication. Proc. IEEE Int. Conf. On Image Processing, 1996, 3, 227-230.

[43] Yeung M. M. and Mintzer F. C. Digital Watermarking for High-quality Imaging, IEEE first workshop on the Multimedia Signal Processing, 1997, 357-362.

[44] Tao B. and Dickison B. Adaptive Watermarking in the DCT Domain, 1997 IEEE International Conference Acoustics, Speech, and Signal Processing, Germany. 1997, 4, 2985-2988.

[45] Voyatzis G. and Pitas I. Chaotic Watermarks for Embedding in the Spatial Domain. In proc. ICISP'98, Chicago, IL, Oct. 1997:432-436.

[46] Horvatic P., Zhao J., Thorwirth J. Robust Audio Watermarking Based on Secure Spread Spetrum and Auditory Perception Model, Information Security For Global Information Infrastructures, IFIP/SEC2000, 181-190.

[47] Strang G. and Nguyen T. Wavelets and Filer Banks, Wellesley-Cambridge Press, 1996.

[48] Cox I. J., Linnartz J. P. Some General Methods for Tempering with Watermarks. IEEE. J. Select. Areas Commun., May 1998, 16, 587-593.

[49] Tirkel A. Z., Osbome C. F. and Hall T. E. Image and Watermark Registration. Signal Processing, 1998, 66(3), 319-335.

[50] Voyatzis G. and Pitas I. Embedding Robust Watermarks by the Chaotic Mixing, IEEE Digital Signal Processing Workshop(DSP 97), 1997, 1, 213-216.

[51] Pitas I. A Method for Signature Casting on Digital Image. Proc. of IEEE Int. Conf. On Image Processing, 1996, 3, 215-218.

[52] Barni M, Bartolini F, Cappellini V, et al. Capacity of the Watermark Channel: How Many Bits Can be Hidden Within a Digital Image?, Proc. SPIE, Vol. 3657, San Jose, A, Jan. 1999.

[53] Barni M, Bartolini F, Cappellini V, et al. A dct-domain system for robust image watermarking. Signal Processing, 1998, 66: 357-372.

[54] Busch C, Funk W, Wolthusen S. Digital watermarking: from concepts to real-time video applications. IEEE Computer Graphics and Applications, 1999: 25-35.

[55] Renato Lannella. Digital Rights Management(DRM) Architectures, D-Lib Magazine, 2001, 7 (6)

[56] Hartung F., Ramme F. Ericsson Research, Digital Rights Management and Watermarking of Multimedia Content for M-Commerce Applications, IEEE Communications Magazine, 2000, 11.

[57] Zhang H., Dai J., Wang P. Bifurcation and Chaos in an Optically Bistable Liquid-Crystal Device. Journal of Optical Soc Am B, 1986, 3(2).

[58] http://life. csu. edu. au/complex/tutorials/tutorial1. html.

[59] http://www. ifs. tuwien. ac. at/ ~ aschatt/info/ca/ca. html.

[60] http://www. fourmilab. ch/cellab/.

[61] Scott A. Moskowitz and Marc Cooperman. Method for stega-cipher protection of computer

code. US Patent 5,745,569, January 1996. Assignee: The Dice Company.

[62] Robert L. Davidson and Nathan Myhrvold. Method and system for generating and auditing a signature for a computer program. US Patent 5, 559, 884, September 1996. Assignee: Microsoft Corporation.

[63] Collberg C., Thomborson C.. Software Watermarking: Models and dynamic embeddings, InPOPL'99, 26 Annual SIGPLAN _ SIGACT Symposium on Principles of Programming Languages, pages 311-324, 1999.

[64] Monden A., Iida H., Matsumoto K. et al. A Practical Method for Watermarking Java Programs. Compsac 24th Computer Software and Applications Conference, 2000.

[65] Min Wu, Bede Liu. Data hiding in image and video: Part I- fundamental issue and solutions. IEEE Trans. Image Processing. 2003, 12(6):685-695.

[66] I. J. Cox, J. Kilian, T. Leighton, T. Shamoon. Secure spread spectrum watermarking for images, audio and video. In Proc. Inter. Conf. Image Proc (ICIP), 1996. 3:243-246.

[67] I. J. Cox, Joe Kiliant, Tom Leighton, Talal Shamoon. Secure Spread Spectrum Watermarking for Multimedia. Proceedings of the IEEE. 1997(85):1673-1687

[68] M. Ramkumar, A. N. Akansu. Information theoretic bounds for data hiding in compressed images. In Proc. IEEE 2nd Multimedia signal Processing workshop. 1998, pp 267-272

[69] Richar Popa. An Analysis of Steganographic Techniques. Dissertation, University of Timisoara. 1998.

[70] Bloom, J. A., et al. Copy Protection for DVD Video. Proceedings of IEEE, Vol. 87, no. 7, Jul. 1999, pp. 1267-1276.

[71] G. C. Langelaar, R. L. Lagendijk, and J. Biemond. Real-time labeling of MPEG-2 compressed video. J. Visual Commun. Image Representation, Vol. 9, No. 4, pp. 256-270, Dec. 1998.

[72] Hartung, F., and B. Girod. Digital Watermarking of MPEG-2 Coded Video in the Bit stream Domain. Proceeding of the IEEE international conference on Acoustics, Speech, and Signal Processing, Vol. 4, pp. 2621-4, Munich Germany, Apri. 1997.

[73] Mobasseri B. G. Direct sequence watermarking of digital Video using m-frames. Image Processing. The Proceedings of ICIP98. International Conference on, Vol. 2, pp. 399-403, 1998.

[74] Hartung F, Eisert P, Girod B. Digital watermarking of MPEG4 facial animation parameters. Computer & Graphics. 1998, 22(3):425-435.

[75] Zhao J, Koch E. Embedding robust labels into images for copyright protection. In: Proceedings of the KnowRight'95 Conference on Intellectual Property Rights and New Technologies, Vienna, Austria, 1995: 241-251.

[76] A. Hanjalic, G. C. Langelar, P. M. B. van Roosmalen, J. Biemond and R. L Lagendijk. Image and Video Databases: Restoration, Watermarking and Retrieval (Advances in Image Communications, vol. 8) New York: Elsevier Science, 2000.

[77] F. Hartung and B. Girod. Digital watermarking of raw and compressed video. Proc. SPIE: Digital compression Technologies and systems for Video Communication, Oct. 1996, Vol.

2952, 205-213.

[78] Dengpan Ye, Changfu Zou, Yuewei Dai, Zhiquan Wang: A new adaptive watermarking for real-time MPEG videos. Applied Mathematics and Computation, 2007, 185(2): 907-918

[79] M. D. Swanson, B. Zhu, B. Chau, and A. H. Tewfik. Object-based transparent video watermarking. IEEE Workshop in Multimedia Signal Processing, 1997, pp. 369-374.

[80] Seung-Jin Kim, Suk-Hwan Lee, Tae-Su Kim, et al. A Video Watermarking Using the 3-D Wavelet Transform and Two Perceptual Watermarks. IWDW2004: pp. 294-303.

[81] Kyung-Pyo Kang, Yoon-Hee Choi, and Tae-Sun Choi. Real-Time Video Watermarking for MPEG Streams. ICCSA 2004, LNCS 3046, pp. 348-358, 2004.

[82] Zhen Ji, Weiwei Xiao, and Jihong Zhang. Second-generation watermarking scheme against geometric attacks. Proceedings of SPIE—Volume 4793, January 2003, pp. 281-286.

[83] Li Zhang, Weiwei Xiao, Zhen Ji, and Jihong Zhang. Intelligent second-generation watermarking technique with ICA . Proc. SPIE —Volume 5286, Sep 2003, pp. 764-769.

[84] C. -Y. Lin, S. -F. Chang. Issues and Solutions for Authenticating MPEG Video. SPIE International Conf. on Security and Watermarking of Multimedia Contents, Vol. 3657, No. 06, EI'99, San Jose, USA, Jan 1999, 3657: 54-65.

[85] Emin Martinian and Gregory W. Wornell. Multimedia Content Authentication: Fundamental Limits. International Conference on Image Processing, (Rochester, NY) 2002, Vol. 2, pp. 17-20.

[86] Fridrich J, Go ljan M, Memon N. Further attacks on Yeung-Mintzer fragile watermarking scheme. In: Proceedings of SPIE, San Jose, CA, USA, Jan. 2000, 3971: 428-437.

[87] Hartung. F and B. Girod. Fast Public-Key Watermarking of Compressed Video. in Proceedings IEEE International Conference on Image Processing 1997, vol. 1, Santa Barbara, California, USA, Oct. 1997, pp. 528-531.

[88] ISO/IEC 13818-2. [1995] Generic coding of moving pictures and associated audio information - Part 2: Video.

[89] Zheming Lu, Qingming Ge, Xiamu Niu. Robust Adaptive Video Watermarking in the Spatial Domain. The 5th International Symposium on Test and Measurement (ISTM'2003), Shenzhen, China, June 1-5, 2003, pp. 1875-1880.

[90] Zhang J, Li J G, Zhang L. Video technique watermark in motion vector. XIV Brazilian Symposium on Computer Graphics and Image Processing, Florianopolis, Brazil: Oct 2001 Page: 179-182.

[91] Jordan F, Kutter M, Ebrahimi T. Proposal of a Watermarking Technique to Hide/Retrieve Copyright Data in Video, Technical Report M2281, Stockholm, Sweden: ISO/IEC JTC1/SC29/WG11 MPEG-4 meeting, July 1997.

[92] Koz, A., Alatan, A. A. Oblivious video watermarking using temporal sensitivity of HVS. Proceedings of the IEEE 12th Signal Processing and Communications Applications Conference (IEEE Cat. No. 04EX797), 2004:284-7.

[93] Bodo. Y, N. Laurent, Dugelay. J L. Watermarking video, hierarchical embedding in motion vectors. Proceedings of International Conference on Image Processing. Piscataway, NJ, USA:

IEEE, 2003. 739-742.

[94] Gwenaël Doërr, Jean-Luc Dugelay. A guide tour of video watermarking. Signal Processing: Image Communication 18 (2003), pp. 263-282.

[95] K. Su, D. Kundur, D. Hatzinakos, A content-dependent spatially localized video watermarkfor resistance to collusion and interpolation attacks, in: Proceedings of the IEEE International Conference on Image Processing, Vol. 1, 2001, pp. 818-821.

[96] K. Su, D. Kundur, D. Hatzinakos, A novel approach to collusion-resistant video watermarking, in: Proceedings of SPIE 4675, Security and Watermarking of Multimedia Content IV, 2002, pp. 491-502.

[97] J. Dittmann, A. Behr, M. Stabenau, P. Schmitt, J. Schwenk, J. Ueberberg, Combining digital watermarks and collusion secure fingerprints for digital images, in: Proceedings of SPIE 3657, Security and Watermarking of Multimedia Content, 1999, pp. 171-182.

[98] W. Trappe, M. Wu, K. Ray Liu, Collusion-resistant fingerprinting for multimedia, in: Proceedings of the IEEE International Conference on Acoustics, Speech, and Signal Processing, Vol. 4, 2002, pp. 3309-3312.

[99] J. Fridrich, M Goljan, R, Du, Detection of LSB steganography in color and grayscale images, IEEE Multimedia, Vol. 8, No. 4, 2001.

[100] J. Fridrich. Feature-based steganalysis for JPEG images and its implications for future design of steganographic schemes[C]. In Procedings of the 6th Information Hiding Workshop. 2004: 67-81.

[101] T. Pevn, J. Fridrich. Merging Markov and DCT features for multi-class JPEG steganalysis[C]. In IS&T SPIE Conference on Security, Steganography and Watermarking of Multimedia Contents IX. San Jose, CA, USA: 2007: 650503—650504.

[102] Columbia DVMM Research Lab, DVMM-demos and downloads, [EB\OL]. Available: http://www. ee. columbia. edu/ln/dvmm/newdownloads. htm.

[103] [EB\OL]. Available: http://philip. greenspun. com/images.

[104] J. Fridrich, M. Gojan, R. Du. Robust hash function for digital watermarking[C]. In Proceeding of the IEEE international conference on information technology: coding and computing (ITCC'2000), Las Vegas, Nevada, 2000: 178-183.

[105] S. S. Kozat, K. Mihcak, R. Venkatesan. Robust perceptual image hashing via matrix invariances[C]. In Proceeding of the IEEE international conference on image processing (ICIP'2004), Singapore, 2004: 3443-3446.

[106] M. K. Mihcak, R. Venkatesan. New iterative geometric techniques for robust image hashing [C]. In: Proeeedings of ACM Workshop on Security and Privacy in Digital Rights Management, Vaneover, BC, Canada, 2001: 13-21.

[107] Venkatesan R, Koon SM, Jakubowski MH, Moulin P. Robust image hashing[C]. In: Processing of the IEEE international conference on image processing (ICIP'2000), Vancouver, BC, Canada, 2000: 664-666.

[108] Swaminathan A, Mao YN, Wu M. Robust and secure image hashing[J]. IEEE Transactions on Information Forensics and Security, 2006, 1(2): 215-230.

[109] Lian SG. Image authentication based on fractal features[J]. Fractals, 2008, 16(4):287-297.

[110] Queluz MP. Towards robust content based techniques for image authentication[C]. In: the second IEEE workshop on multimedia signal processing (MSP'1998), Redondo Beach, CA, USA, 1998:297-302.

[111] Dittmann J, Steinmetz A, Steinmetz R. Content-based digital signature for motion pictures authentication and content-fragile watermarking [C]. In: Proceedings of the IEEE international conference on multimedia computing and systems (ICMCS'1999), Florence, Italy, 1999:209-213.

[112] Monga V, Evans RL. Robust perceptual image hashing using feature points[C]. In Proceedings of the IEEE international conference on image processing (ICIP'2004), Singapore, 2004:677-680.

[113] Verykios V S , Bertino E , Fovino I N, Provenza I N , Saygin Y, Theodoridis Y. State of the art in privacy preserving data mining[J]. ACM SIGMOD Record , 2004 , 3(1):50-57

[114] Y. N. Mao and M. Wu. Unicity distance of robust image hashing[J]. IEEE Trans. on Info. Forensics and Security. 2007, 2(3):462-467.

[115] O. Koval, S. Voloshynovskiy, S. Beekhof and T. Pun. Security analysis of robust perceptual hashing[C]. In Proc. SPIE Media Forensics Security. SPIE, January 2009: 68190601-68190613.

[116] O. Koval, S. Voloshynovskiy, P. Bas and F. Cayre. On security threats for robust perceptual hashing[C]. In Proc. SPIE Media Forensics Security, SPIE, 2009: 72540HlC-72540H13.

[117] 牛夏牧,焦玉华. 感知哈希综述[J]. 电子学报. 2008,36(7):1045-1051.

[118] B. Yang, F. Gu; X. M Niu. Block Mean Value Based Image Perceptual Hashing[C]. 2006 International Conference on Intelligent Information Hiding and Multimedia. (IIH-MSP 2006), Pasadena, California, USA.

[119] Z. J. Tang, S. Z. Wang, X . P. Zhang, W. M. Wei, and S. J. Su. Robust Image Hashing for Tamper Detection Using Non-Negative Matrix Factorization [J]. Journal of Ubiquitous Convergence and Technology, 2008, 2(1): 18-26.

[120] Lina Wang, Xiaqiu Jiang, Shiguolian, Donghui Hu. Image Authentication based on Perceptual Hash using Gabor Filters. Soft Computing. 2011, 15(3):493-504.

[121] Donghui Hu, Juan Zhang, Xuegang Hu, Lian Wang, Wenjie Miao, Zhenfeng Hou. Text's Source Trustworthiness Detection Based on Cognitive Hash, 2010 International Conference on Multimedia Information Networking and Security, Dec 2010, Nanjing, pp:635-639.

[122] W. J. Lu, L. Avinash Varna and M. Wu. Forensic hash for multi-media information[C]. In Proc. SPIE Media Forensics Security. SPIE, January 2010.

[123] A. Kerckhoffs. La cryptographie militaire[J]. Journal des sciences militaires IX, 1883.

[124] H. B. Zhang, H. Zhang. A Security Enhancement Scheme for Image Perceptual Hashing [C]. 2009 Fifth International Joint Conference on INC, IMS and IDC.

[125] The National Science and Technology Council. Biometrics Overview[EB/OL].: http://

www. biometrics. gov/Documents/BioOverview. pdf, 2010-3-20.

[126] ECRYPT Network of Excellence. DWVL 11: Benchmarking Metrics and Concepts for perceptual hashing[R]. ECRYPT, 2006.

[127] J. Daugma. Complete Discrete 2-D Gabor Transforms by Neural Networks for Image Analysis and Compression[J]. IEEE Transactions on Acoustics, Speech, and Signal Processing, 1998, 36(7):1169-1179.

[128] J. G. Daugman. Two dimensional spectral analysis of cortical receptive field profile[J]. Vision Research, 1980, 20:847-856.

[129] J. P. Jones, L. Palmer. An evaluation of the two-dimensional gabor filter model of simple receptive fields in cat striate cortex[J]. Journal of Neurophysiology, 1987, 58:1233-1258.

[130] R. L. De Valois, D. G. Albrecht, L. G. Thorell. Spatial frequency selectivity of cells in macaque visual cortex[J]. Visual Research, 1982, 20(10): 545-559.

[131] T. N. Tan. Texture Edge Detection by Modelling visual cortical channels[J]. Pattern Recognition, 1995, 28 (9): 283-1298.

[132] P. Kruizinga, N. Petkov. Non-linear operator for oriented texture[J]. IEEE Transactions on Image Processing, 1999, 8(10):1395-1407.

[133] B. Manjunath, W. Ma. Texture features for browsing and retrieval of image data[J]. IEEE Transactions on Pattern Analysis and Machine Intelligence. 1996, 18(8):837-842.

[134] S. Grigorescu, N. Petkov, P. Kruizinga. Comparison of texture features based on Gabor filters[J]. Optical Engineering. 2002, 11(10):1160-1167.

[135] J. Daugman, High confidence visual recognition of persons by a test of statistical independence[J]. IEEE Transactions on Pattern Analysis and Machine Intelligence, 1993, 15 (11): 1148-1161.

[136] T. Lourens, N. Petkov, P. Kruizinga. Large scale natural vision simulations[J], Future Generation Computer Systems, 1994, 10(1): 351-358.

[137] J. Daugman. High confidence visual recognition of persons by a test of statistical independence[J], IEEE Transactions on Pattern Analysis and Machine Intelligence, 1993, 15 (11):1148-1161.

[138] J. Daugman. Uncertainty relation for resolution in space, spatial frequency, and orientation optimized by two-dimensional visual cortical filters[J]. Journal of the Optical Society of America, A2(7) (1985) 1160-1169.

[139] M. Turner. Texture discrimination by Gabor functions[J]. Biological Cybernetics. 55 (1986) 71-82.

[140] 吴军. 数学之美[EB/OL], Google 黑板. http://blog. harrspy. com/google_math.

[141] 索红光, 刘玉树, 曹淑英. 一种基于词汇链的关键词抽取方法[J]. 中文信息学报. 2006, 20(6):25-30.

[142] 刘群, 李素建. 基于《知网》的词汇语义相似度计算[C]. 计算语言学及中文信息处理, 2002, 7(1):59-64.

[143] 中国科学院计算技术研究所. ICTCLAS 汉语分词系[EB/OL]. http://ictclas. org/.

[144] ECRYPT Network of Excellence[R]. D. WVL. 7. First Summary Report on Forensic

Tracking. Technical report, ECRYPT, 2005.

[145] A L. Varna and M. Wu. Theoretical Modeling and Analysis of Content Fingerprinting[EB/OL]. Submitted for journal publication. December 2009, revised May 2010. [Online]. Available: http://www.ece.umd.edu/~minwu/research.html#journal.

[146] 胡东辉,王丽娜,江夏秋. 盲环境下的数字图像可信性评估模型研究,计算机学报, 2009,Vol. 32, No.4. pp: 675-687.(校定著名期刊,EI收录:20091912075568)

[147] Luhmann, Niklas. Trust and Power[M]. Chichester, Wiley, 1979.

[148] I. Avcibas, B. Sankur, and K. Sayood. Steganalysis using image quality metrics[J], IEEE transactions on Image Processing. 2003, 12(2):221-229.

[149] A. Popescu. Statistical Tools for Digital Image Forensics[D]. Department of Computer Science, Darthmouth College, 2005.

[150] S. Bayram, H. T. Sencar and N. Memon. Source Camera Identification Based on CFA Interpolation[C]. In Proc. of IEEE ICIP, 2005.

[151] S. Bayram, H. T. Sencar and N. Memon. Improvements on Source Camera-Model Identification Based on CFA Interpolation[C]. In Proc. of WG 11.9 Int. Conf. on Digital Forensics, 2006.

[152] Y. Long and Y. Huang, Image based source camera identification using demosaicking[C]. In Procedings of the IEEE MMSP. Victoria, BC,Canada, 2006:419-424.

[153] A. Swaminathan, M. Wu, and K. J. Ray Liu. Image tampering identification using blind deconvolution[C]. In Procedings of the IEEE International Conference on Image Processing (ICIP). Atlanta,GA: 2006: 2311-2314.

[154] A. Swaminathan, M. Wu and K. J. Ray Liu. Non-Intrusive forensics analysis of visual sensors using output images[C]. In Procedings of the IEEE ICIP. Hyatt Regency San Antonio, USA, 2007:401-405.

[155] K. S. Choi, E. Y. Lam and K. K. Y. Wong. Source Camera Identification Using Footprints from Lens Aberration[C]. In Proc. of SPIE, 2006.

[156] K. Kurosawa, K. Kuroki and N. Saitoh. CCD Fingerprint Method[C]. In Proc. of IEEE ICIP, 1999.

[157] Z. J. Geradts, J. Bijhold, M. Kieft, K. Kurusawa, K. Kuroki and N. Saitoh. Methods for identification of images acquired with digital cameras[C]. In Procedings of the SPIE. Boston, MA, USA, vol. 4232, 2001:505-512.

[158] J. Lukas, J. Fridrich and M. Goljan. Digital Camera Identification from Sensor Pattern Noise[J]. IEEE Trans. Inf. Forensics and Security, 2006, 1(2): 205-214.

[159] M. Chen, J. Fridrich and M. Goljan. Digital imaging sensor identification (further study)[C]. In Procedings of the SPIE. Florence, Italy, 2007:6505-6518.

[160] M. Goljan, M. Chen, J. Fridrich. Identifying Common Source Digital Camera From Image Pairs[C]. In Proc. of IEEE ICIP 2007. Sep. 14-19, San Antonio, Texas, 2007.

[161] M. Goljan, J. Fridrich, and J. Lukáš. Camera Identification from Printed Images[C]. In Proc. SPIE, Electronic Imaging, Forensics, Security, Steganography, and Watermarking of Multimedia Contents X, San Jose, CA, January, 2008.

[162]E. Dirik, H. T. Sencar and N. Memon. Source camera identification based on sensor dust characteristics[C]. In Procedings of the IEEE SAFE. Washington, DC, USA, 2007:1-6.

[163]O. Celiktutan, I. Avcibas, B. Sankur, and N. Memon. Source cell -phone identification [C]. In Procedings of the IEEE 14th Signal Processing and Communications Applications. Antalya, Turkey, 2006:1-3.

[164]N. Khanna, A. K. Mikkilineni, G. T. -C. Chiu, J. P. Allebach and E. J. Delp. Forensic classification of imaging sensor types[C]. In Procedings of the of the IS&T SPIE Conference on Security, Steganography and Watermarking of Multimedia Contents IX, San Jose, CA, January 2007: 6505(65050Q).

[165]N. Khanna, A. K. Mikkilineni, G. T. -C. Chiu, J. P. Allebach and E. J. Delp. Scanner identification using sensor pattern noise[C]. In Procedings of the IS&T SPIE Conference on Security, Steganography and Watermarking of Multimedia Contents IX, San Jose, CA, January 2007: 6505(65051K).

[166]H. Gou, A. Swaminathan and M. Wu. Robust scanner identification based on noise features [C]. In Procedings of the IS&T SPIE Conference on Security, Steganography and Watermarking of Multimedia Contents IX, San Jose, CA, January 2007: 6505(65050S).

[167]S. Lyu and H. Farid. How realistic is photorealistic? [J]. IEEE Transaction on Signal Processing. 2005, 53(2): 845-850.

[168]T. -T Ng, S. -F. Chang, J. Hsu, L. Xie, M. -P. Tsui, Physics-Motivated Features for Distinguishing Photographic Images and Computer Graphics[C]. ACM Multimedia, 2005.

[169]S. Dehnie, H. T. Sencar and N. Memon. Identification of Computer Generated and Digital Camera Images for Digital Image Forensics[C]. In Proc. of IEEE ICIP 2006.

[170]E. Dirik, S. Bayram, H. T. Sencar and N. Memon. New Features to Identify Computer Generated Images[C]. In Proc of IEEE ICIP, 2007.

[171]崔霞,宣国荣.基于直方图频域矩的自然图像和计算机图形的鉴别[C].第七届全国信息隐藏及多媒体信息安全学术大会,南京,2007,11:276-283.

[172]K. Nishino, and S. Nayar. The world in an eye[C]. In Procedings of the IEEE Conference on Computer Vision and Pattern Recognition 2004, Washington, DC, USA, 2004: 444-451.

[173]M. K. Johnson, and H. Farid, Exposing digital forgeries by detecting inconsistencies in lighting[C]. In Procedings of the ACM Multimedia and Security Workshop. New York. NY, USA, 2005:1-9.

[174]M. Johnson, and H. Farid. Exposing digital forgeries through specular highlights on the eye [C]. In Procedings of the 9th International Workshop on Information Hiding. Saint Malo, France, 2007.

[175]M. Johnson, H. Farid. Detecting Photographic Composites of People [C]. In 6th International Workshop on Digital Watermarking, Guangzhou, China, 2007.

[176]J. Lukáš, J. Fridrich, and M. Goljan. Detecting digital image forgeries using sensor pattern noise[C]. In Procedings of the SPIE Image and Video Communications and Processing 2005. San Jose, California, USA, 2005:249-260.

[177]Y. Huang, Can Digital Image Forgery Detection Be Unevadable? A Case Study: Color Filter

Array Interpolation Statistical Feature Recovery[C]. In Proceedings of SPIE -Volume 5960. Visual Communications and Image Processing 2005, Eds: Li., S., Pereira, F., Shum, H. -Y., Tescher, A. G., 59602W, San Jose, CA, USA, 2006.

[178]M. K. Johnson, and H. Farid. Exposing digital forgeries through chromatic aberration[C]. In Procedings of the ACM Multimedia and Security Workshop, Geneva, Switzerland, 2006: 48-55.

[179]Y. -F. Hsu and S. -F. Chang, Detecting Image Splicing Using Geometry Invariants and Camera Characteristics Consistency[C]. In ICME, Toronto, Canada, July 2006.

[180]T. -T. Ng, S. -F. Chang, C. -Y. Lin, and Q. Sun. Passive-blind Image Forensics[C]. In Multimedia Security Technologies for Digital Rights, W. Zeng, H. Yu, and C. -Y. Lin (eds.), Elsvier, 2006.

[181]Z. Lin, R. Wang, X. Tang, and H. -Y. Shum. Detecting doctored images using camera response normality and consistency[C]. In Proceedings of the 2005 IEEE Computer Society Conference on Computer Vision and Pattern Recognition (CVPR'05). San Diego, CA, USA, 2005:1087-1092.

[182] I. Avcibas, S. Bayram, N. Memon, B. Sankur and M. Ramkumar. A Classifier Design for Detecting Image Manipulations[C]. In Proc. of IEEE ICIP, 2004.

[183]T. Ng, S. F. Chang and Q. Sun. Blind Detection of Photomontage Using Higher Order Statistics[C]. In Proc. of ISCAS , 2004.

[184]T. Ng and S. F. Chang. A Model for Image Splicing[C]. In IEEE International Conference on Image Processing (ICIP), Singapore, 2004.

[185]S. Bayram, I. Avcibas, B. Sankur and N. Memon. Image Manipulation Detection with Binary Similarity Measures[C]. In Proc. of EUSIPCO, 2005.

[186]S. Bayram, I. Avcibas, B. Sankur and N. Memon. Image Manipulation Detection[J]. Journal of Electronic Imaging, 2006, 15(4).

[187]J. Fridrich, D. Soukal and J. Lukas. Detection of copy-move forgery in digital images[C]. In Procedings of the Digital Forensic Research Workshop. Cleveland, OH, USA, 2003:272-276.

[188]H. Farid, A. C. Popescu. Exposing digital forgeries by detecting duplicated image regions [R]. TR2004-515, Dartmouth College, 2004.

[189]A. Langille, M. L. Gong. An efficient match-based duplication detection algorithm[C]. In Procedings of the 3rd Canadian Conference on Computer and Robot Vision (CRV'06). Quebec, Canada, 2006: 64-64.

[190]骆伟祺,黄继武,丘国平. 鲁棒的区域复制图像篡改检测技术. 计算机学报,2007,30(11):1-10.

[191]王朔中,魏为民. 一类数字图像篡改的被动认证. 第七届全国信息隐藏及多媒体信息安全学术大会. 南京, 2007. 11: 238-241.

[192]T. Pevn'y and J. Fridrich. Multi-Class steganalysis of single and double-compressed JPEG images[J]. IEEE Transaction on Information Forensics and Security. 2008, 3(4):635-650.

[193]J. Lukáš and J. Fridrich. Estimation of Primary Quantization matrix in double compressed

JPEG images[C]. In Procedings of the DFRWS 2003. Cleveland, OH, USA, 2003: 55-71.

[194] H. Farid. Digital image ballistics from JPEG quantization[R]. TR2006-583, Dartmouth College, 2006.

[195] J. Fridrich, M. Goljan, D. Soukal, and T. Holotyak. Forensic steganalysis: determining the stego key in spatial domain steganography [C]. In Procedings of the SPIE Electronic Imaging. San Jose, CA, 2005: 631-642.

[196] J. Fridrich, M. Soukal and D. Goljan. Searching for the stego key[C]. In Procedings of the SPIE. San Jose, CA, 2004: 70-82.

[197] S. S. Agaian, Benjamin M. Rodriguez and G. Dietrich. Steganlysis using modified pixel comparison and complexity measure[C]. In Procedings of the SPIE Conference on Security, Steganography and Watermarking of Multimedia Contents IV. San Jose, CA, USA, 2004: 530601-530607

[198] I. Avcibas, S. Bayram, N. Memon, B. Sankur and M. Ramkumar. A Classifier Design for Detecting Image Manipulations[C]. In Proc. of IEEE ICIP, 2004.

[199] Y. Q. Shi, C. H. Chen, W. Chen. A natural image model approach to splicing detection [C]. In Proceedings of the 9th workshop on Multimedia & Security(MM&Sec'07). Dallas, Texas, USA, 2007:51-62.

[200] T. Pevn'y and J. Fridrich. Detection of double-compression for applications in steganography [J]. IEEE Transactions on Information Security and Forensics. 2008, 3(2): 247-258.

[201] 张卫明,李世取,刘九芬. 对空域图像 lsb 隐写术的提取攻击. 计算机学报. 2007, 30 (9): 1625-1631.

[202] L. E. Rabiner. A tutorial on hidden Markov models and selected application in speech recognition[C]. In Proceedings of the IEEE. 1989, 77(2):257-286.

[203] L. A. Liporace. Maximum likelihood estimation for multivariate observations of Markov sources[J]. IEEE Transaction on information theory. 1982, 28(5): 729-734.

[204] G. D. Forney. The Viterbi algorithm[C]. In Proceedings of the IEEE, 1973, 6(1):268-278.

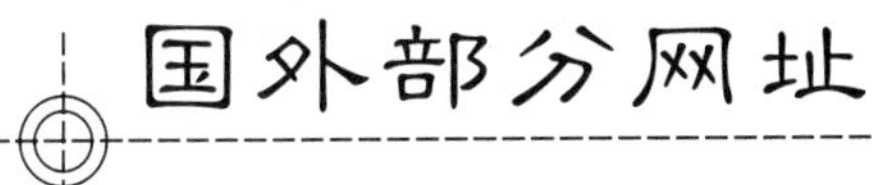

国外部分网址

1. http://www.diffuse.org/oii/en/ipr.html
2. http://www.tele.ucl.ac.be/PROJ/WMARK_e.html
3. http://www.cl.cam.ac.uk/~fapp2/watermarking/
4. http://sipi.usc.edu/services/database/Database.html
5. http://www.doi.org/
6. http://ltssg3.epfl.ch/research/euro_proj.html
7. http://www.cl.cam.ac.uk/~fapp2/steganography/people.html
8. http://dynamo.ecn.purdue.edu/~ace/water2/digwmk.html
9. http://www.ece.ubc.ca/~mdadams/
10. http://www.imprimatur.net/
11. http://www.cl.cam.ac.uk/~fapp2/watermarking/image_database/index.html
12. http://www.cl.cam.ac.uk/~fapp2/watermarking/benchmark/image_database.html
13. http://www.tele.ucl.ac.be/TALISMAN/index.html#6
14. http://www.cosy.sbg.ac.at/%7Epmeerw/
15. http://www.dbai.tuwien.ac.at/staff/katzenb/
16. http://www.octalis.com/Home/home.htm
17. http://www.watermarkingworld.org/
18. http://www.cosy.sbg.ac.at/~pmeerw/Watermarking/
19. http://www-uk.research.ec.org/esp-syn/text/20517.html
20. http://www.tele.ucl.ac.be/CAS/
21. http://vision.unige.ch/members/ShelbyPereira.html
22. http://www.igd.fhg.de/igd-a8/projects/cipress/publication/index.html
23. http://watermarking.unige.ch/Checkmark/index.html
24. http://www.igd.fhg.de/igd-a8/index.html
25. http://syscop.igd.fhg.de/
26. http://vision.ece.ucsb.edu/projects.html
27. http://cairo.cs.uiuc.edu/security/copyright.htm
28. http://www-3.ibm.com/software/security/cryptolope/
29. http://dynamo.ecn.purdue.edu/~ace/
30. http://ee.tamu.edu/~deepa/
31. http://www.iti.cs.uni-magdeburg.de/~jdittman/
32. http://www.hpl.hp.com/about/bios/ton_kalker.html
33. http://www.ws.binghamton.edu/fridrich/

34. http://www.alpvision.com
35. http://www.frank-hartung.com/FrankHartung.html
36. http://www.jjtc.com/neil/
37. http://www-ict.its.tudelft.nl/~inald/
38. http://www.eurecom.fr/~dugelay/
39. http://www.ee.ucl.ac.uk/~icox/
40. http://www.ee.ucl.ac.uk/~icox/
41. http://www.cl.cam.ac.uk/~rja14/
42. http://www.seceng.informatik.tu-darmstadt.de/index.php?id=1107
43. http://www.research.philips.com/
44. http://www.drmwatch.com/watermarking/
45. http://www.thomson.net/
46. http://www.digimarc.com/
47. http://www.macrovision.com/
48. http://www.ee.columbia.edu/~qibin/

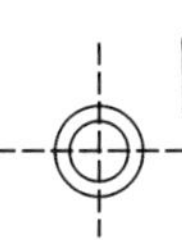

国内部分网址

1. 中国科学院研究生院信息安全国家重点实验室 http://home.is.ac.cn
2. 浙江大学 CAD&CG 国家重点实验室 http://www.cad.zju.edu.cn
3. 中国科学院自动化所 http://www.ia.ac.cn
4. 西安电子科技大学通信工程学院 http://www.xidian.edu.cn
5. 中山大学 http://www.sysu.edu.cn
6. 广东省信息安全技术重点实验室 http://ist.sysu.edu.cn/
7. 北京邮电大学 http://www.bupt.edu.cn
8. 哈尔滨工业大学 http://www.hit.edu.cn/
9. 上海大学通信与信息工程学院 http://www.ci.shu.edu.cn
10. 湖南大学 http://www.hnu.cn
11. 郑州信息工程大学 http://www.plaieu.edu.cn
12. 南京理工大学 http://www.njust.edu.cn
13. 北京交通大学计算机与信息技术学院 http://cit.njtu.edu.cn
14. 天津大学 http://www.tju.edu.cn
15. 全国信息隐藏研讨会 http://www.cihw.org.cn/